普通高等学校"十四五"规划智能制造工程专业精品教材
中国人工智能学会智能制造专业委员会规划教材

STM32单片机原理及应用

——基于Proteus的虚拟仿真

主　编　冯占荣　王利霞　李　冀

华中科技大学出版社
中国·武汉

内 容 简 介

本书秉承理论与实践相结合的理念，介绍 STM32 单片机的硬件特点及软件开发的编程思路，以帮助读者快速跨入 STM32 硬件开发门槛。本书共 20 章，分两篇。其中：第 1 篇（第 1～5 章）主要介绍 C 语言编程的知识要点、STM32 硬件特点、寄存器的函数封装方式、HAL 库以及 STM32 的编程平台、仿真平台等基础知识；第 2 篇（第 6～20 章）则通过实例演练形式，直观演示采用 HAL 库、STM32CubeMX 软件对 STM32 进行软件开发的主要过程，实例文件以二维码形式提供，读者可通过手机微信扫描书中二维码获取（二维码使用说明见目录页第 5 面）。

本书内容由浅入深，语言通俗易懂，内容安排符合学习认知规律，适合需要了解和学习 STM32 相关知识的初学者使用。本书可作为普通高校电气信息类专业的课程教材，也可作为广大工程技术人员的参考书。

图书在版编目（CIP）数据

STM32 单片机原理及应用：基于 Proteus 的虚拟仿真/冯占荣，王利霞，李冀主编. —武汉：华中科技大学出版社，2021. 6（2024. 1重印）

ISBN 978-7-5680-7150-5

Ⅰ. ①S… Ⅱ. ①冯… ②王… ③李… Ⅲ. ①单片微型计算机-教材 Ⅳ. ①TP368. 1

中国版本图书馆 CIP 数据核字（2021）第 107479 号

STM32 单片机原理及应用——基于 Proteus 的虚拟仿真
STM32 Danpianji Yuanli ji Yingyong——Jiyu Proteus de Xuni Fangzhen

冯占荣 王利霞 李 冀 主编

策划编辑：万亚军
责任编辑：姚同梅
封面设计：原色设计
责任监印：周治超

出版发行：华中科技大学出版社（中国 · 武汉） 电话：（027）81321913
武汉市东湖新技术开发区华工科技园 邮编：430223

录 排：华中科技大学惠友文印中心
印 刷：武汉市洪林印务有限公司
开 本：787mm×1092mm 1/16
印 张：17.5 插页：1
字 数：459 千字
版 次：2024 年 1 月第 1 版第 5 次印刷
定 价：49.80 元

前　言

单片微型计算机简称单片机，它是集中央处理器（运算、控制）、随机存储器（数据存储）、只读存储器（程序存储）、输入/输出设备（串口、并口等）和中断系统于同一芯片的器件。采用中央处理器、随机存储器、只读存储器、输入/输出设备等，分别做出单独的芯片，安装在一个主板上，就构成了个人计算机主板，进而可组装成计算机。以往单片机以8位或16位的微控制器为主体，这种单片机久经岁月的洗礼，在工业控制应用中大放光芒。然而，随着时代的进步、科技的发展，现代工业对控制系统的功能、响应速度、功耗的要求越来越高，以89C51系列单片机为代表的传统单片机已经不能满足这些要求。尽管工程师可以选择诸如ARM系列等更高效快速的微处理器，但从成本及开发的难易程度等方面考虑，其还是很难满足要求。基于此，ST（意法半导体）公司使用ARM公司的Cortex®-M0、M0+、M3、M4和M7内核生产了32位高性价比的STM32微处理器，并按其将内核架构分为主流产品（STM32F0、STM32F1、STM32F3）、超低功耗产品（STM32L0、STM32L1、STM32L4、STM32L4+）、高性能产品（STM32F2、STM32F4、STM32F7、STM32H7）等。而不论哪种内核架构的产品，其内部资源（寄存器和外设功能）都较8051、AVR和PIC要丰富得多，因此STM32一上市就迅速占领了中低端微处理器市场，颇有星火燎原之势。当然，这与其倡导的基于库的开发方式密不可分。采用库的开发方式，仅通过调用库里面的API（应用程序接口）就可迅速搭建一个大型程序，写出各种用户所需代码，从而大大降低了初学者的学习门槛及技术人员的开发门槛。特别是STM32CubeMX软件的问世，更是为STM32迅速占领市场奠定了基础。基于此，本书根据理论联系实践的学习理念，在对C语言库进行总结归纳的同时，对STM32的构成、库函数的封装形式做了具体分析，并通过实例演练帮助读者快速跨入STM32学习门槛。

本书共分两篇。

第1篇：C语言、HAL库及编程Proteus 8.6仿真平台。本篇归纳总结了C语言程序常用语法、关键字，简要介绍了STM32的特点、分类等内容；此外，还介绍了函数对寄存器封装方法、HAL库，以及STM32CubeMX、Keil MDK、Proteus等工具。

第2篇：设计仿真。本篇介绍了点亮LED灯、用按键扫描控制LED灯、用按键中断控制LED灯、基本定时器、PWM输出（仿真器端口电平、呼吸灯、PWM捕获）、串口收发数据（轮询、中断、DMA）、实时时钟RTC、单总线控制（温湿度采集）及LCD1602的仿真应用。

本书由编者结合多年从事机电一体化、信号检测技术等相关课程教学的经验编写而成，为初学、自学的学生和研究人员学习HAL库编程的入门书籍，尤其适合无硬件基础或掌握的硬件知识不丰富的读者，适用于入门培训、课堂教学。

本书的出版得到了南昌航空大学创新创业教育课程培育项目的大力支持。在编写本书的过程中，参考了多种文献，除参考文献中所列的文献之外，还有许多来自网络，无法一一注明出处。在此，谨向所有文献作者表示感谢！

由于作者水平有限，书中不妥之处在所难免，敬请各位读者给予批评、指正。

编　者

2021年4月

目　录

第1篇　C语言、HAL库及编程、仿真平台

第1章　C语言知识要点 …… (3)
1.1　C语言基础知识 …… (3)
1.2　数组 …… (8)
1.3　函数 …… (12)
1.4　指针 …… (16)
1.5　结构体、共用体与枚举 …… (21)
1.6　编程规范 …… (27)
思考与练习 …… (39)
第2章　STM32简介 …… (40)
2.1　Cortex-M3内核 …… (40)
2.2　STM32的特点 …… (40)
2.3　STM32的分类 …… (41)
2.4　STM32的型号说明 …… (42)
2.5　内部资源 …… (43)
2.6　内部结构 …… (45)
2.7　时钟树 …… (47)
思考与练习 …… (49)
第3章　寄存器的函数封装方法 …… (50)
3.1　地址空间 …… (50)
3.2　通过地址设置寄存器 …… (53)
3.3　地址重命名 …… (53)
3.4　外设的封装 …… (54)
3.5　寄存器的封装 …… (55)
思考与练习 …… (56)
第4章　HAL库及编程平台 …… (57)
4.1　标准库及HAL库的比较 …… (57)
4.2　HAL库 …… (57)
4.3　图形配置工具STM32CubeMX …… (63)
4.4　编程平台Keil MDK5 …… (78)
思考与练习 …… (84)

第5章 仿真平台 Proteus 8.6 ………………………………………… (85)
5.1 Proteus 8.6 环境 ………………………………………… (85)
5.2 添加及布置元器件 ………………………………………… (89)
5.3 仿真控制 ………………………………………… (91)
思考与练习 ………………………………………… (92)

第2篇 设计仿真

第6章 点亮 LED 灯 ………………………………………… (95)
6.1 GPIO 简介 ………………………………………… (95)
6.2 实例描述及硬件连接图绘制 ………………………………………… (101)
6.3 STM32CubeMX 配置工程 ………………………………………… (104)
6.4 仿真结果 ………………………………………… (112)
6.5 代码分析 ………………………………………… (112)
6.6 点亮3个 LED 灯 ………………………………………… (116)
6.7 流水灯 ………………………………………… (118)
思考与练习 ………………………………………… (123)
第7章 用按键扫描控制 LED 灯 ………………………………………… (126)
7.1 实例描述及硬件连接图绘制 ………………………………………… (126)
7.2 STM32CubeMX 配置工程 ………………………………………… (127)
7.3 代码分析 ………………………………………… (129)
7.4 编写用户代码 ………………………………………… (130)
7.5 仿真结果 ………………………………………… (132)
7.6 按键说明 ………………………………………… (132)
思考与练习 ………………………………………… (133)
第8章 用按键中断控制 LED 灯 ………………………………………… (134)
8.1 中断和异常向量 ………………………………………… (134)
8.2 NVIC 优先级分组 ………………………………………… (137)
8.3 外部中断 ………………………………………… (138)
8.4 实例描述及硬件连接图绘制 ………………………………………… (138)
8.5 STM32CubeMX 配置工程 ………………………………………… (139)
8.6 代码分析 ………………………………………… (142)
8.7 编写用户代码 ………………………………………… (143)
8.8 仿真结果 ………………………………………… (144)
思考与练习 ………………………………………… (144)
第9章 仿真器端口电平——基本定时器 ………………………………………… (145)
9.1 定时器功能简介 ………………………………………… (145)
9.2 基本定时器工作分析 ………………………………………… (145)
9.3 基本定时器时钟源 ………………………………………… (146)

9.4　基本定时器周期 …… (146)
9.5　实例描述及硬件连接图绘制 …… (146)
9.6　STM32CubeMX 配置工程 …… (147)
9.7　外设结构体分析 …… (149)
9.8　编写用户代码 …… (151)
9.9　查看运行结果 …… (151)
9.10　仿真结果 …… (153)
思考与练习 …… (155)
第 10 章　仿真器端口电平——PWM 输出 …… (156)
10.1　通用定时器工作分析 …… (156)
10.2　定时器的时钟源 …… (159)
10.3　实例描述及硬件连接图绘制 …… (160)
10.4　STM32CubeMX 配置工程 …… (160)
10.5　外设结构体分析 …… (162)
10.6　编写用户代码 …… (163)
10.7　仿真结果 …… (163)
思考与练习 …… (164)
第 11 章　呼吸灯——PWM 输出再应用 …… (165)
11.1　呼吸灯控制原理 …… (165)
11.2　实例描述及硬件连接图绘制 …… (166)
11.3　STM32CubeMX 配置工程 …… (166)
11.4　中断函数分析 …… (168)
11.5　编写用户代码 …… (168)
11.6　仿真结果 …… (169)
11.7　重写回调函数 …… (169)
思考与练习 …… (170)
第 12 章　脉冲测量——PWM 捕获 …… (172)
12.1　捕获的再理解 …… (172)
12.2　实例描述及硬件连接图绘制 …… (173)
12.3　STM32CubeMX 配置工程 …… (173)
12.4　中断函数分析 …… (175)
12.5　编写用户代码 …… (176)
12.6　仿真结果 …… (177)
12.7　PWM 输入捕获特例设置 …… (178)
思考与练习 …… (182)
第 13 章　向串口发送数据 …… (183)
13.1　串口基础知识 …… (183)
13.2　实例描述及硬件连接图绘制 …… (187)
13.3　STM32CubeMX 配置工程 …… (188)
13.4　外设结构体分析 …… (189)

13.5 编写用户代码 …… (192)
13.6 仿真结果 …… (192)
13.7 重定向函数 …… (193)
思考与练习 …… (194)
第14章 串口收发数据 …… (195)
14.1 实例描述及硬件连接图绘制 …… (195)
14.2 STM32CubeMX配置工程 …… (196)
14.3 中断函数分析 …… (197)
14.4 编写用户代码 …… (198)
14.5 仿真结果 …… (199)
思考与练习 …… (199)
第15章 LED灯与串口输出并行 …… (200)
15.1 DMA概述 …… (200)
15.2 实例描述及硬件连接图绘制 …… (202)
15.3 STM32CubeMX配置工程 …… (203)
15.4 DMA中断函数分析 …… (205)
15.5 编写用户代码 …… (205)
15.6 仿真结果 …… (206)
思考与练习 …… (206)
第16章 实时时钟——RTC …… (207)
16.1 RTC的特点及时钟源选择 …… (207)
16.2 UNIX时间戳 …… (207)
16.3 实例描述及硬件连接图绘制 …… (208)
16.4 STM32CubeMX配置工程 …… (209)
16.5 外设结构体分析 …… (210)
16.6 编写用户代码 …… (213)
16.7 仿真结果 …… (214)
思考与练习 …… (214)
第17章 芯片自带温度传感器使用——A/D转换 …… (215)
17.1 STM32的A/D转换简介 …… (215)
17.2 实例描述及硬件连接图绘制 …… (217)
17.3 STM32CubeMX配置工程 …… (217)
17.4 外设结构体分析 …… (220)
17.5 编写用户代码 …… (224)
思考与练习 …… (224)
第18章 单总线控制下的DS18B20温度采集 …… (226)
18.1 DS18B20简介 …… (226)
18.2 实例描述及硬件连接图绘制 …… (234)
18.3 STM32CubeMX配置工程 …… (235)
18.4 延时函数说明 …… (236)

18.5　编写用户代码…………………………………………………………………… (236)
18.6　仿真结果………………………………………………………………………… (241)
第19章　单总线控制下的温湿度测量 ……………………………………………… (243)
19.1　DHT11简介 ………………………………………………………………………… (243)
19.2　实例描述及硬件连接图绘制……………………………………………………… (245)
19.3　STM32CubeMX配置工程 ………………………………………………………… (246)
19.4　编写用户代码…………………………………………………………………… (246)
19.5　仿真结果………………………………………………………………………… (250)
第20章　LCD1602显示——字形式读写端口 ……………………………………… (252)
20.1　LCD1602简介 ……………………………………………………………………… (252)
20.2　实例描述及硬件连接图绘制……………………………………………………… (256)
20.3　STM32CubeMX配置工程 ………………………………………………………… (257)
20.4　预编程分析……………………………………………………………………… (258)
20.5　编写用户代码…………………………………………………………………… (260)
20.6　仿真结果………………………………………………………………………… (262)
附录A　Proteus常用元器件关键字中英文对照表 ………………………………… (264)
附录B　基本逻辑门电路符号 ………………………………………………………… (266)
部分参考答案……………………………………………………………………………… (267)
参考文献…………………………………………………………………………………… (270)

二维码资源使用说明

本书数字资源以二维码形式提供。读者可使用智能手机在微信端下扫描书中二维码，扫码成功时手机界面会出现登录提示。确认授权，进入注册页面。填写注册信息后，按照提示输入手机号，点击获取手机验证码。在提示位置输入4位验证码成功后，重复输入两遍设置密码，选择相应专业，点击“立即注册”，即可注册成功。（若手机已经注册，则在“注册”页面底部选择“已有账号？立即注册”，进入“账号绑定”页面，直接输入手机号和密码，系统提示登录成功。）手机第一次登录查看资源成功，以后便可直接在微信端扫码登录，重复查看资源。

第1篇　C语言、HAL库及编程、仿真平台

对控制系统而言，采集各类传感器信号，驱动运动机构动作，以实现某种特定功能，从而达到解放劳动力、降低生产成本的目的，是其存在的意义所在。那么，如何实现控制系统与机器的沟通交流呢？为了解决这一问题，人们开发出了人机交互语言。而C语言就是STM32系统库函数中常用的一种高级语言，其相当于整个控制系统的灵魂，所以我们也必须精通C语言。本篇第1章主要对C语言常用关键字、语法等做一知识总结，如果读者之前对C语言掌握得较好，那么这一章可以跳过。如果仅仅是学过，那么建议对这一章内容进行仔细研读并予以掌握。如果只是听说过，那么有必要先学习C语言的基本知识，然后再开始本章的学习。第2章对STM32单片机做简要介绍，目的是使读者能够对STM32有一全局性的把握与了解。第3章采用函数对寄存器的一种封装方式进行讲解，以便读者加深理解C语言控制硬件的原理。第4章简要介绍HAL库，用STM32CubeMX进行HAL库编程时的初始化设置，以及Keil MDK5.0的编程技巧。第5章介绍Proteus 8.6仿真平台，以及利用Proteus 8.6搭建的STM32的基本运行环境及仿真平台。

第 1 章　C 语言知识要点

1.1　C 语言基础知识

1.1.1　基本结构

C 语言的基本结构特点如下：

(1) C 程序是由函数构成的。每个程序由一个或多个函数组成，其中必须有且仅有一个主函数 main()。main()函数是一个可执行 C 语言程序的入口和正常出口，其功能与其在整个程序中书写的位置无关。

(2) 在 C 语言中，大小写字母是有区别的。例如一般使用小写字母定义变量，用大写字母定义常量。

(3) C 程序的注释有两种方法：一种是行注释，使用“//”；一种是块注释，使用“/ * * /”，注意“/ * ”与“ * /”不能嵌套使用。

(4) C 语言书写较为灵活，但是提倡采用缩进格式进行程序书写，以体现语句之间的层次感。

(5) C 程序每条语句通常以分号作为结束标志，但有些特殊场合不可用分号，如：

①所定义的函数名称后不得使用分号；

②if…else…语句是一个整体，中间不能使用分号将其分隔开；

③预编译命令后不能使用分号。

1.1.2　标识符命名规则

合法的标识符由字母、数字、下划线组成，并且第一个字符不能为数字。

标识符分为关键字、预定义标识符、用户标识符。

(1) 关键字：C 语言一共有 32 个关键字，即 int、short、long、float、double、void、char、struct、union、enum、unsigned、signed、auto、extern、register、static、if、else、goto、switch、case、default、for、do、while、continue、break、typedef、sizeof、volatile、const、return。main、define、scanf、printf 都不是关键字。If 可以作为用户标识符。因为 If 中的第一个字母大写了，所以不是关键字。

(2) 预定义标识符：define、scanf、printf、include。

(3) 用户标识符：用户根据需要自己定义的标识符。用户标识符如果与关键字相同，则编译时会出错；如果与预定义标识符相同，编译时不会出错，但预定义标识符失去了原意，可能导致结果出错，因此预定义标识符一般不用来作为用户标识符。

1.1.3　标识符

C 语言的数据类型由基本类型和复杂类型构成，其中基本数据类型包括字符型(char)、整型(int、short、long)、实型(float、double)，复杂数据类型包括指针、数组、结构体、联合体。

1.1.4 常量

常量包括以下五种。

(1) 字符型常量：用单引号括起来的一个字符，有两种表示——普通字符、转义字符(如'\n'、'\0'、'\t'、'\\'、'\''、'\"'、'\ddd'、'\xhh')形式。不论普通字符，还是转义字符，都等价于 0～127 之间的某个整数，即某个 ASCII 码。

(2) 整型常量：有三种表示形式——十进制形式、八进制形式(加前导 0)、十六进制形式(加前导 0x)。C 语言的整型常量没有二进制表示形式。但程序运行的时候，所有进制的量都要转换成二进制形式的来进行处理。

(3) 实型常量：有小数和指数(由十进制小数＋e 或 E＋十进制整数组成，注意"＋e"的前面、"E＋"的后面必须有数，且必须为整数)两种表示形式。

(4) 字符串常量：用双引号括起来的若干个字符(字符个数≥0)。编译系统会在字符串的最后添加'\0'作为字符串的结束符。

(5) 符号常量：用来表示一个常量的标识符，例如＃define、PI、3.14159。

1.1.5 变量

变量必须先定义，后使用。变量代表计算机内存中一定大小的存储空间，具体代表多少字节的存储空间视变量的类型而定，该存储空间中存放的数据就是变量的值。

注意：变量定义后如果未赋初值，则变量的初值是随机数。因此，变量只有先赋值再使用才有意义。为变量赋值的三种方法：①通过初始化来给变量赋值；②用赋值语句赋值；③调用标准输入函数，从键盘为变量赋值。

变量包括以下三种。

(1) 字符型变量。字符型变量用"char"定义，占用 1 个字节的存储空间。无符号字符型变量的取值范围是 0～255，有符号字符型变量的取值范围是－128～＋127。

(2) 整型变量。整型变量用"int"、"short"、"long"定义，其中 int 型和 long 型占用 4 个字节的存储空间，short 型占用 2 个字节的存储空间。

(3) 实型变量。实型变量用"float"、"double"定义，其中 float 型占用 4 个字节的存储空间，double 型占用 8 个字节的存储空间。

1.1.6 表达式

表达式具有广泛的含义，根据运算符不同，有赋值表达式、算术表达式、逻辑表达式、关系表达式等，甚至单独的一个常量或一个变量也是一个表达式。

1.1.7 运算符

1) 算术运算符

算术运算符包括＋、－、*、/、%。

"/"为除号，当除数和被除数都为整数时，相除的结果自动取整。

"%"为求余号，"%"的两侧必须是整数。

2) 赋值运算符

"＝"为赋值运算符。赋值运算符的应用格式为"变量＝表达式"，表示将表达式的值赋给变量并存储在对应的存储空间里。注意："＝"的左侧必须是变量，不能是常量或者表达式。

3）复合赋值运算符

复合赋值运算符包括＋＝、－＝、*＝、/＝、%＝。复合赋值运算符由算术运算符和赋值运算符组成，其功能也是这两种运算符功能的组合。例如："a＋＝c；"，表示将 a＋c 的值赋给 a。

4）自增、自减运算符

自增运算符为"＋＋"，自减运算符为"－－"。自增、自减运算符单独使用时放在变量前面或者后面没有区别。例如："＋＋i；"等价于"i＋＋；"，也等价于"i＝i＋1"。自增、自减运算符与其他运算符共同存在于表达式中时，放在变量前和变量后有区别。例如：若定义"int i＝3,j；"则"j＝＋＋i；"语句执行后 i 的值为 4,j 的值为 4,"j＝i＋＋；"语句执行后 i 的值为 4,j 的值为 3。

5）关系运算符

关系运算符包括＞、＜、＞＝、＜＝、＝＝、!＝。注意：不能混淆赋值运算符"＝"和关系运算符中的等于号"＝＝"。前者的功能是赋值，后者的功能是判断两个数是否相等。关系表达式的值只有逻辑真（用数值 1 表示）和逻辑假（用数值 0 表示）两种情况。如果表达式的值为实型，不能使用"＝＝"或者"!＝"判断两个值是否相等。

6）逻辑运算符

逻辑运算符包括!、&&、‖。进行逻辑表达式运算时，参与运算的数非 0 表示真，为 0 表示假；表达式的解为 1 表示真，为 0 表示假。注意"短路特性"的含义：如果逻辑与运算符"&&"左侧表达式的值为 0（假），则该运算符右侧的表达式被"短路"，即右侧表达式运算过程被计算机省略掉；如果逻辑或运算符"‖"左侧表达式的值为 1（真），则该运算符右侧的表达式被"短路"。

7）位运算符

位运算符包括～、^、&、|、＜＜、＞＞。位运算符是 C 语言具有低级语言能力的体现，但它们只适用于字符型和整数型变量。注意：不能混淆逻辑与运算符"&&"和按位与运算符"&"，逻辑或运算符"‖"和按位或运算符"|"，以及逻辑非运算符"!"和按位取反运算符"～"。

8）逗号运算符

逗号运算符","用于隔开两个及以上的表达式，从左至右依次计算各表达式的值，最后一个表达式的值即为整个逗号表达式的值。逗号是优先级最低的运算符。

9）条件运算符

条件运算符"?"是 C 语言中唯一的一个三目运算符，其应用格式为：

```
< 表达式 1> ? < 表达式 2> :< 表达式 3>
```

若表达式 1 的值非 0，则取表达式 2 的值作为整个表达式的值，否则取表达式 3 的值为整个表达式的值。如"3＞4? 1:2"的值为 2。

10）求字节运算符

求字节运算符为 sizeof。注意求字节运算符 sizeof 和字符串长度库函数 strlen()的区别：前者是运算符，后者是函数。sizeof("Hello")的值为 6，而 strlen("Hello")的返回值为 5。

11）数据类型的强制转换

数据类型强制转换语句的格式为：

```
(转换类型名)表达式
```

注意：转换类型名两侧的小括号不能省略，表达式视情况可以增加小括号。

1.1.8　printf()函数

printf()函数的一般形式为：

```
printf("格式控制字符串",输出项列表)
```

其中格式控制字符串包含三类字符——普通字符（即原样输出的字符，主要用作提示信息）、格式说明符（以“%”开头）、转义字符（以“\”开头）。

输出项列表是可以省略的，当格式控制字符串中没有格式说明符时，输出项列表省略；若有格式说明符，输出项列表不能省略，并且有几个格式说明符，输出项列表就必须有几个对应数据类型的表达式，各表达式之间用逗号隔开。

需要掌握的格式说明符有：%c、%d、%f、%s、%u、%o、%x、%ld、%lf、%e、%%。

1.1.9　if语句

if语句有以下三种基本结构。

（1）单边结构，相应的语句格式为：

```
if(表达式)语句
```

（2）双边结构，相应的语句格式为：

```
if(表达式)语句1  else 语句2
```

（3）多层结构（重点掌握），相应的语句格式为：

```
if(表达式1)语句1
else if(表达式2)语句2
else if(表达式3)语句3
⋮
else 语句n
```

如果if语句的圆括号内表达式的值非0，则执行语句1，值为0则执行语句2。

注意：(1)“if”后的表达式可为任意表达式，if语句执行的实质是判断表达式的值是否为0，由此来决定执行语句1还是语句2。另外，应注意不要把判断两个数相等的符号“==”写成赋值运算符“=”，这样虽然不会引发编译错误，但结果会与原意大大不同。

(2) 语句1和语句2都只能是一条语句，若要跟多条语句，切记要用“{}”括起来，构成复合语句；也不要随意在圆括号后加“；”，因加“；”后会构成一条空语句，这会使后面跟的语句1不再是if语句的组成部分。

1.1.10　switch语句

switch语句的一般格式如下。

```
switch(表达式)
{
    case 表达式1:语句
    case 表达式2:语句
    ⋮
    case 表达式n :语句
    default:语句
}
```

语句执行过程：先计算“switch”后表达式的值，然后判断该值与表达式1至表达式 n 中哪一个的值相等。若与表达式 i 的值相等，则执行表达式 i 后的所有语句(遇到 break 语句时结束整个 switch 语句的执行)。若该值与表达式1至表达式 n 的值都不相等，则执行 default 后跟的语句。每个 case 后可跟多条语句。

1.1.11 循环语句

循环语句有三个要素——循环的初始条件、循环的终止条件、控制循环结束条件的变化。

1. while 语句

while 语句的格式如下。

```
while(表达式)
循环体;
```

while 语句构成的循环称为当型循环。当表达式的值非0时，执行循环体，否则结束循环。

说明：

(1)“while”后的表达式可以是C语言中任意合法的表达式，书写时不能省略其两侧的小括号。

(2)“while(表达式)”会自动结合一条语句，如果循环体中的语句多于一条，必须使用复合语句。

(3)“while(表达式)”与循环体是一个整体，“(表达式)”后面不应加分号，否则循环体就成了一条空语句。

2. do-while 语句

do-while 语句的格式如下。

```
do
循环体;
while(表达式);
```

do-while 语句构成的循环称为直到型循环。系统执行 do-while 语句时，先执行循环体，再判断表达式的值是否非0，是则继续下一次循环，否则结束循环。

说明：

(1) do 必须和 while 联合使用。

(2) 如果循环体中有多于一条的语句，必须使用复合语句。

(3)“while”后的表达式可以是C语言中任何合法的表达式，书写时其两侧的小括号不能省略，“while(表达式)”后面的分号也不能省略。

3. for 语句

for 语句的格式如下。

```
for(表达式 1; 表达式 2; 表达式 3)
循环体;
```

说明：

(1) 小括号里有三个表达式，每个表达式之间用分号隔开。这三个表达式都可以缺省，但是应该在其他相应的位置补齐。

(2)“表达式1”也称为初始表达式，在整个循环开始前执行一次；“表达式2”也称为终止表达式，每轮循环进入前执行一次，如果该表达式的值非0(真)，则执行循环体，否则结束循环；“表达式 3”也称循环表达式，每次循环结束时执行一次，常用来控制循环，使初始条件逐渐转变为终止条件。

(3) “for(…)”会自动结合一条语句，当循环体中的语句多于一条时，必须使用复合语句。

4. break 语句

break 语句出现在循环体中的作用是提前结束本层循环。

break 语句出现在 switch 语句中的作用是跳出本层 switch 语句。

5. continue 语句

continue 语句只能出现在循环体中，其作用是提前结束本轮循环，进入下一轮循环。即当 continue 语句被执行时，放置在该语句之后的其他语句将被略过。

注意：continue 语句并不会使整个循环结束。

1.2 数　组

1.2.1 一维数组

1. 一维数组的定义

与一般变量一样，数组必须先定义，后使用。

一维数组的定义格式如下：

```
类型说明符　数组名[常量表达式];
```

注意：方括号中的“常量表达式”表示该数组的元素个数。只能是常量，不能是变量或者变量表达式。

说明：

(1) 数组一旦定义，就在内存空间中占用连续的若干存储单元，每一个存储单元的大小由数据类型决定。例如有定义“int a[10];”，则计算机为数组 a 连续分配 10 个存储单元，每个存储单元占用 4 个字节，总共占用 40 个字节的存储空间。

(2) 数组一旦定义，数组名就代表了一段连续存储空间的首地址，数组名是常量，永远指向该数组第一个元素的内存单元地址。

2. 一维数组元素的引用

数组元素的引用是指使用已定义数组中的某个指定元素，一维数组元素的引用采用以下格式：

```
数组名[下标]
```

下标用来指定需要引用的元素。

注意：(1) 下标的下限一定是 0；上限由数组定义时的常量表达式的值决定，为常量表达式的值减 1。假设已经有定义“int a[10]”，则引用该数组元素的下标范围是“0～9”，若引用时下标超过此范围，称为数组越界，会导致程序运行出错。

(2) 必须区分数组定义时方括号中的常量表达式和数组元素引用时方括号中的“下标”，二者具有不同的含义和功能。前者指明数组的大小，后者指明要引用数组中的第几个元素。

3. 一维数组的初始化

与一般变量一样，数组定义后，如果没有为其赋初值，则数组元素中的初值是随机数。为一维数组元素赋值的方法通常有两种：一种是通过初始化赋值；一种是使用循环结构依次为每个数组元素赋值。

一维数组初始化的方法有两种：

①全部元素赋初值；

②部分元素赋初值。

全部元素赋初值时可以不指定数组长度。

4. 一维数组元素的输入、输出

由于数组中的元素是若干个相同类型的数值，不能对其进行整体的输入或者输出，必须针对单个元素进行输入或者输出，这时就要使用循环结构。一维数组元素的输入、输出采用单层循环。

1.2.2　二维数组

1. 二维数组的定义

二维数组的定义格式如下：

```
类型说明符　数组名[常量表达式 1][常量表达式 2];
```

说明：

(1) “常量表达式 1”指明二维数组的行数，“常量表达式 2”指明二维数组的列数。

(2) 二维数组可以看作特殊的一维数组，二维数组元素在内存中是按行存放的。

2. 二维数组元素的引用

二维数组元素的引用格式如下：

```
数组名[行下标][列下标]
```

说明：

与一维数组一样，二维数组元素引用时的行下标和列下标不能越界。假设已经有定义“int a[3][4]”，则引用该数组元素时，行下标的范围是 0～2，列下标的范围是 0～3。

3. 二维数组的初始化

二维数组初始化有四种方式：

(1) 分行全部元素初始化(使用两层花括号)；

(2) 分行部分元素初始化；

(3) 按照数值存放顺序不分行初始化(使用一层花括号)；

(4) 按照数值存放顺序不分行初始化，当对全部元素赋初值时，可以省略确定行数的常量值。

4. 二维数组元素的输入、输出

二维数组元素的输入、输出采用双层嵌套循环。

1.2.3　字符数组与字符串

1. 字符数组与字符串的关系

字符数组是字符型数据的集合，定义方式为：

```
char 数组名[常量表达式];
```

与其他类型的数组一样，将数组中的各个字符看作独立的个体。当这些字符中有‘\0’时，可以将它们视为一个整体，即字符串。

有字符串型的常量，但是没有字符串型的变量。字符串常量使用字符数组进行存放，前提是字符数组的大小要能容纳整个字符串,包括字符串的结束符'\0'。

2. 字符数组的初始化

当字符数组中存放的所有字符均为独立个体时,其初始化方法与其他类型的数组一样。当字符数组中存放的是字符串时,其初始化方法有如下几种:

```
①char a[6]= {'H','e','l','l','o','\0'};
②char a[6]= {"Hello"};
③char a[6]= "Hello";
④char a[]= "Hello";
```

注意:不能使用赋值语句向字符数组中存放字符串。例如:

```
char  a[50];
a= "Hello";
```

这种写法是错误的,原因是数组名是常量,永远指向数组的首地址。书写字符串常量时,系统给出其在内存中占用的一段无名存储区的首地址,不允许将数组名这个常量重新赋值指向另一个地址空间。

3. '\0'的添加

字符串常量的结束标志是'\0',缺少'\0'的一组字符不能称为字符串常量。'\0'有时可由系统自动添加,有时需要编程者手动添加。

(1) 系统自动添加的情况有如下两种。

①以字符串常量形式对字符数组进行初始化。例如,假设已定义"char a[50];",则

```
char  a[50]= "Hello";
```

②调用strcpy()函数将字符串复制到字符数组中。例如:

```
strcpy(a, "Hello");
```

(2) 需手动添加'\0'的情况有如下几种。

①以字符形式对字符数组进行初始化。例如:

```
char a[]= {'H','e','l','l','o','\0'};
```

②先定义字符数组,再将单个字符赋给各个数组元素。例如:

```
char  a[50];
a[0]= 'H';
a[1]= 'e';
a[2]= 'l';
a[3]= 'l';
a[4]= 'o';
a[5]= '\0';
```

③对字符数组中原来存放的字符串进行处理,破坏了原字符串的'\0',对新处理后的字符串需手动添加'\0'。

4. 字符串输出

字符串输出方法有以下两种。

(1) 调用printf()函数实现,格式说明符使用"%s"。例如:

```
char  a[50];
printf("%s", a);       //字符串输出
```

(2) 调用puts()函数实现。例如:

```
char  a[50];
puts(a);
```

5. 字符串处理函数

1）字符串长度函数 strlen(s)

字符串长度函数 strlen(s)的用法如下。

```
char  s[50];
int  len;
len= strlen(s);
```

说明：

(1) 使用 strlen 求字符串长度时，计算的是第一个'\0'之前的有效字符个数，函数返回值不包括'\0'占用的字节数。

(2) 注意区分 strlen 和 sizeof。首先，strlen 是库函数名称，而 sizeof 是运算符；其次，strlen 计算的是字符串有效字符占用的字节数，不包括'\0'占用的空间，而 sizeof 计算的是字符数组或者字符串占用内存的字节数，包括'\0'占用的空间。例如：

```
char  s[20]= "Hello";
int  x, y, m, n;
x= strlen(s);
y= sizeof(s);
m= strlen("Hello");
n= sizeof("Hello");
```

以上程序中：变量 x 和 m 的值都是 5，因为 strlen()函数仅仅统计字符串中有效字符占用的字节数。变量 y 的值是 20，因为 sizeof(s)计算的是数组 a 在内存中占用的字节数。变量 n 的值是 6，因为 sizeof("Hello")计算的是字符串"Hello"在内存中占用的字节数，包括'\0'占用的空间。

2）字符串连接函数 strcat(s1，s2)

字符串连接函数 strcat(s1，s2)的用法如下。

```
char  s1[50]= "Hello", s2[50]= "every one";
strcat(s1,s2);      //表示把字符串"everyone"粘贴到字符串"Hello"的后面
strcpy(s1, "every one");
```

3）字符串比较函数 strcmp(s1，s2)

strcmp(s1，s2)函数用于从左至右依次将两个字符串的对应字符取出做比较，比较的是对应字符 ASCII 码值的大小。当字符串 s1 的 ASCII 码值大于字符串 s2 的 ASCII 码值时，函数返回 1；当字符串 s1 的 ASCII 码值等于 s2 的 ASCII 码值时，函数返回 0；当字符串 s1 的 ASCII 码值小于 s2 的 ASCII 码值时，函数返回－1。

4）字符串拷贝函数 strcpy(s1，s2)

strcpy(s1，s2)函数用于将 s2 指向的字符串拷贝到 s1 指向的存储空间里，要求 s1 指向的存储空间足够大，能够容纳即将拷贝的字符串。例如：

```
char  s1[50], s2[50]= "Hello";
strcpy(s1, s2);      //表示把字符数组 s2 中存放的字符串拷贝到字符数组 s1 中
strcpy(a, "China");      //表示把字符串“China”拷贝到字符数组 a 中
```

1.3　函　　数

1.3.1　库函数与自定义函数

1. 库函数

目前已学习过的库函数有标准输入/输出类库函数、数学类库函数。程序调用库函数时，必须包含对应的头文件。标准输入/输出类库函数对应的头文件是＜stdio. h＞，数学类库函数对应的头文件是＜math. h＞。

2. 用户自定义函数

用户自定义函数是用户自己编写的用于完成特定功能的函数，也称子函数。一个 C 程序由一个 main()函数和若干个子函数组成。

1.3.2　函数定义

函数由函数首部和函数体构成，其中函数首部由函数类型、函数名、参数表组成。函数定义格式如下：

```
< 函数类型>    函数名(< 参数表> )
{
    < 函数体语句>
}
```

1. 函数类型

函数类型分为空类型(关键字是 void)和非空类型(需指定具体的返回类型，如 int 型、float 型、double 型、char 型、指针型、结构体类型等)。

当函数类型缺省时，默认函数返回类型为 int 型。

当函数类型是非空类型时，函数体内必须有 return 语句，写成“return(表达式)；”的形式，表达式值的类型必须与函数类型一致，否则编译系统会给出警告提示。

当函数类型是 void 型时，函数体内不需要 return 语句，或者直接写“return”即可。

函数类型是 C 语言中的关键字，在 VC＋＋6.0 编译环境中以蓝色文字显示。

2. 函数名

函数命名必须符合 C 语言标识符的命名规则。函数名应能表达函数所封装代码的功能。

同一段程序中定义的各函数不允许同名。

3. 参数表

参数表中的参数称为形式参数，简称形参。形参必须用一对小括号括起来。

如果参数表中没有参数，则该函数称为无参函数，此时小括号中可以给出关键字 void，或者什么都不写。如果参数表中有参数，则该函数称为有参函数，此时小括号中必须明确给出各个参数的数据类型。

注意：每个参数都必须有各自的类型说明符，如“int　fun(int a，int b，char c)”。

4. 函数体

函数体必须用一对大括号括起来，函数体前面是说明部分，后面是执行语句部分。

函数首部与函数体是一个整体，不能被分离开。例如，在括起参数表的小括号与括起函数体的大括号之间加上分号是错误的。

1.3.3　函数调用

一个已经定义的函数，只有在被调用时才能得以执行。函数调用时，程序跳转到被调用函数的第一句开始执行，执行完被调用函数的最后一句，程序返回函数调用语句处。

1. 函数调用的一般形式

有参数函数的调用形式：函数名(参数)。

无参数函数的调用形式：函数名()。

2. 函数的传值调用

函数调用时的参数称为实际参数，简称实参。当发生函数调用时，实参将数值传递给形参，实现函数调用时的数值传递。

为保证函数调用时数值的传递正确，实参与形参应有严格的对应关系：实参的个数、类型、顺序必须分别与被调用函数形参的个数、类型、顺序保持一致，而实参与形参的参数名称可以不相同。

在C语言中调用函数有三种方式。

(1) 将函数作为独立的语句调用，例如：

```
printf("Hello world!");
```

(2) 将函数作为表达式中的一部分调用，例如：

```
y= sqrt(9);
```

(3) 将函数作为其他函数的实参调用，例如：

```
printf("y=%lf\n", sqrt(9));
```

1.3.4　函数声明

编辑C程序时，如果函数定义语句在函数调用语句前面，可以省略函数声明，否则需要进行函数声明。函数声明的一般形式：

```
类型名　函数名(类型1, 类型2, …, 类型n );
```

函数声明、函数定义、函数调用语句必须有严格的对应关系，三者的函数类型需一致，函数名需相同，参数的个数、类型、顺序需一致，且注意语句结尾有“；”。

1.3.5　函数的嵌套

C语言中不允许有嵌套的函数定义，因此各函数是平行的，不存在上一级函数和下一级函数。但是C语言允许在一个函数的定义中调用另一个函数，这样就会出现函数的嵌套调用，即被调函数又调用其他函数。

1.3.6　变量的分类

1. 变量按作用域分类

变量的作用域是指变量的可用范围。变量按作用域可分为全局变量和局部变量，其中全局变量的作用域大，局部变量的作用域小。局部变量又分为函数体内的局部变量(如定义在函数体内的变量以及形参)和复合语句内的局部变量。表1-1所示为不同作用域变量的对比。

表 1-1　不同作用域变量的对比

比较项目	全局变量	函数体内的局部变量	复合语句内的局部变量
定义位置	定义在函数体外面	定义在函数体内部	定义在复合语句内部
作用域	从定义位置开始到整个.c文件结束有效	本函数体内有效	本复合语句内有效
书写位置	可以写在任何位置	必须写在执行语句之前	必须写在执行语句之前
命名	(1) 同一个.c文件内的全局变量不能重名； (2) 允许与局部变量重名，重名时被局部变量屏蔽	同一函数体内的局部变量不能重名	同一个复合语句内的局部变量不能重名

从表 1-1 可以看出，作用域最大的是全局变量，其次为函数体内的局部变量，作用域最小的是复合语句内的局部变量。

当全局变量、局部变量有重名时，作用域较小的变量会自动屏蔽作用域较大的变量。

2. 变量按存储类别分

变量按存储类别分为动态变量(auto)、静态变量(static)、寄存器变量(register)、外部变量(extern)。

1) 动态变量

动态变量只在某一个时间段内存在，例如函数的形参即为动态变量。在发生函数调用时，系统会临时为动态变量分配存储空间，函数调用结束后，这些变量的存储空间随即被释放掉，变量的值也随之消失。

动态变量分为全局动态变量、局部动态变量。

2) 静态变量

静态变量的生存期为程序的整个执行周期，程序运行结束静态变量即不再存在。这类变量一旦定义，系统就立即为之分配存储空间。静态变量在整个程序运行过程中固定地占用这些存储空间。

静态变量分为全局静态变量、局部静态变量。

注意：静态变量定义后如果没有赋初值，则初值为零。这一点与动态变量不同，动态变量定义后如果没有赋初值，则初值是随机数。

3) 寄存器变量

寄存器变量属动态变量，其存储空间在特定时候会自动释放。可以将使用频率较高的变量定义为 register 型，以提高程序的运行速度。

注意：寄存器变量只能为整型、字符型、指针型。

4) 外部变量

如果在某个源文件(例如 a.c)中定义了一个全局动态整型变量 x，在另外一个源文件(例如 b.c)中需要引用这个全局变量 x，则在源文件 b.c 中对变量 x 进行说明(extern int x;)后，即可引用源文件 a.c 中定义的变量 x。

注意:定义全局变量只能有一次,但是可以多次使用 extern 对其进行说明。这一点与函数类似,定义函数也只能有一次,而函数说明可以有多次。

1.3.7　函数的存储分类

1. 用 static 说明函数

如果要使一个函数在定义后,只能被所在的源文件调用,而不能被其他的源文件调用,则可在函数首部的返回值类型前面加上关键字"static"。这样做的好处是避免不同的.c 文件定义同名的函数而引起混乱。

2. 用 extern 说明函数

如果要使一个函数定义后,除了能被所在的源文件调用外,还能被其他源文件调用,则可在其他源文件调用该函数前,先使用 extern 关键字进行说明。

1.3.8　编译预处理

在 C 语言中,凡是以"#"开头的行都称为编译预处理命令行,要求掌握命令"#define"和命令"#include"。注意:每行的末尾不能加";"。

1. 宏替换——#define

(1) 不带参数的宏定义,格式如下:

```
#define  宏名  替换文本
```

说明:

①替换文本中可以包含已经定义过的宏名;

②当宏定义分多行书写时,在行末加一个反斜线"\";

③宏名习惯用大写字母;

④宏定义一般写在程序的开头。

(2) 带参数的宏定义,格式为:

```
#define  宏名(参数表)  替换文本
```

说明:

①参数表中只有参数名称,没有类型说明。

②如果替换文本中有括号,则进行宏替换时必须有括号;反之,如果替换文件中本身没有括号,则宏替换时不能随便加括号。

③宏名和圆括号必须紧挨着,且圆括号不能省略。

2. 文件包含——#include

所谓文件包含是指在一个文件中包含另一个文件的全部内容,#include 命令行的格式如下:

```
#include"文件名"
```

或者

```
#include<文件名>
```

如果文件名用双引号标注,系统将先在源程序所在的目录查找指定的包含文件,如果找不到,再按照系统指定的标准方式到有关目录中去查找。

如果文件名用尖括号标注,系统将直接按照指定的标准方式到有关目录中去查找。

1.4 指　　针

1.4.1 指针的基本概念

计算机的内存空间是由许多存储单元构成的，每个存储单元代表一个字节的容量，每个存储单元都有一个唯一的编号，即地址。在程序运行过程中变量等就存放在这些存储单元中。对变量的存取有两种方法：一种是使用变量名对其内容进行存取，称为直接法；另一种是借助变量的地址对其内容进行存取，称为间接法。

一个变量的地址称为该变量的指针，通过变量的指针能够找到该变量。

专门用于存储变量地址的变量称为指针变量。指针与指针变量的区别，就是变量值与变量名的区别。

注意：指针变量存放的是地址值，而不是通常意义上的数值。

1.4.2 指针变量的定义、赋值

1. 指针变量的定义

定义指针变量的语句格式如下：

```
类型标识符　*指针变量名；
```

说明：

(1) 此处的类型标识符称为指针变量的基类型，即表示该指针变量应存放何种类型的变量地址。指针变量的基类型必须与其指向的普通变量同类型，否则会引起程序运行错误。

(2) 与普通变量的定义相比，指针变量名称前多了一个星号"*"，其余一样。注意：此处的星号仅仅是一个标识符，标识后的变量是指针变量，而非普通变量。

例如"int *p；"表示定义了一个 int 类型的指针变量 p，此时该指针变量并未指向某个具体的变量(称指针是悬空的)。使用悬空指针很容易破坏系统，导致系统瘫痪。

2. 指针变量的赋值

与普通变量相同，可以在定义指针变量时为其赋值，称为初始化；也可以先定义，再使用赋值语句为其赋值，赋值语句格式如下：

```
指针变量名= 某一地址；
```

通常可用以下几种方法为指针变量赋值。

方法一：指针变量名＝& 普通变量名。

方法二：指针变量名＝另外一个同类型并已赋值的指针变量。

方法三：调用库函数 malloc(或者 calloc)，当指针使用完毕后再调用 free 将其释放。例如，为指针变量 p 动态分配 40 个字节存储空间，可采用以下语句：

```
int  *p;
p= (int *)malloc(10*sizeof(int));
```

也可采用以下语句：

```
int  *p;
p= (int *)calloc(10,sizeof(int));
```

1.4.3　指针运算

1. 指针运算中两个重要的运算符

指针运算中有两个重要的运算符，即“*”和“&”。

*（取内容符）：表示取出其后内存单元中的内容。

&（取地址符）：表示取出其后变量的内存单元地址。

说明：此处的取内容符也是星号，与指针变量定义时的标识符一样，但是二者的含义完全不相同。

2. 移动指针

移动指针就是对指针变量加上或减去一个整数，或通过赋值运算，使指针变量指向相邻的存储单元。只有当指针指向一串连续的存储单元（例如数组、字符串）时，指针的移动才有意义。

指针移动通过算术运算（加、减）来实现，指针移动的字节数与指针的基础类型密不可分。例如已定义“char *p1; int *p2;”，进行“p1++; p2++;”运算后，指针p1中存放的地址值自增一个单元，指针p2中存放的地址值自增4个单元。

3. 比较运算

比较运算比较的是两个指针变量中存放的地址值的大小。

4. 指针的混合运算

例如有定义“int a, *p;”，则对于混合运算“&*p”“*&a”“(*p)++”“*p++”“*++p”“++*p”等，需要仔细推敲其含义。

1.4.4　函数之间地址值的传递

1. 实参向形参传送地址值

如果函数的形参为指针变量，对应的实参必须是基类型相同的地址值或者是已指向某个存储单元的指针变量。

函数之间数值的传递是指数值由实参向形参传递，即当发生函数调用时，实参将其数值传递给形参，函数调用完毕后，形参的改变并不能影响对应实参的值，因此这种数值传递为单向传递。

函数之间地址值的传递，其特点是实参为主调用函数中某内存单元的地址，在被调用函数中可以通过形参对主调函数中该内存单元的值进行修改，这也就使得通过形参改变对应的实参值有了可能，因此通过地址值的传递，可以实现主调函数与被调函数之间数据的双向传递。

通过地址值传递还可以将多个数据从被调函数返回到主调函数中，这一点也是通过数值传递无法实现的。在数值传递中，被调函数只能利用return语句向主调函数返回一个数据。

2. 通过return语句返回地址值

当函数返回值的类型是指针，而非普通数据时，表明被调函数调用完毕后向主调函数返回的是一个地址值，而不是一个普通的数值。此时应注意return语句的表达式值应是指针（地址值）。

1.4.5　一维数组和指针

1. 数组元素的访问

对数组元素的访问，要使用指针，基于数组元素顺序存放的特性进行。访问数组元素的方法有以下两种。

(1) 使用数组的首地址(数组名)访问数组元素。注意:由于数组名是常量,因此对数组名不能使用自增运算,必须借助一个变量i来实现对数组元素的顺序访问。例如:

```
int  a[10], i=0;
while(i<10)
  scanf("%d", &a[i++]);
```

(2) 利用指针变量访问数组元素。例如:

```
int  a[10], i=0,*p=a;
while(i<10)
  scanf("%d", p++);
```

2. 数组元素的引用

引用一维数组元素的方法有两种:下标法、指针法。

假设有如下定义:

```
int  a[3], *p=a;
```

下标法取数组元素数值的表达式为“a[i]”或“p[i]”,指针法取数组元素数值的表达式为“*(a+i)”或“*(p+i)”。下标法取数组元素地址的表达式为“&a[i]”或“&p[i]”,指针法取数组元素地址的表达式为“a+i”或“p+i”。

p和a的相同点是:都是指针,存放数组的首地址。二者的不同点是:a是地址常量,p是指针变量。a永远指向该数组的首地址,直到该数组的存储空间被系统收回;p是变量,可以重新赋值,指向其他的存储空间。

1.4.6　一维数组与函数参数

1. 数组元素作为函数实参

各数组元素相当于一个个独立的普通变量,当数组元素作为函数实参时,实现的是单向的数值传递。在被调函数中只能使用数组元素的数值,不能改变数组元素的初值。

2. 数组元素的地址作为函数实参

当某数组元素的地址作为函数实参时,实现的是双向的地址值传递。即在被调用函数中,不但可以利用形参使用该数组元素的初值,还可以达到修改该数组元素初值的目的。

3. 数组名作为函数实参

由于数组名本身就是一个地址值,因此以数组名作为函数实参时,实现的是双向的地址值传递,对应的形参必须是一个与数组类型一样的指针变量。在被调用函数中,可以通过形参(指针变量)使用数组中的所有元素,还能够修改这些元素的初值。

以数组名作为函数实参时,对应的形参有三种写法:

```
①void  fun(int a[10]);
②void  fun(int a[]);
③void  fun(int *a);
```

1.4.7　字符串与指针

1. 使指针指向一个字符串的方法

由于字符串中的字符在内存空间里是顺序存放的,因此使用指针操作字符串是比较便利的。以下是几种将字符型指针变量指向字符串的正确方法。

(1) 在定义字符型指针变量时以一个字符串为其赋初值(初始化)。例如：

```
char  *p="Hello";
```

(2) 先定义字符型指针变量,然后通过赋值语句让指针变量指向字符串。例如：

```
char  *p;
p="Hello";
```

对于以上示例中的字符串常量“Hello”,在程序中给出的是它在内存空间的首地址,因此可以通过赋值语句将这段无名存储区的首地址赋值给指针变量,使得指针指向该字符串。

(3) 先定义字符型指针变量,然后为指针变量赋一个有效的地址值(可以将一个字符数组的首地址赋给指针,或者调用 malloc()函数为指针变量动态分配一段存储空间),最后调用 strcpy()函数将字符串复制到指针所指向的这段存储空间里。例如：

```
char  a[6], *p;
p=a;
strcpy(p, "Hello");
```

或者

```
char  *p;
p=(char  *)malloc(6*sizeof(char));
strcpy(p, "Hello");
```

注意:在调用 strcpy()函数之前,指针 p 必须已经指向一个有效的存储空间,这样才能向这个存储空间里存放字符串常量。如果只是定义了指针,而没有为其赋有效的地址值,这样的指针是不能使用的。

2. 使指针指向一个字符串的错误方法

在使指针指向一个字符串时不可在指针变量定义后就调用 strcpy()函数,企图将一个字符串复制到指针所指的存储空间里。例如：

```
char  * p;
strcpy(p, "Hello");
```

错误原因是指针 p 中此时存放的是一个随机的地址值,即它未指向一段有效的存储空间,将字符串常量赋给一个随机的存储空间是毫无意义的。

3. 使用字符数组和使用指针操作字符串两种方法的比较

对字符串的操作,既可以使用字符数组,又可以使用字符型指针变量,两种方法在使用上有一个相同点,就是都可以利用初始化的方法来赋一个字符串常量。例如：

```
char  a[6]= "Hello"; //正确
char  *p= "Hello"; //正确
```

同时,这两种方法也有很大的差异。

(1) 不能使用赋值语句为字符数组赋字符串常量,但可以通过赋值语句使字符型指针指向字符串常量。例如：

```
char  a[6];
a= "Hello"; //错误
char  *p;
p= "Hello"; //正确
```

(2) 可以在字符数组定义之后调用 strcpy()函数为其赋字符串常量，而不能在字符型指针变量定义之后调用 strcpy()函数为其赋字符串常量。例如：

```
char  a[6];
strcpy(a, "Hello"); //正确
char  *p;
strcpy(p, "Hello"); //错误
```

(3) 字符数组装载字符串后，系统为数组开辟的是一段连续的存储空间(大于或等于字符串长度)，数组名代表了这段存储空间的首地址。字符型指针变量指向字符串后，系统为字符型指针变量开辟的仅仅是 4 个字节的存储空间，用来存放字符串无名存储区的首地址。例如：

```
char a[]="Hello"; //系统为数组开辟 6 个字节的存储空间,用来存放字符串
char  *p="Hello"; //系统为指针变量 p 开辟 4 个字节,用来存放字符串常量的首地址
```

因此，sizeof(a)的运算结果是 6，而 sizeof(p)的运算结果是 4。

1.4.8　函数指针

1. 指向函数的指针变量的定义和赋值

指向函数的指针也称函数指针，由于 C 语言中函数名代表该函数的入口地址，因此可以定义一种指向函数的指针来存放该入口地址，将这种指针称为指向函数的指针。例如：

```
double  fun(int a, char  *p)
{
  …
}
```

该 fun()函数返回值类型定义为 double 型。函数有两个参数，第一个是 int 型，第二个是 char * 型。

又如：

```
void  main(void)
{
  double  (*pfun)(int, char * );     //定义指向函数的指针变量,格式:类型(*
指针变量)(函数形参)
  char  x=2,doubley;
  pfun=fun;     //将 fun()函数的入口地址赋给指针变量
  pfun
  …
  y=(*pfun)(10, &x);     //等价于 y=fun(10, &x);
}
```

以上示例代码中，在主函数内部首先定义了一个指向函数的指针变量 pfun，明确指出该指针所指向的函数返回值是 double 型。函数有两个参数，第一个参数是 int 型，第二个参数是 char * 型。然后为指针变量 pfun 赋值，通过语句“pfun=fun;”将 fun()函数的入口地址赋给指针变量 pfun，于是对函数的调用即可通过该指针来完成。最后利用 pfun 实现对 fun()函数的调用，通过语句“y=(*pfun)(10, &x);”来完成，该语句等价于传统用法“y=fun(10, &x)”。

注意：

（1）定义指向函数的指针变量 pfun 时，"＊pfun"的两侧必须加小括号，写成（＊pfun）。

（2）为指向函数的指针变量赋值时，赋值号的左侧只写指向函数的指针变量名，赋值号的右侧只写函数名。

（3）利用指向函数的指针变量调用函数，等价于使用函数名调用函数。

2. 以指向函数的指针变量作为实参

以函数名作为实参时，对应的形参应该是函数指针。函数指针也可以作函数实参，对应的形参应当是类型相同的指针变量。

1.5　结构体、共用体与枚举

1.5.1　结构体类型的说明

结构体是一种构造类型，是由数目固定、类型相同或不同的若干有序变量组成的集合。组成结构体的每个数据都称为结构体的成员，或称分量。结构体类型说明的格式如下：

```
struct  结构体标识名
{
  类型名 1  结构体成员名列表 1;
  类型名 2  结构体成员名列表 2;
   ⋮
  类型名n   结构体成员名列表n ;
};
```

说明：

（1）结构体类型的说明可以嵌套。

（2）struct 是关键字，"结构体标识名"可以省略。

（3）右边半个花括号后面的分号不能省略。

（4）结构体类型的说明只是列出了该结构的组成情况，表示这种类型的结构模式已存在，但编译程序并没有因此而分配任何存储空间。就类似于列出"int"，标志系统认可这种数据类型，但"int"本身并不占用内存空间，只有定义了 int 型的变量后，系统才为变量分配内存空间。

1.5.2　用 typedef 定义类型

typedef 是一个关键字，利用它可以用新的名称为已存在的数据类型命名（可以理解为给已有的数据类型取一个别名）。例如：

```
typedef  int  INT;      //定义 INT 为 int 型说明符
typedef  int  *POINT;      //定义 POINT 为 int 型指针的新类型说明符
typedef  float  F_ARRAY[20];      //定义 F_ARRAY 为 float 型长度为 20 的数组
类型说明符
INT  x, y;      //等价于 int x, y;
POINT  p1;      //等价于 int  *p1;
F_ARRAY  f1;      //等价于 float f1[20];
```

注意:typedef 的使用并不是定义了一种新的类型,而仅仅是为已有的数据类型取了一个新名称。用户自己定义的结构体类型一般都比较复杂,使用 typedef 可以为结构体类型取一个较为简单的名称。

以下三种方式是使用 typedef 为结构体类型取一个别名的方法。

(1) 先定义结构体类型,再使用 typedef 为之取一个别名,如:

```
struct  date
{
  int  year;
  int  month;
  int  day
};
typedef struct date DATE;        //为结构体取别名“DATE”
```

(2) 定义结构体类型的同时使用 typedef 为之取一个别名,并且不省略结构体标识名。

```
typedef  struct  date
{
  int  year;
  int  month;
  int  day
}DATE;
```

(3) 在定义结构体类型的同时使用 typedef 为该结构体取一个别名,并且省略结构体标识名,例如:

```
typedef  struct
{
  int  year;
  int  month;
  int  day
}DATE;
```

1.5.3　定义结构体变量

如前文所述,结构体类型定义后,系统只是认可有这样一种用户自己构造的复杂数据类型,但并不会为之分配存储空间,只有定义了该结构体类型的变量之后,系统才为变量分配相应的存储空间。结构体变量占用的存储容量由结构体类型决定。以下是定义结构体变量的几种方法。

(1) 先定义结构体类型,再定义该结构体的变量,例如:

```
struct  date
{
  int  year;
  int  month;
  int  day
```

```
};
struct date x, y;
```

(2) 在定义结构体类型的同时定义结构体变量，例如：

```
struct  date
{
  int  year;
  int  month;
  int  day
}x, y;
```

(3) 先使用 typedef 定义结构体类型的别名，再使用结构体类型的别名定义变量，例如：

```
typedef  struct  date
{
  int  year;
  int  month;
  int  day
}DATE;
DATE x, y;
```

(4) 先定义结构体类型，然后使用 typedef 为该结构体取一个别名，最后使用别名定义结构体变量。例如：

```
struct  date
{
  int  year;
  int  month;
  int  day
};
typedef  stuct  date  DATE;
DATE x, y;
```

以上四种方法都定义了两个结构体类型的变量 x 和 y，这两个变量各自占用 12 个字节的存储容量。

1.5.4　定义结构体类型的指针变量

结构体类型的指针变量定义方法与 1.5.3 小节所述的结构体变量的定义方法相同。例如：

```
typedef  struct  student
{
  char  num[20];
  char  name[30];
  char  sex;
```

```
  int  age;
  double  score;
}STU;
STU  x, *p= &x;
```

本例定义了一个 STU 结构体类型的普通变量 x，以及指针变量 p。由于该结构体类型各成员一共占用(20＋30＋1＋4＋8)B＝63 B 的存储容量，因此系统为变量 x 分配 63 B 的存储空间。指针 p 的基类型为 STU 结构体类型，即指针 p 所指向的是大小为 63 B 的一整段存储空间。

定义结构体指针变量 p 的同时对它进行初始化，为之赋值“&x”。这一赋值操作很有必要，因为该操作将使得指针变量 p 指向一个有效的存储空间，而没有指向有效存储空间的指针不能随便使用。

1.5.5　通过结构体变量或结构体指针引用成员

1.5.4 小节定义的 STU 类型的结构体变量 x(结构体指针 p)有五个成员，如果要把某一个成员取出进行操作，不能直接使用。例如，“age＝20；”这样的语句是错误的，原因是 age 现在不是一个独立的变量，它是变量 x 的一个成员，或者称之为一个属性，要取出 age 并为它赋值 20，必须通过变量 x 或者指针 p 才能实现。可采用以下三种形式来对结构体成员进行操作(其中要用到“.”运算符或者“－＞”运算符)。

第一种形式：

```
结构体变量名.成员名
```

例如：

```
strcpy(x.name, "LiWei");
```

第二种形式：

```
结构体指针变量名-> 成员名
```

例如：

```
strcpy(p-> name, "LiWei");
```

第三种形式：

```
(* 结构体指针变量名).成员名
```

例如：

```
strcpy((*p).name, "LiWei");   x.age=20;
```

也可为“p－＞age＝20；” 或者“(∗ p). age＝20；”。

1.5.6　给结构体变量赋值

给结构体变量赋值的方法有以下三种。

(1) 在定义结构体变量的同时为它的各个成员赋初值，例如：

```
typedef  struct  student
{
  char  num[20];
  char  name[30];
```

```
    char  sex;
    int  age;
    double  score;
    }STU;
    STU  x= {"20070102001", "ZhangHua", 'M', 18, 80.0};
```

上述代码表示在定义结构体变量 x 的同时为它的五个成员赋初值。必须要用一对花括号将所有初值括起来，各数值之间用逗号隔开，数值的类型以及书写顺序与各成员的类型和书写顺序保持一致。

(2) 对结构体变量进行整体赋值。如果两个结构体变量类型相同，则可以对两个结构体变量进行整体赋值。例如：

```
typedef  struct  student
{
  char  num[20];
  char  name[30];
  char  sex;
  int age;
  double score;
}STU;
STU  x, y= {"20070102001", "ZhangHua", 'M', 18, 80.0};
x= y;   //结构体变量的整体赋值
```

上述代码定义了两个结构体变量 x 和 y。对变量 y，已经使用初始化的方法为它的五个成员赋了初值，而变量 x 的各成员还没有初值。由于 x 和 y 是同类型的变量，因此可以通过赋值语句“x=y；”将变量 y 的值整体赋值给变量 x。这样做相当于将变量 y 各个成员的初值对应地赋值给变量 x 的各个成员。

(3) 为结构体变量的各成员分开赋值。两个结构体变量对应成员之间可以相互赋值，例如：

```
strcpy(x.num, y.num);
strcpy(x.name, y.name);
x.sex= y.sex;
x.age= y.age;
x.score= y.score;
```

注意：对以上各成员分开赋值时，字符串类型不能写成“x. num＝y. num；”或“x. name＝y. name；”，虽然此时赋值号的两侧类型相同，都是数组名(是地址)，但由于数组名本身是地址常量，不能用另一个存储空间的首地址为其赋值，因此对字符数组类型的成员进行赋值，应选用 strcpy()库函数。其他基本数据类型的成员可以直接使用赋值语句进行赋值。

1.5.7 结构体变量或成员做实参

与基本数据类型一样，当结构体变量或者结构体变量的成员做实参时，实现的是单向的数值传递，对应的形参必须与实参保持同一类型。

当结构体变量的地址或者结构体变量成员的地址做实参时，实现的是双向的地址值传递，对应的形参必须是同类型的指针变量。

1.5.8　共用体

共用体类型以及共用体变量的定义方式与结构体相似。共用体与结构体的不同在于，结构体变量的各个成员各自占用自己的存储空间，而共用体变量的各个成员占用同一个存储空间。

共用体变量定义格式如下：

```
union 共用体名
{
  类型  成员名 1;
  类型  成员名 2;
  ⋮
  类型  成员名n;
};
```

变量的定义与结构体类似，也有三种方法。

(1) 在定义类型的同时定义变量，例如：

```
union data
{
  int i;
  char ch;
  float f;
}d1;
```

(2) 定义类型后，用类型名定义变量，例如：

```
union data d2;
```

(3) 不给类型名，直接定义变量，例如：

```
union
{
  int i;
  char ch;
  float f;
}d3;
```

说明：

(1) 共用体变量的存储空间大小由占用字节数最多的那个成员决定。

(2) 共用体变量初始化时只能对它的第一个成员进行初始化。

(3) 由于共用体变量所有成员占用同一个存储空间，因此它们的首地址相同，并且这一首地址与该共用体变量的地址相同。

共用体变量中成员的操作方式与结构体类似，可以使用如下三种形式。

第一种形式：

```
共用体变量名.成员名
```

第二种形式：

```
共用体指针变量名-> 成员名
```

第三种形式：

```
(* 共用体指针变量名).成员名
```

1.5.9　枚举型变量

枚举型变量的定义格式如下：

```
enum 枚举名
{
  枚举元素名 1,
  枚举元素名 2,
  ⋮
  枚举元素名n
};
```

枚举元素的默认值为 0,1,…,$n-1$。

枚举元素的值也可在枚举元素定义时重新指定,对于没有指定值的元素,按顺序在前一个元素的值的基础上加 1。例如:

```
enum weekday
{
sun=7,
mon=1,
tue,
wend
};
```

则 sun 的值为 7,mon 的值为 1,tue 的值为 2,wend 的值为 3。

枚举型变量的定义与结构体、共用体类似,对其成员的引用也与其类似,不再列举。

说明:

(1) 枚举数据表的值都是整数。

(2) 枚举型数据是一个集合,集合中的元素(枚举成员)是一些命名的整型常量,元素之间用逗号“,”隔开,且最后一个成员结尾没有“,”。

1.6　编程规范

编程规范不是编程时必须要遵守的规则,但是对 C 语言程序编写而言,遵守编程规范可使代码清晰、简洁,有利于增强程序的可测试性、安全性、可移植性,并可提升程序效率,同时调试查错时也可有事半功倍的效果。

1.6.1　注释

C 语言程序块的注释常采用“/ * … * /”,行注释一般采用“//…”。注释除了用于重要的代码行或段落提示之外,通常还用于函数端口的说明及版本、版权声明。

关于注释的编程规范如下:

(1) 虽然注释有助于理解代码,但注意不可过多地使用注释,注释太多会让人眼花缭乱。注释时所采用的形式也应尽量少。

(2) 注释的位置应与被描述的代码相邻,可以放在代码的上方或右方,不可放在下方。

(3) 应将注释与其上面的代码用空行隔开。如按以下方式书写不太妥当:

```
/* code one comments* /
program code one
/* code two comments* /
program code two
```

应按如下格式书写:

```
/* code one comments* /
program code one

/* code two comments* /
program code two
```

源文件或函数头部应该有版权和版本声明。版权和版本声明一般位于头文件(.h 文件)或定义文件(.c 文件)的开头,主要内容一般有:

①版权信息。(函数可不用)

②版本信息。(函数可不用)

③文件或函数名称,功能说明等。

④当前版本号,作者/修改者,完成日期。

⑤版本历史信息。

示例 1-1 版本及版权等注释示例。

```
/*
* Copyright(c)2017,南昌航空大学机械电子工程
* 1.1版
*
* 文件名称:filename.c
* 摘要:(简要描述本文件的内容,如果是函数,要写出函数的功能及形参的要求等等)
*
* 当前版本:1.1
* 修改日志:(对原版本进行修改的问题说明)
* 作者:(作者或修改者名字)
* 完成日期:2017年7月20日
*
* 取代版本:1.2
* 原作者:(原作者名字)
* 完成日期:2018年5月4日
* /
```

示例 1-2 函数注释示例。

```
/*
* 函数介绍:
* 输入参数:
* 输出参数:
* 返回值:
*
* 修改日志:(对原版本进行修改的问题说明)
* 作者:(作者或修改者名字)
* 完成日期:2017年7月20日
*
* 原作者:(原作者名字)
* 完成日期:2018年5月4日
* /
void function(float x, float y, float z)
{
…
}
```

1.6.2　头文件结构

头文件一般由三部分内容组成：

（1）头文件开头处的版权和版本声明(参见示例1-1)。

（2）预处理块。

（3）函数或结构体声明等。

关于头文件结构的编程规范如下：

（1）为了防止头文件被重复引用，应当用ifndef/define/endif结构产生预处理块。

（2）用#include<filename.h>格式来引用标准库的头文件(编译器将从标准库目录开始搜索)。用#include "filename.h"格式来引用非标准库的头文件(编译器将从用户的工作目录开始搜索)。

（3）头文件中只存放常量、变量、结构体、宏、函数等的声明而不存放定义。

（4）不提倡使用全局变量，尽量不要让头文件中出现类似"extern int value"这样的声明。

示例1-3　头文件结构示例。

```
//版权和版本声明见示例1-1,此处省略。
#ifndef __GRAPHICS_H   //防止graphics.h被重复引用
#define __GRAPHICS_H
#include< math.h>    //引用标准库的头文件
…
#include  "myheader.h"  //引用非标准库的头文件
…
void function1(…); //函数声明
…
```

```
struct Gpro  //结构体声明
{
…
};
#endif
```

1.6.3　定义文件结构

定义文件一般由三部分内容组成：

(1) 定义文件开头处的版权和版本声明(参见示例1-1)。

(2) 对一些头文件的引用。

(3) 程序实现。

示例1-4　定义文件结构示例(假设定义的文件名称为graphics.c)。

```
//版权和版本声明见示例1-1,此处省略。
#include  "graphics.h"  //引用头文件
…
//函数相关说明,见示例1-1,此处可省略版权及版本号
void function1(…)
{
    …
}
```

1.6.4　空行

空行起着分隔程序段落的作用,空行得体将使程序的布局更加清晰。

关于空行的编程规范如下：

(1) 在每个函数定义结束之后加空行,参见示例1-5。

(2) 在一个函数体内,逻辑上密切相关的语句之间不加空行,其他地方加空行分隔。参见示例1-6。

示例1-5　函数之间空行使用。

```
(空行)
void function1(…)
{
…
}

void function2(…)
{
…
}
```

```
void function3(...)
{
...
}
```

示例 1-6 逻辑上关系较远空行使用。

```
(空行)
while(condition)
{
    statement1;

    if(condition)
    {
        statement2;
    }
    else
    {
        statement3;
    }

    statement4;
}
```

1.6.5 代码行

关于代码行的编程规范如下：

(1) 一行代码只完成一项操作，如只定义一个变量，或只写一条语句。这样的代码容易阅读，并且便于写注释。

(2) if、for、while、do 等语句独占一行，执行语句不要紧跟其后。不论执行语句有多少都要加“{}”，且同一级别的“{”和“}”也应独占一行并竖对齐，这样可以防止书写失误。

(3) 尽可能在定义变量的同时初始化该变量(就近原则)，避免忘记对变量进行初始化而造成不良后果。例如：

```
int width=10; //定义并初始化 width
```

(4) “,”之后要留空格，如“function(x, y, z)”。如果“;”不是一行的结束符号，其后要留空格，如“for(initialization; condition; update)”。

(5) 指针定义操作符 * 应该和变量紧挨一起，如果分开书写可能造成误解，如“int * x, y;”中，y 容易被误解为指针变量，所以应该是“int *x, y; ”更合适。

(6) 程序块要采用缩进风格编写，缩进的空格数为 4 个(或按一次 Tab 键的格数，两种方式不建议混用)。

1.6.6　命名

关于函数、变量等命名的编程规范如下。

(1) 标识符应当直观且可以拼读，可望文知意，不必进行“解码”。标识符最好采用英文单词或其组合，便于记忆和阅读。切忌使用汉语拼音来命名。程序中的英文单词一般不会太复杂，用词应当准确。例如不要把 CurrentValue 写成 NowValue。表 1-1 所示单词的缩写能够被大家基本认可。

表 1-1　C 程序中常见的单词缩写

单　词	缩　写	单　词	缩　写
argument	arg	maximum	max
buffer	buff	message	msg
clock	clk	minimum	min
command	cmd	parameter	para
compare	cmp	previous	prev
configuration	cfg	register	reg
device	dev	semaphore	sem
error	err	statistic	stat
hexadecimal	hex	synchronize	sync
increment	inc	temp	tmp
initialize	init		

(2) 标识符的长度应当符合“min-length && max-information”原则。一般来说，长名称能更好地表达含义，所以函数名、变量名、类名长达十几个字符不足为怪。但标识符并非越长越好。例如变量名 maxval 就比 maxValueUntilOverflow 好用。单字符的名称也是有用的，常见的如 i、j、k、m、n、x、y、z 等，它们通常可用作函数内的局部变量。

(3) 程序中不要出现与标识符完全相同的局部变量和全局变量，虽然两者的作用域不同，不会发生语法错误，但会使人误解。

(4) 程序中不要出现仅靠大小写区分的相似的标识符。

(5) 变量的名字应当使用名词或者形容词＋名词，例如：

```
float value;
float oldValue;
float newValue;
```

全局函数的名字应当使用动词或者动词＋名词（动宾词组），例如：

```
DrawBox(); //全局函数
```

类的成员函数应当只使用动词，被省略掉的名词就是对象本身。

(6) 用正确的反义词组命名具有互斥意义的变量或相反动作的函数等，例如：

```
int minValue;
int maxValue;
int SetValue(...);
int GetValue(...);
```

(7) 尽量避免名字中出现数字编号,如 Value1、Value2 等,除非逻辑上的确需要编号。这样建议是为了防止程序员偷懒,不肯为命名动脑筋而导致产生无意义的名字(因为用数字编号最省事)。

(8) 结构体和函数名等用以大写字母开头的单词组合而成,例如:

```
void Draw(void);    //函数名
void SetValue(int value);    //函数名
```

(9) 变量和参数用以小写字母开头的单词组合而成,例如:

```
bool flag;
int drawMode;
```

(10) 常量全用大写字母,用下画线分割单词,例如:

```
const int MAX=100;
const int MAX_LENGTH=100;
```

1.6.7　表达式与运算符

关于表达式与运算符的编程规范如下:

(1) 如果代码行中的运算符比较多,用括号确定表达式的操作顺序,避免使用默认的优先级。

(2) 不可用"=="或"!="将浮点型变量与任何数字进行比较。

(3) 对于指针变量与零值的比较,应当用"=="或"!="将指针变量与 NULL 进行比较。

1.6.8　if 语句

在 if 语句中,判定变量与常量相等时可能会出现 if(NULL==p)这样的格式,其中 p 为指针变量,NULL 为空指针常量。这样写可以防止将 if(p==NULL)误写成 if(p=NULL)。编译器认为 if(p=NULL)是合法的,但是会指出 if(NULL=p)是错误的,因为 NULL 不能被赋值。

1.6.9　goto 语句

自从提倡结构化设计以来,goto 语句就成了有争议的语句。首先,由于 goto 语句可以灵活跳转,如果不加限制,它的确会破坏程序的结构化设计风格。其次,goto 语句经常带来错误或隐患。它可能会跳过某些对象的构造、变量的初始化、重要的计算等相关的语句,例如:

```
goto state;
string s1, s2;     //被 goto 跳过
int sum=0;     //被 goto 跳过
…
state:
…
```

如果编译器不能发现此类错误,每使用一次 goto 语句都可能留下隐患。

很多人建议废除 C++/C 的 goto 语句,以绝后患。但实事求是地说,错误是程序员本身而非 goto 语句造成的。goto 语句能跳出多重循环体,从而可避免多次使用 break 语句。

例如：

```
{…
    {…
        {…
        goto error;
        }
    }
}
error:
…
```

所以我们主张少用、慎用 goto 语句，而不是禁用。

1.6.10 宏

关于宏的编程规范如下。

(1) 用宏定义表达式时，要使用完备的括号。例如，以下宏定义都存在一定的风险。

```
#define RECTANGLE_AREA(a, b)  a*b
#define RECTANGLE_AREA(a, b)  (a*b)
#define RECTANGLE_AREA(a, b)  (a)*(b)
```

正确的定义应为：

```
#define RECTANGLE_AREA(a, b)  ((a)*(b))
```

(2) 将宏所定义的多条表达式放在大括号中。例如，下面的语句（为了说明问题，for 语句的书写稍不符规范）中，只有宏的第一条表达式被执行：

```
#define INTI_RECT_VALUE(a, b)\
    a=0; \
    b=0;
for(index=0; index<RECT_TOTAL_NUM; index++)
    INTI_RECT_VALUE(rect.a, rect.b);
```

正确的用法应为：

```
#define INTI_RECT_VALUE(a, b)\
{
    a=0; \
    b=0; \
}

for(index=0; index<RECT_TOTAL_NUM; index++)
{
    INTI_RECT_VALUE(rect[index].a, rect[index].b);
}
```

(3) 使用宏时，不允许参数发生变化。如下用法可能导致错误：

```
#define SQUARE(a)((a)*(a))

int a=5;
int b;
b= SQUARE(a++);      //结果为 a=7,即执行了两次加 1。
```

正确的用法是：

```
b=SQUARE(a);
a++;      //结果为 a=6,即只执行了一次加 1。
```

(4) 除非必要,应尽可能使用函数代替宏。

宏相对函数而言有一些明显的缺点：

① 宏缺乏类型检查,不如函数调用检查严格。

② 宏展开可能会产生意想不到的副作用,如"#define SQUARE(a)　(a)*(a)"这样的定义,如果使用此宏执行 SQUARE(i++),就会导致 i 被加两次；如果是函数调用"double square(double a){return a*a；}"则不会有此副作用。

③ 以宏形式写的代码难以调试且难以打断点,不利于定位。

④ 宏如果调用很多,会造成代码空间的浪费,不如函数空间效率高。

例如,用下面的代码无法得到想要的结果：

```
#define MAX_MACRO(a, b)   ((a)>(b)?(a):(b))
int MAX_FUNC(int a, int b)
{
    return((a)>(b)?(a):(b));
}
int testFunc()
{
    unsigned int a=1;
    int b=-1;
    printf("MACRO: max of a and b is:%d\n", MAX_MACRO(++a, b));
    printf("FUNC: max of a and b is:%d\n", MAX_FUNC(a, b));
    return 0;
}
```

上面宏代码调用的结果是(a<b),a 只加了一次,所以最终的输出结果是：

```
MACRO: max of a and bis: -1 FUNC:max of a and b is: 2
```

1.6.11　条件编译

1. 条件编译的基本概念

在很多情况下,我们会希望程序中的一部分代码只有在满足一定条件时才参与编译,否则不参与编译(只有参与编译的代码最终才能被执行),这就是条件编译。

条件编译(#if 语句)和选择结构(if 语句)的区别：

(1) 生命周期不同,"if"语句的生命周期开始于程序执行时,"#if"语句的生命周期开始于编译之前。

(2) ＃if语句需要一个明确的结束符号“＃endif”,如果省略掉“＃endif”,系统就不能判断条件编译的范围,那么会在满足条件之后将第二个条件后面的所有内容都清除。

(3) if语句会将所有的代码都编译为二进制代码,＃if语句只会将满足条件的程序段编译为二进制代码。

2. ＃if-＃else条件编译指令

＃if-＃else条件编译语句有两种格式。

第一种格式:

```
#if 条件表达式
    code1
#else
    code2
#endif
```

以上代码的含义是:如常量表达式的值为真(非0),则对code1进行编译,否则对code2进行编译。因此以上代码可以使程序在不同条件下,实现不同的功能。

注意:“＃if”后面的条件表达式不能为变量,只能为常量和宏定义。

第二种格式:

```
#if 条件 1
    code1
#elif 条件 2
    code2
#else
    code3
#endif
```

说明:

(1) 如果条件1成立,那么编译器就会把“＃if”与“＃elif”之间的code1代码编译进去(注意:是编译进去,不是执行,这一点跟平时用的if-else语句是不一样的)。

(2) 如果条件1不成立、条件2成立,那么编译器就会把“＃elif”与“＃else”之间的code2代码编译进去。

(3) 如果条件1、2都不成立,那么编译器就会把“＃else”与“＃endif”之间的code3编译进去。

注意:

(1) 条件编译结束后,要在最后面加一个“＃endif”。

(2) “＃if”和“＃elif”后面的条件一般是判断宏定义而不是判断变量,因为条件编译是在编译之前做的判断,宏定义也是编译之前定义的,而变量是在运行时才产生的,这样才有使用的意义。

3. ＃ifdef条件编译指令

＃ifdef条件编译语句的格式如下:

```
#ifdef 标识符
  程序段 1
#else
  程序段 2
#endif
```

以上语句的功能是：如果标识符已被＃define 命令定义过，对程序段 1 进行编译，否则对程序段 2 进行编译。如果没有程序段 2(它为空)，则＃ifdef 条件编译语句中的＃else 可以没有，即其格式可以改为：

```
#ifdef 标识符
  程序段
#endif
```

4. ＃ifndef 条件编译指令

＃ifndef 条件编译语句的格式如下：

```
#ifndef 标识符
  程序段 1
#else
  程序段 2
#endif
```

以上语句的功能是，如果标识符未被＃define 命令定义过，对程序段 1 进行编译，否则对程序段 2 进行编译。这与＃ifndef 条件编译语句的功能正好相反。

1.6.12　关键字 static 的使用

关键字 static 表示静态。static 经常用于变量和函数。static 变量其实就是全局变量，只不过它是有作用域的全局变量。比如一个函数中的 static 变量：

```
char *getConsumerName()
{
    static int cnt=0;
    ...
    cnt++;
    ...
}
```

cnt 变量的值会跟随着函数的调用次数增多而递增，函数退出后，cnt 的值还存在，只是 cnt 只有在函数中才能被访问。也只有在函数第一次被调用时系统才会为 cnt 变量分配内存和对其进行初始化，以后每次进入函数，都直接使用上一次的值。

一些被经常调用的函数内的常量，最好也设置成 static 变量。

static 最大的作用还在于控制访问，在 C 程序中如果一个函数(或全局变量)为 static 变量，那么，这个函数(或全局变量)将只能在这个 C 程序中被访问，如果别的 C 程序要调用这个 C 程序中的函数或使用其中的全局变量(用 extern 关键字)，将会发生链接错误。这个特性可以用于数据和程序保密。

1.6.13　关键字volatile的使用

在嵌入式系统中，volatile大量地用于描述一个对应于内存映射的I/O端口，或者硬件寄存器(如状态寄存器)。编译器优化时，在采用volatile声明的变量时必须每次都重新读取这个变量的值，即每次读/写都必须访问实际地址存储器的内容，而不是使用保存在寄存器中的副本(由于从处理器的寄存器中取数据要比从实际存储器地址取数据快，因此将没有用volatile限定的变量放在寄存器中)。对于在中断服务程序中使用的非自动变量，或者多线程应用程序中多个任务共享的变量，也必须使用volatile进行限定。例如：

```
int flag=0;
void f()
{
  while(1)
  {
    if(flat)
    some_action();
  }
}
//中断函数
void isr_f()
{
  flag=1;
}
```

如果没有使用volatile限定flag变量，在f()函数中并没有修改flag，编译器可能只执行一次flag读操作并将flag的值缓存在寄存器中，以后每次访问flag(读操作)都使用寄存器中的缓存值而不进行存储器绝对地址访问，导致some_action()函数永远无法执行，即使中断函数isr_f()执行了将flag置1的操作。

1.6.14　其他编程规范

(1) 当心那些视觉上不易分辨的操作符发生书写错误。

我们经常会把“==”误写成“=”，对于“‖”“&&”“<=”“>=”这类符号也很容易发生“丢1”错误，然而编译器却不一定能自动指出这类错误。

(2) 创建变量(指针、数组)之后应当及时将它们初始化，以防止把未被初始化的变量当成右值使用。

(3) 当心变量的初值、缺省值错误，或者精度不够。

(4) 当心数据类型转换发生错误。尽量使用显式的数据类型转换，避免隐式的数据类型转换。

(5) 当心变量发生上溢或下溢，防止数组的下标越界。

(6) 如果编写了错误处理程序，要当心错误处理程序本身有误。

(7) 避免编写要求高技巧性的代码。

(8) 不要设计面面俱到、非常灵活的数据结构。

(9) 如果原有的代码质量比较好，尽量复用它。但是不要试图修补编写质量很差的代码，而应当重新编写。

(10) 尽量使用标准库函数，不要“发明”已经存在的库函数。

(11) 尽量不要使用与具体硬件或软件环境关系密切的变量。

(12) 全局变量要有较详细的注释，包括对其功能、取值范围、函数、过程存取以及存取时注意事项等的说明。

思考与练习

1-1　对变量 a 给出下面的定义：

(1) 一个整型数；

(2) 一个指向整型数的指针；

(3) 一个指向指针的指针，它指向的指针指向一个整型数；

(4) 一个有 10 个整型数的数组；

(5) 一个有 10 个指针的数组，该指针指向一个整型数；

(6) 一个指向包含 10 个整型数的数组的指针；

(7) 一个指向函数的指针，该函数有一个整型参数并返回一个整型数；

(8) 一个有 10 个指针的数组，该指针指向一个函数，该函数有一个整型参数并返回一个整型数。

1-2　关键字 static 的作用是什么?

1-3　嵌入式系统总是要用户对变量或寄存器进行位操作。给定一个整型变量 a，试编写两段代码，第一段代码设置 a 的第 3 位，第二段清除 a 的第 3 位。在以上两个操作中，要保持其他位不变。

1-4　嵌入式系统经常要求程序员去访问某特定的内存位置处的变量，如：在某工程中，要求设置一绝对地址为 0x67A9 的整型变量的值为 0xAA66，试问该如何实现。

1-5　下面的代码输出是什么？为什么？

```
void foo(void)
{
    unsigned int a= 6;
    int b=-20;
    (a+b>6)? puts(">6"):puts("<=6");
}
```

1-6　typedef 在 C 语言中广泛用于声明一个已经存在的数据类型的同义字。也可以用预处理器做类似的事。例如：

```
#define dPS struct s *
typedef struct s *tPS;
```

用“typedef”指令与用预处理器来进行上述声明都要定义 dPS 和 tPS 作为一个指向结构 s 指针。哪种方法更好呢？为什么？

1-7　下面的结构是合法的吗？如果合法，那么最终变量的值为多少？

```
int a=5,b=7,c;
c= a+++b;
```

第2章 STM32简介

2.1 Cortex-M3内核

Cortex-M3(简称CM3)是一个32位处理器内核。其内部的数据路径是32位的，寄存器是32位的，存储器端口也是32位的。Cortex-M3采用了哈佛结构，拥有独立的指令总线和数据总线，可以让取指与数据访问并行不悖，这样数据访问就不必占用指令总线，从而可提升设备性能。为实现这个特性，Cortex-M3内部含有多个总线端口，每个端口都已针对相应的应用场合进行了优化，并且这些端口可以并行工作。但是另一方面，指令总线和数据总线共享同一个存储器空间(一个统一的存储器系统)。

Cortex-M3不仅采用了哈佛结构，而且还选择了适合于微控制器应用的三级流水线，同时还增加了分支预测功能。

现代处理器大多采用指令预取和流水线技术，以提高处理器的指令执行速度。流水线处理器在正常执行指令时，如果碰到分支(跳转)指令，由于指令执行的顺序可能会发生变化，指令预取队列和流水线中的部分指令可能作废，需要从新的地址重新取指执行，这样就会使流水线"断流"，处理器性能会因此而受到影响。特别是经编译器优化生成的C语言目标代码中，分支指令所占的比例可达10%～20%，这对流水线处理器的影响会很大。因此，现代高性能流水线处理器中一般都加入了分支预测部件。在处理器从存储器预取指令时，如果遇到分支(跳转)指令，分支预测部件能自动预测跳转是否会发生，便于处理器从预测的方向取指，从而提供给流水线连续的指令流，这样流水线就可以不断地执行有效指令，保证处理器性能不受影响。

针对ARM(advanced RISC Machine，先进精简指令集计算机)处理器中断响应的问题，Cortex-M3首次在内核上集成了嵌套向量中断控制器(NVIC)。Cortex-M3的中断时延只有12个时钟周期(ARM7中断响应需要24～42个周期)；Cortex-M3还采用了尾链技术，使得背靠背(back-to-back)中断响应只需要6个时钟周期(ARM7需要大于30个周期)。Cortex-M3采用了基于栈的异常模式，使得芯片的初始化封装更为简单。

Cortex-M3加入了类似于8位处理器的内核低功耗模式，支持三种功耗管理模式——通过一条指令立即睡眠，异常/中断退出时睡眠，以及深度睡眠模式，使整个芯片的功耗控制更为有效。

2.2 STM32的特点

STM32单片机有以下特点。

(1) 内核结构先进。STM32系列单片机使用了ARM公司最新的、先进架构Cortex-M3内核。

（2）功耗控制合理。STM32 处理器在运行时使用高效的动态耗电机制，在闪存（flash）中以 72 MHz 全速运行时，如果开启外部时钟，处理器仅耗电 27 mA。在待机状态下耗电量极低，典型电流值为 2 μA。电池供电时，提供 2.0～3.6 V 低电压。

（3）时钟控制机制灵活。用户可以根据自己所需的耗电/性能要求对时钟进行合理优化。RTC（实时时钟）端口可独立供电，外接纽扣电池供电。

（4）片上外设性能出众而且功能有创新性。STM32 处理器片上外设的优势来源于双 APB（高级外围总线）结构，其中的高速 APB 速度可达 CPU（中央处理器）的运行频率，连接到该总线上的外设能以更高的速度运行。STM32 处理器片上各种外设端口的响应速度或条件如表 2-1 所示。

表 2-1　STM32 处理器片上各种外设端口响应速度或条件

端口名称	响应速度/条件	端口名称	响应速度/条件
USB	12 Mb/s	USART	4.5 Mb/s
SPI	18 Mb/s	I^2C	400 kHz
GPIO	18 MHz（翻转）	PWM	72 MHz（定时器输入）

注：USB—通用串行总线；SPI—串行外设端口；GPIO—通用输入/输出端口；USART—通用同步/异步串行接收/发送器；PWM—脉冲宽度调制。

（5）内嵌适合三相无刷电动机控制的定时器和模/数转换器（ADC）。其所带有的高级 PWM 定时器提供：

①6 路 PWM 输出、死区产生功能，能生成边沿对齐波和中心对齐波；

②编码器输入功能，带有霍尔传感器，并具有完整的向量控制环；

③紧急故障停机功能，可与 2 路 ADC 及其他定时器同步；

④可编程防范机制，可用于防止对寄存器的非法写入；

12 位双通道 ADC 提供了采样/保持功能，其最短转换时间为 1 μs，有连续和独立两种工作模式，多触发源。

（6）集成了多种器件。STM32 处理器最大限度地实现了器件和功能集成，以尽可能地减少对外部器件的要求。内嵌电源监控器带有上电复位、低电压检测、掉电检测功能。自带时钟的看门狗定时器，一个主晶振（4～16 MHz 晶振）可以驱动整个系统，内嵌锁相环（PLL）可以产生多种频率；RTC 时钟可采用内部晶振也可采用外部晶振（32 kHz）来实现；内嵌精密 8 MHz的 RC 振荡电路，可作为主时钟；以薄型四方扁平封装（LQPF）形式封装的最小系统仅需 7 个滤波电容作为外围器件。

（7）易于开发，可使产品快速进入市场。

2.3　STM32 的分类

STM32 是由意法半导体公司推出的一款基于 ARM® Cortex-M3 系列内核的高性能 32 位单片机。目前主要有 STM32F100（超值型）、STM32F101（基本型）、STM32F102（USB 基本型）、STM32F103（增强型）、STM32F105（互联型）、STM32F107（互联型）、STM32L0（超低功

耗型)、STM32 L1(超低功耗型)、STM32 L4(超低功耗型)九条产品线。以 STM32F101xx、STM32F102xx 和 STM32F103xx 三个系列为例,每个系列按闪存容量又可分为小、中、大容量型。小容量指闪存容量在 16～32 KB 之间;中容量指闪存容量在 64～128 KB 之间;大容量指闪存容量在 256～512 KB 之间。各类 STM32 单片机的数据手册(ST 官方提供的英文原版参考手册)链接如下。

小容量 STM32F101xx:http://www.st.com/stonline/products/literature/ds/15058.pdf

中容量 STM32F101xx:http://www.st.com/stonline/products/literature/ds/13586.pdf

大容量 STM32F101xx:http://www.st.com/stonline/products/literature/ds/14610.pdf

小容量 STM32F102xx:http://www.st.com/stonline/products/literature/ds/15057.pdf

中容量 STM32F102xx:http://www.st.com/stonline/products/literature/ds/15056.pdf

小容量 STM32F103xx:http://www.st.com/stonline/products/literature/ds/15060.pdf

中容量 STM32F103xx:http://www.st.com/stonline/products/literature/ds/13587.pdf

大容量 STM32F103xx:http://www.st.com/stonline/products/literature/ds/14611.pdf

互联型 STM32F105 或 7xx:http://www.st.com/stonline/products/literature/ds/15274.pdf

2.4 STM32 的型号说明

以 STM32F103C8T6A 型单片机为例,该型号单片机名称的组成为 7 个主要部分和 1 个内部代码,其各部分的含义如图 2-1 所示。

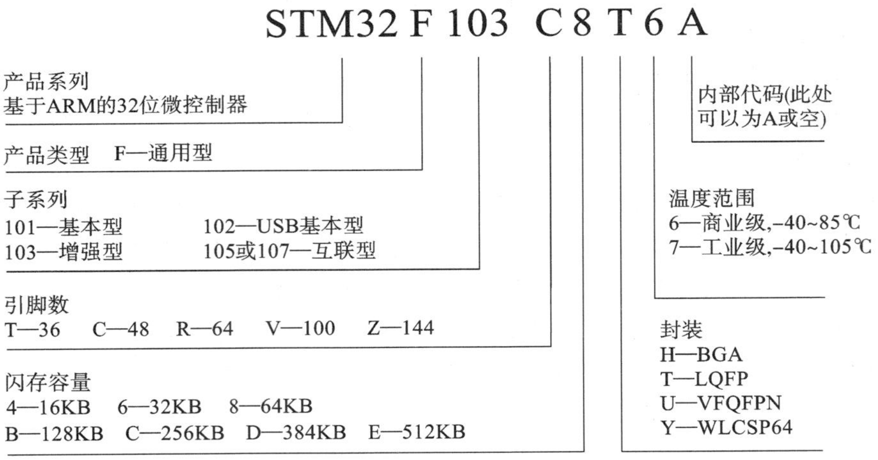

STM32 F 103 C 8 T 6 A

产品系列
基于ARM的32位微控制器

产品类型　F—通用型

子系列
101—基本型　102—USB基本型
103—增强型　105或107—互联型

引脚数
T—36　C—48　R—64　V—100　Z—144

闪存容量
4—16KB　6—32KB　8—64KB
B—128KB　C—256KB　D—384KB　E—512KB

内部代码(此处可以为A或空)

温度范围
6—商业级,-40~85℃
7—工业级,-40~105℃

封装
H—BGA
T—LQFP
U—VFQFPN
Y—WLCSP64

图 2-1　STM32 单片机命名规则

图 2-2 为 STM32F103xx 闪存容量、封装及型号对应关系。

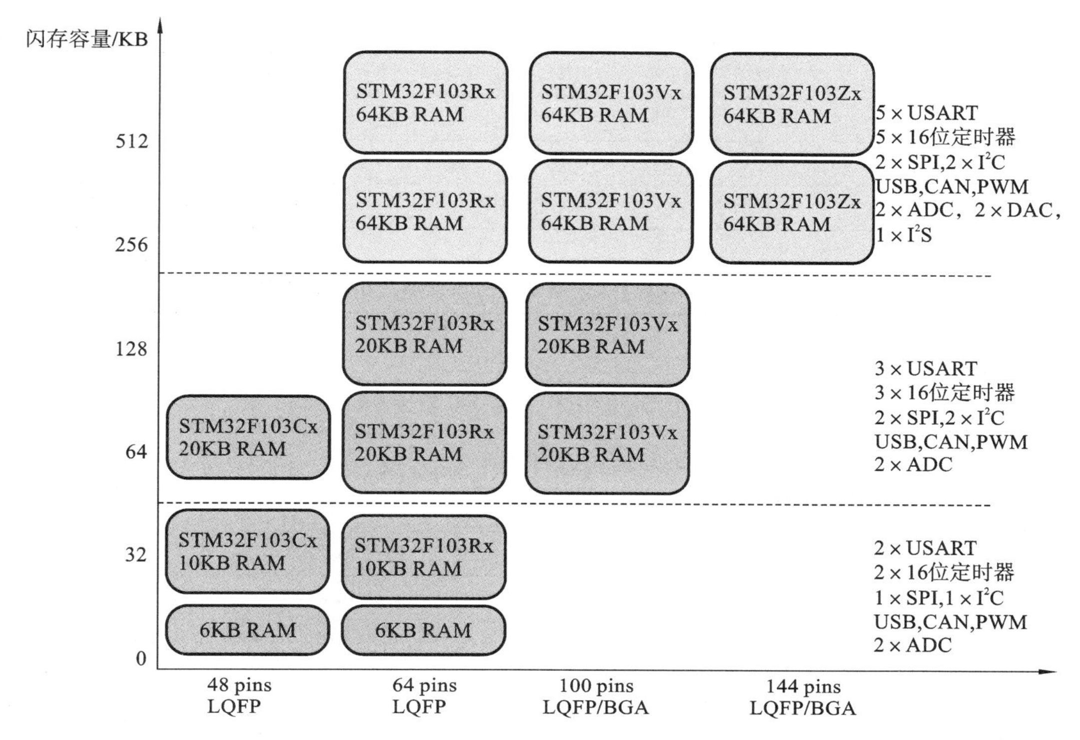

图 2-2　STM32F103xx 闪存容量、封装及型号对应关系

注：存在 32 KB 的设备，不带 CAN 和 USB，带有 6 KB 的 RAM。

2.5　内部资源

STM32F103xx 中小容量型及大容量型各系列单片机内部资源如表 2-2、表 2-3 所示。

表 2-2　STM32F103xx 中小容量型各系列内部资源

<table>
<tr><th colspan="2">外设</th><th colspan="2">STM32F103Tx</th><th colspan="3">STM32F103Cx</th><th colspan="3">STM32F103Rx</th><th colspan="2">STM32F103Vx</th></tr>
<tr><td colspan="2">闪存容量/KB</td><td>32</td><td>64</td><td>32</td><td>64</td><td>128</td><td>32</td><td>64</td><td>128</td><td>64</td><td>128</td></tr>
<tr><td colspan="2">SRAM 容量/KB</td><td>10</td><td>20</td><td>10</td><td colspan="2">20</td><td>10</td><td colspan="2">20</td><td colspan="2">20</td></tr>
<tr><td rowspan="2">定时器数目</td><td>通用</td><td>2</td><td>3</td><td>2</td><td colspan="2">3</td><td>2</td><td colspan="2">3</td><td colspan="2">3</td></tr>
<tr><td>高级</td><td colspan="10">1</td></tr>
<tr><td rowspan="5">通信接口数目</td><td>SPI</td><td>1</td><td>2</td><td>1</td><td>2</td><td>2</td><td>1</td><td colspan="2">2</td><td colspan="2">2</td></tr>
<tr><td>I²C</td><td>1</td><td>2</td><td>1</td><td>2</td><td>2</td><td>1</td><td colspan="2">2</td><td colspan="2">2</td></tr>
<tr><td>USART</td><td>2</td><td>3</td><td>2</td><td>3</td><td>3</td><td>2</td><td colspan="2">3</td><td colspan="2">3</td></tr>
<tr><td>USB</td><td>1</td><td>1</td><td>1</td><td>1</td><td>1</td><td>1</td><td colspan="2">1</td><td colspan="2">1</td></tr>
<tr><td>CAN</td><td>1</td><td>1</td><td>1</td><td>1</td><td>1</td><td>1</td><td colspan="2">1</td><td colspan="2">1</td></tr>
<tr><td colspan="2">GPIO 端口数目</td><td colspan="2">26</td><td colspan="3">32</td><td colspan="3">51</td><td colspan="2">80</td></tr>
<tr><td colspan="2">12 位同步 ADC 数目</td><td colspan="5">2×10</td><td colspan="5">2×16</td></tr>
<tr><td colspan="2">CPU 频率</td><td colspan="10">72 MHz</td></tr>
</table>

续表

外设	STM32F103Tx	STM32F103Cx	STM32F103Rx	STM32F103Vx
工作电压	2.0～3.6 V			
工作温度	−40 ℃～+85 ℃/−40 ℃～+105 ℃			
封装形式	VFQFPN36	LQFP48	LQFP64	LQFP/BGA100

注:CAN—控制器局域网络。

表 2-3　STM32F103xx大容量型各系列单片机内部资源

项　目		STM32F103Rx			STM32F103Vx			STM32F103Zx		
闪存容量/KB		256	384	512	256	384	512	256	384	512
SRAM容量/KB		48	64		48	64		48	64	
FSMC		无			有			有		
定时器数目	通用	4个(TIM2、TIM3、TIM4、TIM5)								
	高级	2个(TIM1、TIM8)								
	基本	2个(TIM6、TIM7)								
通信接口数目	SPI(I^{2}S)	3个(SPI1、SPI2、SPI3),其中SPI2和SPI3可作I^{2}S								
	I^{2}C	2个(I^{2}C1、I^{2}C2)								
	USART/UART	5个(USART1、USART2、USART3、USART4、USART5)								
	USB	1个(全速2.0)								
	CAN	1个(2.0B主动)								
	SDIO	1个								
GPIO端口数目		51			80			112		
12位ADC数目		3(16)			3(16)			3(21)		
12位DAC数目		2(2)								
CPU频率		72 MHz								
工作电压		2.0～3.6 V								
适用温度		环境温度−40～85 ℃/−40 ℃～105 ℃,工作温度−40 ℃～125 ℃								
封装形式		LQFP64、WLCSP64			LQFP100、BGA100			LQFP144、BGA144		

注:FSMC—可变静态控制存储器;DAC—数/模转换器;UART—通用异步收发传输器。

对STM32单片机内部资源介绍如下。

(1) 内核　ARM32位Cortex-M3 CPU,最高工作频率为72 MHz,执行速度为1.25 DMIPS/MHz,完成32位×32位乘法计算只需用一个周期,并且硬件支持除法(有的芯片不支持硬件除法)。

(2) 存储器　片上集成32～512 KB的闪存,6～64 KB的静态随机存取存储器(SRAM)。

(3) 电源和时钟复位电路　包括:2.0～3.6 V的供电电源(提供I/O端口的驱动电压);上电/断电复位(POR/PDR)端口和可编程电压探测器(PVD);内嵌4～16 MHz的晶振;内嵌出厂前调校8 MHz的RC振荡电路、40 kHz的RC振荡电路;供CPU时钟的PLL锁相环;带校准功能供RTC的32 kHz晶振。

(4) 调试端口　有 SWD 串行调试端口和 JTAG 端口可供调试用。

(5) I/O 端口　根据型号的不同,双向快速 I/O 端口数目可为 26、37、51、80 或 112。翻转速度为 18 MHz,所有的端口都可以映射到 16 个外部中断向量。除了模拟输入端口,其他所有的端口都可以接收 5 V 以内的电压输入。

(6) DMA(直接内存存取)端口　支持定时器、ADC、SPI、I^2C 和 USART 等外设。

(7) ADC　带有 2 个 12 位的微秒级逐次逼近型 ADC,每个 ADC 最多有 16 个外部通道和 2 个内部通道。2 个内部通道一个接内部温度传感器,另一个接内部参考电压。ADC 供电要求为 2.4～3.6V,测量范围为 V_{REF-} ～V_{REF+},V_{REF-} 通常为 0 V,V_{REF+} 通常与供电电压一样。具有双采样和保持能力。

(8) DAC　STM32F103xC、STM32F103xD、STM32F103xE 单片机具有 2 通道 12 位 DAC。

(9) 定时器　最多可有 11 个定时器,包括:4 个 16 位定时器,每个定时器有 4 个 PWM 定时器或者脉冲计数器;2 个 16 位的 6 通道高级控制定时器(最多 6 个通道可用于 PWM 输出);2 个看门狗定时器,包括独立看门狗(IWDG)定时器和窗口看门狗(WWDG)定时器;1 个系统滴答定时器 SysTick(24 位倒计数器);2 个 16 位基本定时器,用于驱动 DAC。

(10) 通信端口　最多可有 13 个通信端口,包括:2 个 I^2C 端口;5 个通用异步收发传输器(UART)端口(兼容 IrDA 标准,调试控制);3 个 SPI 端口(18 Mb/s),其中 I^2S 端口最多只能有 2 个,CAN 端口、USB 2.0 全速端口、安全数字输入/输出(SDIO)端口最多都只能有 1 个。

(11) FSMC　FSMC 嵌在 STM32F103xC、STM32F103xD、STM32F103xE 单片机中,带有 4 个片选端口,支持闪存、随机存取存储器(RAM)、PSRAM(伪静态随机存储器)等。

2.6　内部结构

STM32F103xx 内部结构如图 2-3 所示。

图 2-4 所示为 STM32F103xx 单片机模块框图。

下面对图 2-4 介绍如下。

(1) 四个主动单元:M3 内核的 ICode 指令总线(I-bus)、DCode 数据总线(D-bus)、系统总线(S-bus)、DMA(DMA1、DMA2)总线。

①ICode 总线:M3 内核的指令总线与闪存(存放编译后程序指令的地方)指令端口相连,内核通过 ICode 总线读取这些指令来执行程序,即用于指令预取。

②DCode 总线:M3 内核的 Dcode 数据总线与闪存数据端口相连,实现常量加载和调试。

③系统总线:M3 内核的系统总线与总线矩阵相连,协调内核与 DMA 的访问。

④DMA 总线:DMA 总线的 AHB(高级高性能总线)主控端口与总线矩阵相连,协调 CPU 的 DCode 总线和 DMA 总线到 SRAM、闪存、外设的访问。

因 STM32F103xx 单片机采用 32 位内核,所以这里总线可理解为 32 根线,一次性可以传输 32 位数据。

(2) 四个被动单元:内部 SRAM、内部闪存、FSMC、AHB/APB 桥。两个 AHB/APB 桥在 AHB 和两个 APB 总线间,为它们提供同步连接,APB1 限定传输速度为 36 MHz,APB2 全速最高可达 72 MHz。

(3) 总线矩阵:协调内核系统总线和 DMA 主控总线间的访问仲裁,仲裁采用轮换算法。

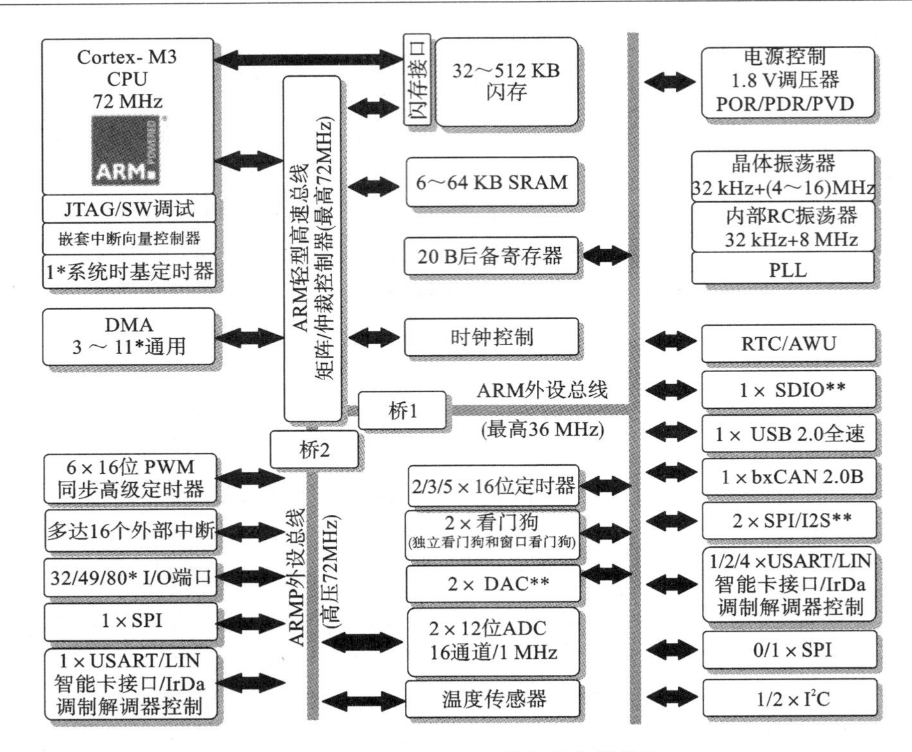

图 2-3　STM32F103xx 单片机内部结构

注：* 仅限 144 脚的封装；** 只有在闪存容量不小于 256 KB 的芯片上才包括 DAC、I²S、SDIO、图像传感器；AMU——自动唤醒。

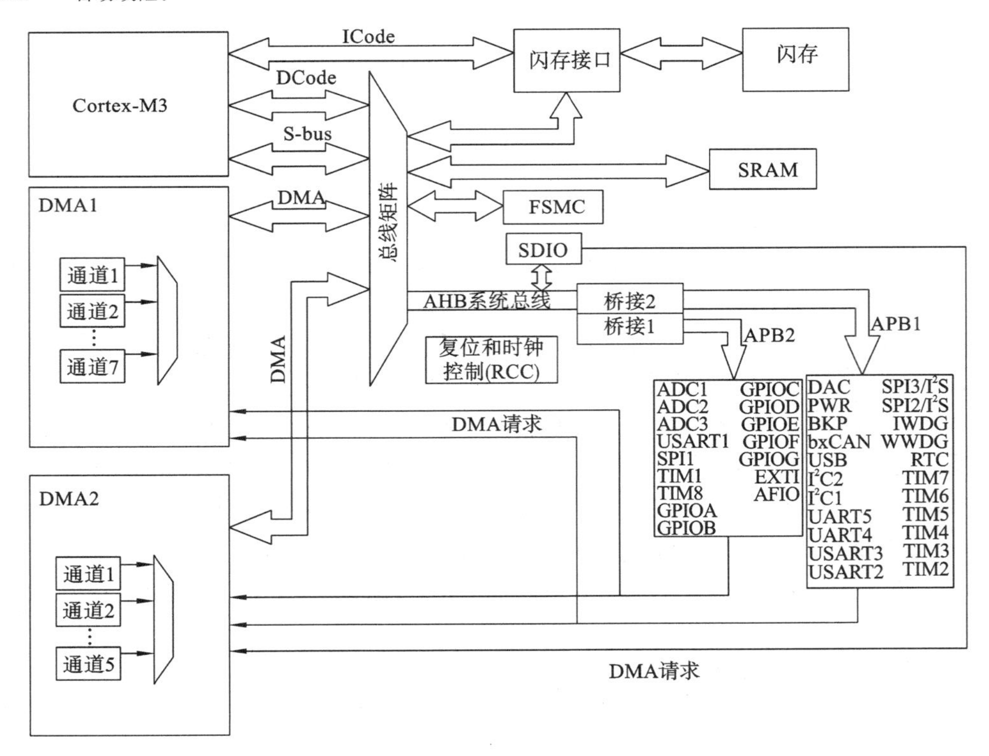

图 2-4　STM32F103xx 单片机模块框图

2.7 时　钟　树

STM32F103xx 小容量型时钟树如图 2-5 所示。

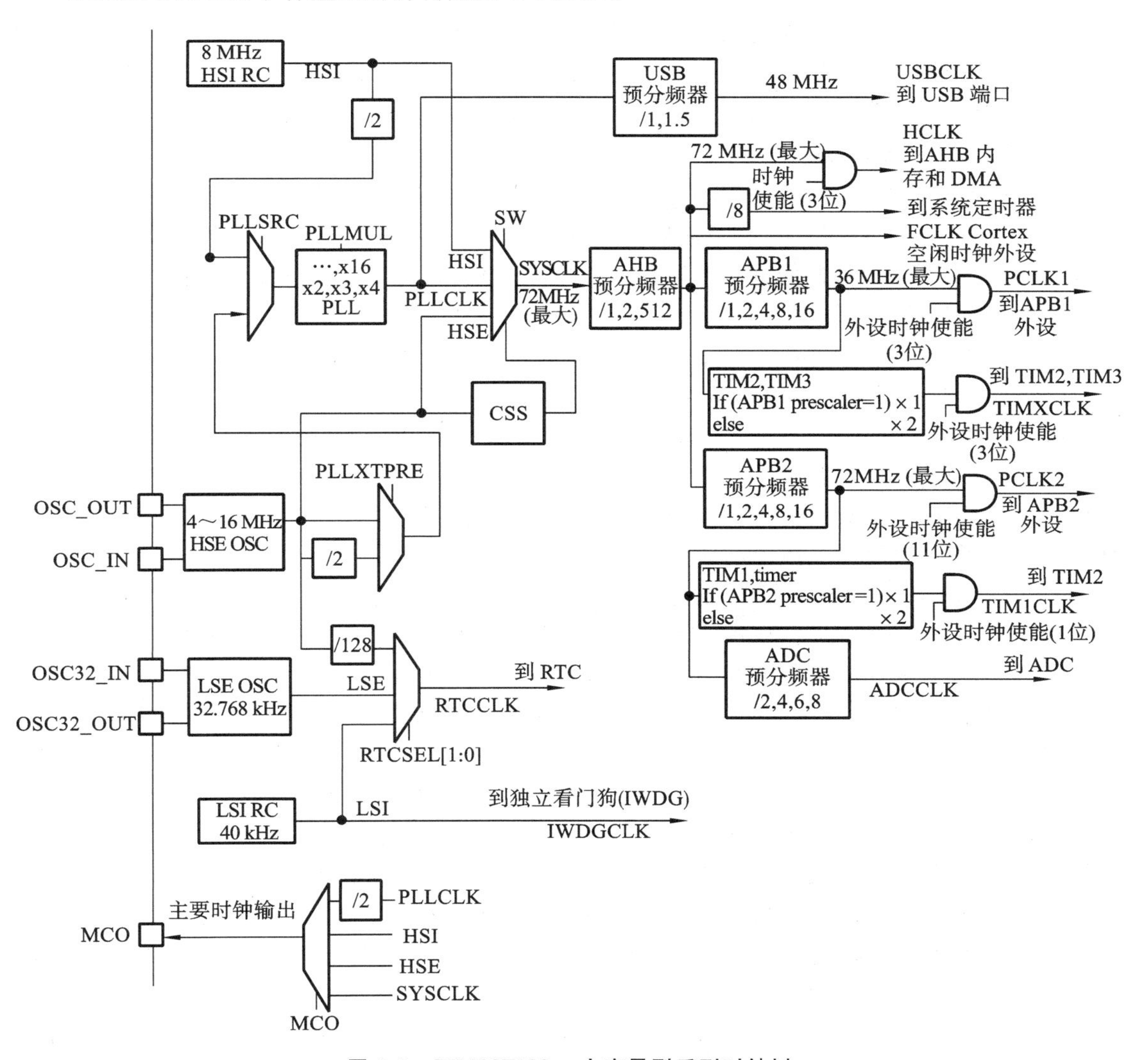

图 2-5　STM32F103xx 小容量型系列时钟树

1. 时钟源

STM32 系列微控制器中有 5 个时钟源。

①高速内部(high speed internal, HSI)时钟,采用 RC 振荡器,频率为 8 MHz,精度较差。

②高速外部(high speed external, HSE)时钟,可接石英/陶瓷谐振器(精度高),或者接外部时钟源,频率范围为 4～16 MHz,通常国内采用较多的是 8 MHz HSE 时钟源。

③低速内部(low speed internal, LSI)时钟,RC 振荡器,频率为 40 kHz,供独立看门狗(IWDG)使用,另外它还可以被选择为实时时钟 RTC 的时钟源。

④低速外部(low speed external, LSE)时钟,接频率为 32.768 kHz 的石英晶体谐振器,主要提供一个精确的时钟源供 RTC 使用。另 HSE 的 128 分频也可供 RTC 使用。

⑤PLL 倍频输出，其时钟输入源可选择为 HSI/2、HSE 或者 HSE/2。倍频可选择为 2～16 倍，但是其输出频率最大不得超过 72 MHz。

HSI、HSE 时钟源和 PLL 可被用来驱动系统时钟，LSI、LSE 可作为二级时钟源。

2. USB 模块

STM32 中有一个全速功能的 USB 模块，其串行端口引擎需要一个频率为 48 MHz 的时钟源。该时钟源只能从 PLL 输出端获取，可以选择为 1.5 分频或者 1 分频的分频器，即需要使用 USB 模块时，PLL 必须使能，并且时钟频率配置为 48 MHz 或 72 MHz。

3. 系统时钟 SYSCLK

系统时钟 SYSCLK 是供 STM32 中绝大部分部件工作的时钟源。系统时钟可选择为 PLL、HSI 或者 HSE 时钟。系统时钟最大频率为 72 MHz，它通过 AHB 分频器分频后送给各模块使用。AHB 分频器的分频数可选择 1、2、4、8、16、64、128、256、512。其中 AHB 分频器输出的时钟信号的作用如下：

①作为供 AHB 总线、内核、内存和 DMA 端口使用的 HCLK 时钟信号。

②通过 8 分频后供给 Cortex 的系统定时器时钟。

③直接供给 Cortex 的空闲运行时钟 FCLK。

④送给 APB1 分频器。APB1 分频器的分频数可选择 1、2、4、8、16，其输出一路供 APB1 外设使用(PCLK1，最大频率为 36 MHz)，另一路送给定时器 2、3、4 倍频后使用。倍频器可选择 1 倍频或者 2 倍频的，倍频器的时钟输出供定时器 2、3、4 使用。

⑤送给 APB2 分频器。APB2 分频器的分频数可选择 1、2、4、8、16，其输出一路供 APB2 外设使用(PCLK2，最大频率为 72 MHz)，另一路送给定时器 1 倍频后使用。倍频器可选择 1 倍频或者 2 倍频的，倍频器的时钟输出供定时器 1 使用。另外，APB2 分频器还有一路输出供 ADC 分频器使用，分频后送给 ADC 模块使用。ADC 分频器的分频数可选择为 2、4、6、8。

注意：

①如果 APB 的分频数为 1，定时器倍频的倍频值为 1，否则为 2。

②连接在 APB1(低速外设)上的设备有：电源端口、备份端口、CAN、USB、I^2C1、I^2C2、UART2、UART3、SPI2、窗口看门狗、TIM2、TIM3、TIM4。注意 USB 模块所需的 48 MHz 时钟信号是提供给串行端口引擎(SIE)使用的，USB 模块工作的时钟由 APB1 提供。

③连接在 APB2(高速外设)上的设备有：UART1、SPI1、TIM1、ADC1、ADC2、所有普通 I/O端口(PA～PE)、第二功能 I/O 端口。

④在以上的时钟输出中，有很多是带使能控制的，例如 AHB 总线时钟信号、内核时钟信号、各种 APB1 外设时钟信号、APB2 外设时钟信号等等。当需要使用某模块时，一定要先使能对应的时钟。

4. 时钟源的选择

系统时钟体现了微控制器运行速度的快慢。STM32F1 芯片支持的系统时钟最大频率是 72 MHz(支持长时间正常运行)。获得系统时钟也有三种可选方式：第一种是直接使用芯片内部的 8 MHz 时钟源 HSI RC 振荡器，显然直接使用该时钟源很浪费资源，所以这种方式一般都不会采用。第二种方式是直接把芯片外接的时钟源(一般是石英晶振)作为系统时钟，此时为得到 72 MHz 的系统时钟，需要外接 72 MHz 的晶振，出于成本考虑，这种方式一般也不采用。第三种方式是把外接时钟源或者芯片内部 8 MHz 时钟源的 2 分频接入 PLL 倍频后得到 PLLCLK，然后才得到系统时钟。实际应用中一般使用这种方式，此时只需外接一个 8 MHz

晶振就可以得到 72 MHz 的系统时钟。一般选择外接 8 MHz 的晶振时钟源 HSE 而不会选择内部的 HSI RC 振荡器，这样做一是出于稳定性方面的考虑，二是因为 8 MHz 晶振的成本不高。

思考与练习

2-1　填空。

(1) ST 公司的 STM32 系列芯片采用了 Cortex-M3 内核，其中 STM32F101 系列为基本型，运行频率为 36 MHz；STM32F103 系列为增强型，运行频率为__________。

(2) STM32 芯片内部集成的__________位 ADC 是一种逐次逼近型模/数转换器，具有__________个通道，可测量__________个外部信号源和__________个内部信号源。

(3) APB1 最高限速为__________，APB2 全速最高可达__________。

2-2　单项选择题

(1) Cortex-M 处理器采用的架构是(　　)。

A. v4T　　B. v5TE　　C. v6　　D. v7

(2) Cortex-M 系列正式发布的版本是(　　)。

A. Cortex-M3　　B. Cortex-M4　　C. Cortex-M6　　D. Cortex-M8

(3) STM32 处理器的 USB 端口数据传输速度可达(　　)。

A. 8 Mb/s　　B. 12 Mb/s　　C. 16 Mb/s　　D. 24 Mb/s

2-3　简述 STM32 芯片特点。

2-4　有一芯片 STM32F103ZET6，试说明其引脚数目、闪存容量、封装形式及适用的温度范围。

2-5　有一芯片 STM32F103R6T6，其闪存容量为小、中、大容量中的哪一种？该芯片有什么内部资源？

2-6　如何采用外部 8 MHz 晶振作为时钟源来配置 72 MHz 的 APB2？

第3章 寄存器的函数封装方法

3.1 地址空间

在STM32芯片中，程序存储器、数据存储器、寄存器和I/O端口被组织在同一个4 GB的线性地址空间内（2^{32} B＝4×1024×1024×1024 B＝4 GB，即从0x0000 0000到0xFFFF FFFF）。可访问的存储器空间被分成8个主要块（以STM32F103xx小容量系列为例，见图3-1左侧0，1，…，7区域）。

图3-1中，存储器空间的每个块大小为512 MB（如第一块区域的地址为0x0000 0000到

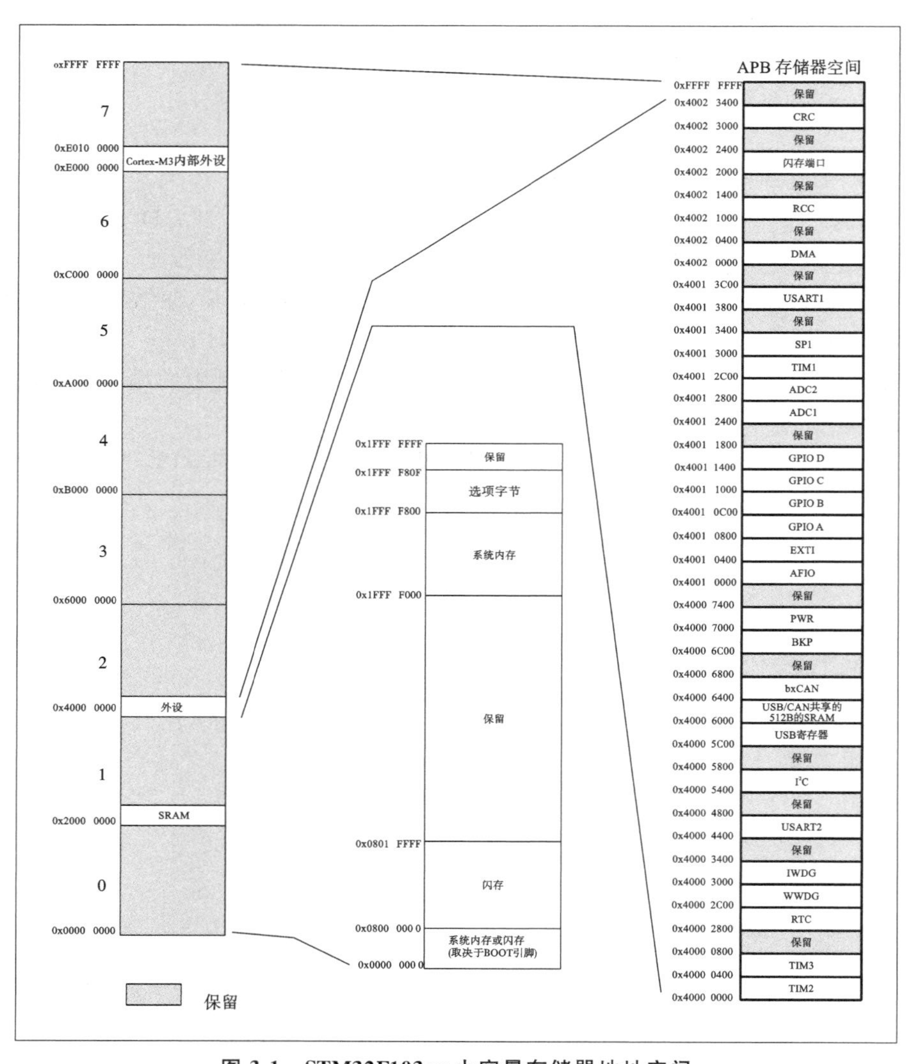

图3-1 STM32F103xx小容量存储器地址空间

0x2000 0000，大小为 $2\times16^7/1024$ B=512 MB）。每个块内具有相应的功能，但是目前还有部分未使用，这些未使用的地址空间将被保留。

块 2 是涉及编程的片内外设区域，根据外设的总线速度不同，被分成了 APB 和 AHB 两部分，其中 APB 又被分为 APB1 和 APB2，如表 3-1 所示。AHB、APB1、APB2 内部地址划分及对应的地址范围如表 3-2 所示。

表 3-1　块 2 内部地址划分方式

块的名称		用　途	地址范围
APB	APB1	总线外设	0x4000 0000～0x4000 FFFF
	APB2	总线外设	0x4001 0000～0x4001 7FFF
AHB		总线外设	0x4001 8000～0x5003 FFFF

注：0x4000 0000 为 APB1 总线起始地址；0x4001 0000 为 APB2 总线起始地址；0x4001 8000 为 AHB 总线起始地址。

表 3-2　AHB、APB1、APB2 内部地址划分方式

总　线	地址范围	对应外设
AHB	0x4002 3400～0x5003 FFFF	保留
	0x4002 3000～0x4002 33FF	循环冗余校验（CRC）
	0x4002 2000～0x4002 23FF	闪存端口
	0x4002 1400～0x4002 1FFF	保留
	0x4002 1000～0x4002 13FF	复位和时钟控制（RCC）
	0x4002 0400～0x4002 0FFF	保留
	0x4002 0000～0x4002 03FF	DMA
APB2	0x4001 3C00～0x4001 7FFF	保留
	0x4001 3800～0x4001 3BFF	USART1
	0x4001 3400～0x4001 37FF	保留
	0x4001 3000～0x4001 33FF	SPI
	0x4001 2C00～0x4001 2FFF	定时器 TIM1
	0x4001 2800～0x4001 2BFF	ADC2
APB2	0x4001 2400～0x4001 27FF	ADC1
	0x4001 1800～0x4001 23FF	保留
	0x4001 1400～0x4001 17FF	GPIO 端口 D（GPIOD）
	0x4001 1000～0x4001 13FF	GPIO 端口 C（GPIOC）
	0x4001 0C00～0x4001 0FFF	GPIO 端口 B（GPIOB）
	0x4001 0800～0x4001 0BFF	GPIO 端口 A（GPIOA）
	0x4001 0400～0x4001 07FF	EXTI
	0x4001 0000～0x4001 03FF	复用功能 I/O 端口（AFIO）

续表

总　线	地址范围	对应外设
APB1	0x4000 7400～0x4000 FFFF	保留
	0x4000 7000～0x4000 73FF	电源控制(PWR)
	0x4000 6C00～0x4000 6FFF	后备寄存器(BKP)
	0x4000 6800～0x4000 6BFF	保留
	0x4000 6400～0x4000 67FF	bxCAN
	0x4000 6000～0x4000 63FF	USB/CAN 共享的 512 B 的 SRAM
	0x4000 5C00～0x4000 5FFF	USB 寄存器
	0x4000 5800～0x4000 5BFF	保留
	0x4000 5400～0x4000 57FF	I^2C
	0x4000 4800～0x4000 53FF	保留
	0x4000 4400～0x4000 47FF	USART2
	0x4000 3400～0x4000 3FFF	保留
	0x4000 3000～0x4000 33FF	独立看门狗(IWDG)
	0x4000 2C00～0x4000 2FFF	窗口看门狗(WWDG)
	0x4000 2800～0x4000 2BFF	RTC
	0x4000 0800～0x4000 27FF	保留
	0x4000 0400～0x4000 07FF	定时器 TIM3
	0x4000 0000～0x4000 03FF	定时器 TIM2

由表 3-2 可知，块 2 地址以 0x4000 0000 开始，之后以 0x0400(10 进制 1024 个单位，即 1M)为一个间隔段依次取址，作为新的外设起始地址，在每一间隔段(0x400)均对应一系列寄存器(因寄存器是以 0x0004 为一个间隔的，所以最多有 256 个寄存器)，对这一系列寄存器进行设置，即可对这一间隔段的外设进行监控。以 GPIOA 为例，0x4001 0800 为其起始地址(寄存器地址＝对应外设起始地址＋地址偏移)。由图 3-2(参见 STM32 参考手册)可知，有 7 个寄存器对 A 端口 GPIO 进行监控。具体寄存器的功能请查阅 STM32 参考手册，此处不赘述。

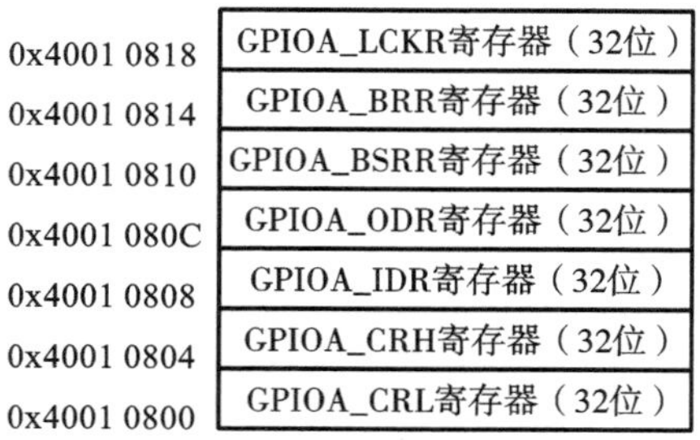

地址	寄存器
0x4001 0818	GPIOA_LCKR寄存器（32位）
0x4001 0814	GPIOA_BRR寄存器（32位）
0x4001 0810	GPIOA_BSRR寄存器（32位）
0x4001 080C	GPIOA_ODR寄存器（32位）
0x4001 0808	GPIOA_IDR寄存器（32位）
0x4001 0804	GPIOA_CRH寄存器（32位）
0x4001 0800	GPIOA_CRL寄存器（32位）

图 3-2　GPIOA 地址及寄存器对应表

3.2　通过地址设置寄存器

对微处理器的监控实质就是对寄存器的操作，对 STM32 而言也是如此。3.1 节已经介绍了寄存器的地址，那么如何通过地址来对寄存器进行设置呢？在 STM32 库函数编程中，可采用 C 语言，利用指针变量来存放地址，然后通过取地址内容的方式对寄存器进行设置。如对 GPIOA 端口的 GPIOA_ODR 寄存器进行操作，0x4001 080C 是其地址，而此地址需要强制转换成 C 语言指令可以识别的地址，即(unsigned int *)(0x4001 080C)，然后定义存放这个地址的变量并初始化，见代码 3-1。

代码 3-1

```
//定义存放 GPIOA_ODR 地址的指针变量 ODR
unsigned int *ODR=(unsigned int *)(0x4001 080C);

//对 GPIOA_ODR 进行全写 1 操作,只是举例,不涉及具体寄存器实际意义
*ODR=0xFFFF;
```

3.3　地址重命名

3.2 节介绍的寄存器单元访问方式中采用了 16 进制数字，为便于理解和记忆，有必要对地址进行重命名，由此可将代码 3-1 改写为代码 3-2。

代码 3-2

```
//unsigned int 重新定义类型名 uint32_t
typedef  unsigned int          uint32_t;

//使用# define 宏来对 GPIOA_ODR 的地址进行重命名
# define ODR                   ((uint32_t * )(0x4001 080C))

//对 GPIOA_ODR 进行全写 1 操作,只是举例,不涉及具体寄存器实际意义
*ODR=0xFFFF;
```

为了便于对大量地址的管理，引入总线地址(对照表 3-2)，又可将代码 3-2 改写为代码 3-3。

代码 3-3

```
//unsigned int 重新定义类型名 uint32_t
typedef  unsigned int          uint32_t;

//全部外设起始地址 0x4000 0000
#define PERIPH_BASE            ((uint32_t)0x4000 0000)

//APB2 总线起始地址 0x4001 0000,即全部外设起始地址+总线地址偏移 0x0001 0000
#define APB2PERIPH_BASE        (PERIPH_BASE+0x0001 0000)
```

```
//GPIOA 外设起始地址 0x40010800,即 APB2 总线起始地址+ GPIOA 外设地址偏移
0x0000 0800
#define GPIOA_BASE        (APB2PERIPH_BASE+0x0000 0800)

//GPIOA_ODR 寄存器起始地址 0x4001 080C, 即 GPIOA 外设起始地址+ GPIOA_ODR 地址
偏移 0x0C
#define GPIOA_ODR         (GPIOA_BASE+0x0000 000C)

//对 GPIOA_ODR 的地址进行重命名
#define ODR               ((uint32_t* )GPIOA_ODR)

//对 GPIOA_ODR 进行全写 1 操作,只是举例,不涉及具体寄存器实际意义
*ODR=0xFFFF;
```

3.4 外设的封装

外设的封装是指将对外设进行操作的寄存器方法以函数的形式封装为一整体。由于对任一外设的操作均是通过一系列的寄存器的设置来完成的，且外设种类较多，如果按寄存器的方式来管理库函数，会显得杂乱无章，可按外设来进一步强化管理。同时 GPIO 内各寄存器的地址均是按 4 个字节连续递增的(由 uint32_t 决定)，因此在代码 3-3 末尾，如果加一句"ODR++"，那么此时 ODR 的地址将是 0x4001 0810，该地址即为 GPIOA_BSRR 寄存器的地址，参见图 3-2。根据结构体的特点，此时如果引入一个结构体，其结构体的地址恰好是该外设第一个寄存器的地址(实质是结构体首元素的地址，如表 3-2 中 0x4001 0800 即首元素 GPIOA_CRL 寄存器地址，可见其实质就是对应外设的起始地址)，那么按地址增减就可索引到其他寄存器。所以，为了方便管理，进一步将代码 3-3 改写为代码 3-4：

代码 3-4

```
//unsigned int 重新定义类型名 uint32_t
typedef  unsigned int            uint32_t;
//对 volatile 进行宏定义
#define  __IO                    volatile
//定义 GPIO_TypeDef 结构体,成员为 GPIO 端口对应的寄存器
typedef struct
{
  __IO uint32_t CRL;           //端口配置低寄存器
  __IO uint32_t CRH;           //端口配置高寄存器
  __IO uint32_t IDR;           //端口输入数据寄存器
  __IO uint32_t ODR;           //端口输出数据寄存器
  __IO uint32_t BSRR;          //端口位设置/清除寄存器
  __IO uint32_t BRR;           //端口位清除寄存器
  __IO uint32_t LCKR;          //端口配置锁定寄存器
```

```
}GPIO_TypeDef;

//unsigned int 重新定义类型名 uint32_t
typedef  unsigned int               uint32_t;

//全部外设起始地址 0x4000 0000
#define PERIPH_BASE                 ((uint32_t)0x40000000)

//APB2 总线起始地址 0x4001 0000,即全部外设起始地址+ 总线地址偏移 0x10000
#define APB2PERIPH_BASE             (PERIPH_BASE+0x10000)

//GPIOA 外设起始地址 0x4001 0800,即 APB2 总线起始地址+ GPIOA 外设地址偏移 0x0800
#define GPIOA_BASE                  (APB2PERIPH_BASE+0x0800)

//GPIOA 寄存器起始地址 0x4001 0800,即 GPIOA 外设起始地址
#define GPIOA                       ((GPIO_TypeDef * )GPIOA_BASE)

//对 GPIOA_ODR 进行全写 1 操作,只是举例,不涉及具体寄存器实际意义
GPIOA->ODR=0xFFFF;

//同理,可对其他寄存器也做相应的配置,并且不需要再写新的地址列表
//如对 GPIOA_CRL 写入 0x0001
GPIOA->CRL=0x0001; //
```

3.5　寄存器的封装

由 3.4 节已经看出，使用结构体的形式可以方便地对外设进行统一管理，但是代码 3-4 还是要用到令人难以理解的代码，如 GPIOA->CRL &=0x0001。那么 0x0001 到底表示什么呢？尽管查阅 STM32 参考手册可以知道，GPIOA_CRL 写入 0x0001 即表示通用推挽输出模式且最大输出速度为 10 MHz，但查阅参考手册较麻烦且易出错。因此，有必要对特定功能寄存器做相应的功能“命名”，可在代码 3-4 中删除最后七行，然后补充代码 3-5。

代码 3-5

```
//GPIOA 寄存器起始地址 0x4001 0800,即 GPIOA 外设起始地址
#define GPIOA                       ((GPIO_TypeDef * )GPIOA_BASE)//代码 3-4

#define  GPIO_MODE_INPUT            0x0000 0000      //输入模式
#define  GPIO_MODE_OUTPUT_PP        0x0000 0001      //推挽输出模式
```

```
#define   GPIO_MODE_OUTPUT_OD        0x0000 0011    //开漏输出模式
#define   GPIO_MODE_AF_PP            0x0000 0002    //复用推挽模式
#define   GPIO_MODE_AF_OD            0x0000 0012    //复用开漏模式
……

#define   GPIO_SPEED_FREQ_LOW        0x0000 0002    //低速,2 MHz
#define   GPIO_SPEED_FREQ_MEDIUM     0x0000 0001    //中速,10 MHz
#define   GPIO_SPEED_FREQ_HIGH       0x0000 0003    //高速,50 MHz

//保留最低四位,最终 0x0y, y 为 MODEy[1:0]设置的值
GPIOA->CRL=((uint32_t)GPIO_MODE_OUTPUT_PP)&((uint32_t)0x0F);

//对最低两位赋值
GPIOA->CRL|=(uint32_t)GPIO_SPEED_FREQ_MEDIUM;
```

这样,利用#define、typedef、struct等关键字对基本的地址及寄存器进行封装后,不需进行寄存器最底层的二进制或十六进制赋值操作即可完成相应的程序编写。其实STM32官方提供的库远远比上述代码功能强大、整洁,且封装形式要更合理,本章仅初步介绍封装形式。如果对库的封装感兴趣,读者可自行深入学习。

以上介绍的封装形式是参考HAL库而编写的,目的是为了便于读者更好地理解库的封装形式。但笔者在跟踪HAL库代码时发现个别地方显得有些冗余,所以本章对部分做了代码修改。

思考与练习

3-1　通过网络下载HAL库或本章实例文件,对GPIOA的寄存器封装形式进行分析,并说明所用代码与本章代码3-5的异同。

3-2　试自行写出封装GPIOB端口的代码。

第4章　HAL库及编程平台

ST公司为方便用户开发程序，提供了一套丰富的基于高级精简指令集（advanced RISC machine，ARM）微控制器的硬件抽象层（hardware abstraction layer）函数库（简称HAL库）。该HAL库是一个固件函数包，它由程序、数据结构和宏组成，包括微控制器所有外设的操作方法。因此，有必要了解库的一些特性。本章重点介绍STM32官方HAL库、STM32CubeMX的使用步骤及Keil MDK5的一些应用技巧。

4.1　标准库及HAL库的比较

ST公司为了让用户能快速便捷地开发程序，先后提供了两套较为成熟的固件库（相对于LL库）：标准库和HAL库。STM32芯片面市之初提供了丰富全面的标准库，大大方便了用户程序开发，同时也为ST公司积累了大量标准库用户。

在2014年左右，ST公司在标准库的基础上又推出了HAL库。HAL库和标准库在本质上是一样的，都由程序、数据结构和宏组成，提供底层硬件操作API，且在使用上也大同小异。比标准库优越的是，HAL库很好地解决了程序移植的问题。不同型号的STM32芯片的标准库是不一样的，例如在STM32F4上开发的程序移植到STM32F3上就无用了，而对于HAL库，只要使用的是相同的外设，程序基本上可以全部复制粘贴。同时，ST公司还推出了图形化程序生成开发工具（STM32CubeMX），利用其可直接生成整个使用HAL库的工程文件，非常方便（使用标准库则一般需要编程人员在开发平台KEIL MDK中手动进行相应的配置）。近年新出的STM32芯片只提供HAL库。但是，HAL库的执行效率较为低下。

对于初学者或需快速掌握STM32应用开发的人员，推荐使用HAL库，理由有二：第一，从F7系列开始ST公司就已停止更新标准库；第二，追求方便性、追求模块化向来是世界的潮流，更方便的HAL库一定会迅速发展，而HAL库低效的短板迟早会被硬件高度集成化的优势所弥补。

4.2　HAL库

4.2.1　HAL库简介

HAL库包括外设的驱动描述和应用实例。通过使用本固件函数库，无须深入掌握寄存器控制的相关细节，用户就可以轻松应用每一个外设。因此，使用HAL库可以大大减少用户编写程序的时间，进而降低开发成本。每个外设驱动都由一组函数组成，这组函数覆盖了该外设所有功能。

每个器件的开发都由一个通用API驱动，API对该驱动程序的结构、函数和参数名称都进行了标准化处理。所有的驱动源代码都符合ANSI-C标准（项目与范例文件符合扩充ANSI-C标准）。由于整个固件库按照“Strict ANSI-C”标准编写，它不受开发环境的影响。因为 HAL 库是通用的，并且包括了所有外设的功能，所以应用程序代码的大小和执行速度可能不是最优的。大多数应用程序用户都可以直接使用。对于那些对代码大小和执行速度有严格要求的应用程序，可以参考 HAL 库驱动程序、根据实际需求对其进行调整。下面就 HAL 库包含的文件进行一简单描述。

4.2.2 库描述

HAL 库(选用 V1.6.0 版)被压缩在一个 zip 文件中。解压该文件得到一个 STM32Cube_FW_F1_V1.6.0 文件夹，该文件夹由图 4-1 所示的多个文件夹构成。

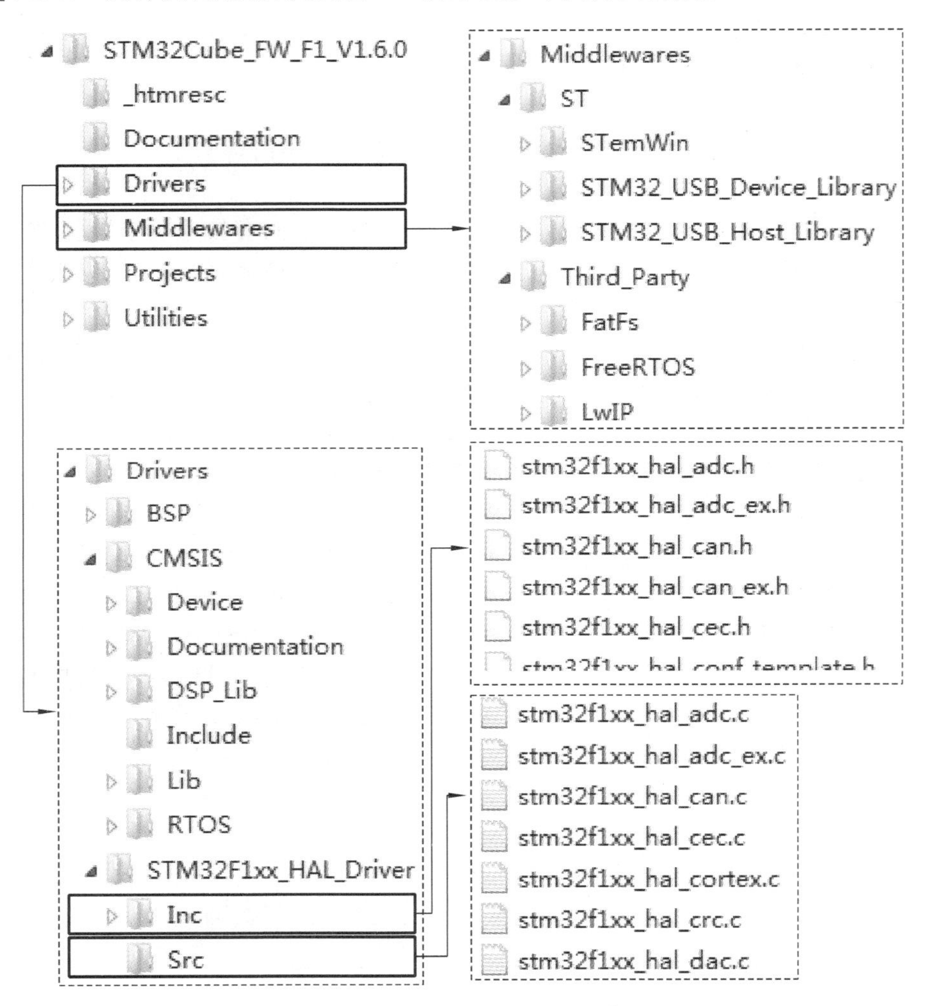

图 4-1　STM32Cube_FW_F1_V1.6.0 文件夹展开图

从图 4-1 可清晰地看到，各文件夹按功能大致做了分类，下面就这些文件夹做一简要介绍。

1. _htmresc 文件夹

该文件夹包含一些与程序相关的图标文件。

2. Documentation 文件夹

Documentation 文件夹包含 STM32CubeF1 的英文说明文档。

3. Drivers 文件夹

Drivers 文件夹包含 BSP、CMSIS 和 STM32F1xx_HAL_Driver 三个子文件夹。

(1) BSP 文件夹：板级支持包，此支持包提供的是硬件 API 文件，包括多种 ST 官方 Discovery 开发板、Nucleo 开发板以及 EVAL 开发板的硬件(例如触摸屏、LCD、SRAM 以及带电可擦可编程只读存储器(EEPROM)等板载硬件资源)驱动 API 文件，每一种开发板对应一个文件夹。

(2) CMSIS 文件夹：提供符合 CMSIS 标准的软件抽象层组件相关文件。该文件夹内部文件比较多，主要包括 DSP 库(DSP_LIB 文件夹)、Cortex-M 内核及其设备文件(Include 文件夹)，微控制器专用头文件、启动代码、专用系统文件等(Device 文件夹)。

(3) STM32F1xx_HAL_Driver 文件夹：这个文件夹非常重要，它包含所有的 STM32F1xx 系列 HAL 库头文件和源文件，也就是所有底层硬件抽象层 API 声明和定义。这些文件的作用是屏蔽复杂的硬件寄存器操作，统一外设的端口函数。该文件夹包含 Src 和 Inc 两个子文件夹，其中 Src 文件夹中存放的是. c 源文件，Inc 文件夹中存放的是与. c 源文件对应的. h 头文件。每个. c 源文件对应一个. h 头文件。源文件名称大部分遵循 stm32f1xx_hal_ppp. c 定义格式，头文件名称基本遵循 stm32f1xx_hal_ppp. h 定义格式。“ppp”对应的部分外设缩写见表 4-1。

表 4-1　外设缩写含义

缩　　写	外设/单元	缩　　写	外设/单元
ADC	模/数转换器	BKP	备份寄存器
CAN	控制器局域网模块	DMA	直接内存存取控制器
EXTI	外部中断事件控制器	FLASH	闪存
GPIO	通用输入/输出端口	I^2C	内部集成电路
IWDG	独立看门狗	NVIC	嵌套中断向量列表控制器
PWR	电源/功耗控制	RCC	复位与时钟控制器
RTC	实时时钟	SPI	串行外设端口
SysTick	系统滴答定时器	TIM	通用定时器
TIM1	高级控制定时器	USART	通用同步/异步接收/发送端
WWDG	窗口看门狗		

从表 4-1 所示缩写可知相应文件的作用。对各文件说明如下。

①stm32f1xx_hal_ppp_ex. h\. c：外设或模块驱动程序的扩展文件。这组文件中包含特定型号或者系列芯片的特殊 API 文件。如果该特定的芯片内部有不同的实现方式，则该文件中的特殊 API 文件将覆盖外设中的通用 API 文件。

②stm32f1xx_hal. c/. h：该文件的主要作用是实现 HAL 库的初始化、重映射、系统滴答时钟相关函数及 CPU 的调试模式配置。

③stm32f1xx_hal_msp_template. c：该. c 文件没有对应的. h 文件。它包含用户应用程序中使用的外设的 MCU 支持包(MCU support package，MSP)初始化和反初始化代码(包括主程序和回调函数)。使用者需复制到自己目录下使用。

④stm32f1xx_hal_conf_template. h：用户级别的库配置文件模板。使用者需复制到自己

目录下使用。

⑤system_stm32f1xx.c:此文件主要包含 SystemInit()函数,该函数在刚复位并跳转到 main()函数之前的启动过程中被调用。用户文件时钟的配置使用 HAL API 来完成。注意:它不在启动时配置系统时钟(与标准库相反)。

⑥startup_stm32f1xx.s:芯片启动文件,主要包含堆栈定义、终端向量表等。

⑦stm32f1xx_ll_ppp.c/.h:用在一些复杂外设中以实现底层功能,它们在 stm32f1xx_hal_ppp.c 中被调用。其实质为 LL 库文件。

4. Middlewares 文件夹

Middlewares 文件夹包含 ST 和 Third_Party 两个子文件夹。ST 文件夹存放的是与 STM32 相关的一些文件,包括 Segger 提供的 STemWin 工具包和 USB 主/从设备支持包等。Third_Party 文件夹中是第三方库支持包,有 FatFs 文件系统支持包、FreeRTOS 实时系统支持包、LwIP 网络通信协议支持包。

5. Projects 文件夹

该文件夹中存放的是一些可以直接编译的实例工程文件。该文件夹中有多个子文件夹,每个子文件夹对应一个 ST 官方的 Demo 板。这些子文件夹包含整套文件,组成了典型的外设应用实例。具体包括以下文件。

(1) Release_Notes.html:每个/组例子的简单描述和使用说明。

(2) stm32f1xx_hal_conf.h:HAL 的配置文件,主要用来选择使能何种外设以及设置一些时钟相关参数。

(3) stm32f10xx_it.c:该源文件包含所有的中断处理程序(需要自己编写相应代码)。当然,中断处理程序也可以随意编写在对应工程相关文件夹中的任意一个文件里面。

(4) stm32f1xx_hal_def.h:包含 HAL 的通用数据类型定义和宏定义。

(5) stm32f1xx_it.h:该头文件包含所有的中断处理程序的原型。

(6) stm32f1xx_hal_msp.c:用于进行 MCU 级别硬件初始化设置,并且它们通常会被上一层的初始化函数所调用,这样做的目的是为了把与 MCU 相关的硬件初始化程序剥离出来,方便用户代码在不同型号 MCU 上移植。stm32f4xx_hal_msp.c 文件定义了两个函数:HAL_MspInit 和 HAL_MspDeInit。这两个函数分别被文件 stm32f1xx_hal.c 中的 HAL_Init 和 HAL_DeInit 所调用,主要用于进行 MCU 相关的硬件初始化操作。

(7) main.c:例程主函数代码。所有例程的使用,都不受软件开发环境的影响。

此外,STM32Cube_FW_F1_V1.6.0 文件夹中还包括 Utilities 文件夹,其中包含一些其他组件,本书不涉及这些组件,这里不做介绍。

4.2.3 库内外设函数命名规则

外设函数的命名以该外设的缩写加下画线开头。函数名称的第一个字母都采用英文大写表示。在函数名中,允许存在两个下画线,用以分隔外设缩写和函数名的其他部分(PPP 为外设缩写)。外设函数大致可分为四组。

(1) 初始化/反初始化函数:用于配置外设参数,主要包括时钟、GPIO、复用功能(AF)、DMA 和中断参数的配置,如 HAL_PPP_Init()、HAL_PPP_DeInit()等。HAL_PPP_DeInit()函数可恢复外设的默认状态,即将外设参数恢复到函数原始默认值。

(2) IO 操作函数:用于对 I/O 端口进行读与写的操作,包括 HAL_PPP_Read()、HAL_

PPP_Write()、HAL_PPP_Transmit()、HAL_PPP_Receive()等函数。

(3) 控制函数:控制函数可动态地改变外设配置,包括 HAL_PPP_Set()、HAL_PPP_Get()等函数。

(4) 状态和错误函数:用于在运行时检测设外状态及获得错误类型,包括 HAL_PPP_GetState(),HAL_PPP_GetError()等函数。

4.2.4 编程方式

HAL库对所有的函数模型也进行了统一。HAL库支持三种编程模式:轮询模式、中断模式、DMA模式(如果外设支持)。这三种编程模式分别对应三种不同类型的函数(以ADC为例)。

(1) 轮询模式对应的函数如下:

```
HAL_StatusTypeDef HAL_ADC_Start(ADC_HandleTypeDef *hadc);
HAL_StatusTypeDef HAL_ADC_Stop(ADC_HandleTypeDef *hadc)。
```

(2) 中断模式对应的函数如下:

```
HAL_StatusTypeDef HAL_ADC_Start_IT(ADC_HandleTypeDef *hadc);
HAL_StatusTypeDef HAL_ADC_Stop_IT(ADC_HandleTypeDef *hadc);
```

(3) DMA模式对应的函数如下:

```
HAL_StatusTypeDef HAL_ADC_Start_DMA(ADC_HandleTypeDef *hadc, uint32_t *
pData, uint32_t Length);
HAL_StatusTypeDef HAL_ADC_Stop_DMA(ADC_HandleTypeDef *hadc);
```

其中,带"_IT"的函数工作在中断模式下,带"_DMA"的函数工作在DMA模式下(注意:在DMA模式下也是可以开启中断的);不带"_IT"和"_DMA"的就工作在轮询模式下(没有开启中断)。

新的HAL库统一采用宏的形式对各种中断进行配置(标准库一般都是采用各种函数来对中断进行配置)。常用的宏的作用如下。

(1) __HAL_PPP_ENABLE_IT(_HANDLE_,_INTERRUPT_):使能一个指定的外设中断。

(2) __HAL_PPP_DISABLE_IT(_HANDLE_,_INTERRUPT_):失能一个指定的外设中断。

(3) __HAL_PPP_GET_IT(_HANDLE_,_INTERRUPT _):获得指定外设的中断状态。

(4) __HAL_PPP_CLEAR_IT(_HANDLE_,_INTERRUPT_):清除指定外设的中断状态。

(5) __HAL_PPP_GET_FLAG(_HANDLE_,_FLAG_):获取指定外设的标志状态。

(6) __HAL_PPP_CLEAR_FLAG(_HANDLE_,_FLAG_):清除指定外设的标志状态。

(7) __HAL_PPP_ENABLE(_HANDLE_):使能外设。

(8) __HAL_PPP_DISABLE(_HANDLE_):失能外设。

(9) __HAL_PPP_XXXX(_HANDLE_,_PARAM_):指定外设的宏定义。

(10) __HAL_PPP_GET_ IT_SOURCE(_HANDLE_,_ INTERRUPT _):检查中断源。

4.2.5 回调函数

在HAL库的源代码中,常见到一些以__weak开头的函数,这些函数有些已经实现了，如：

```
__weak HAL_StatusTypeDef HAL_InitTick(uint32_t TickPriority)
{
    /* Configure the SysTick to have interrupt in 1ms time basis* /
    HAL_SYSTICK_Config(SystemCoreClock/1000U);
    /* Configure the SysTick IRQ priority* /
    HAL_NVIC_SetPriority(SysTick_IRQn, TickPriority, 0U);
    /* Return function status* /
    return HAL_OK;
}
```

有些则没有实现，如：

```
__weak void HAL_SPI_TxCpltCallback(SPI_HandleTypeDef *hspi)
{
  /* Prevent unused argument(s)compilation warning* /
  UNUSED(hspi);
  /* NOTE: This function should not be modified, when the callback is
needed, the HAL_SPI_TxCpltCallback should be implemented in the user file
  * /
}
```

所有带有__weak 关键字的函数都可以由用户自己来实现。如果出现了同名函数，且不带__weak 关键字，那么连接器就会采用外部实现的同名函数。通常来说，HAL 库负责全局调控和 MCU 外设的处理逻辑，并将对外设要进行操作的部分以回调函数的形式传送给用户，用户只需要对对应的回调函数做修改即可实现对外设的操作。HAL 库包含如下三种用户级别的回调函数(PPP 为外设名)。

(1) 外设系统级初始化/解除初始化回调函数(用户代码的第二大部分：对 MSP 的处理)：HAL_PPP_MspInit()和 HAL_PPP_MspDeInit()。

例如：SPI 初始化回调函数_weak void HAL_SPI_MspInit(SPI_HandleTypeDef *hspi)。在 HAL_PPP_Init()函数中被调用，用来初始化底层相关的设备。

(2) 处理完成回调函数：HAL_PPP_ProcessCpltCallback()(Process 指具体某种处理，如 UART 的发送)。

例如：__weak void HAL_SPI_RxCpltCallback(SPI_HandleTypeDef *hspi)。当外设或者 DMA 工作完成时，触发中断，外设中断处理函数或者 DMA 的中断处理函数会调用该回调函数。

(3) 错误处理回调函数：HAL_PPP_ErrorCallback()。

例如：__weak void HAL_SPI_ErrorCallback(SPI_HandleTypeDef *hspi) ** 。当外设或者 DMA 出现错误时，触发终端，外设中断处理函数或者 DMA 的中断处理函数会调用该回调函数。

绝大多数用户代码均要用到以上三大回调函数。

注意：

① HAL 库结构中，在每次初始化前(尤其是在多次调用初始化函数之前)，先调用对应的

反初始化函数(DeInit()函数)是非常有必要的。某些外设多次初始化时不进行调用返回,初始化将会失败。

② 完成回调函数有多种,例如串口的完成回调函数有 HAL_UART_TxCpltCallback()和 HAL_UART_TxHalfCpltCallback()等。

4.2.6 编程步骤

使用 HAL 库编写程序(针对某个外设句柄)的基本步骤(以串口为例)如下:

(1) 配置外设句柄。

例如:创建文件 UartConfig.c,在其中定义串口句柄 UART_HandleTypeDef *huart,接着配置初始化句柄 HAL_StatusTypeDef HAL_UART_Init(UART_HandleTypeDef *huart)。

(2) 编写 Msp 文件。

例如:创建 UartMsp.c,在其中实现 void HAL_UART_MspInit(UART_HandleTypeDef *huart)和 void HAL_UART_MspDeInit(UART_HandleTypeDef *huart)函数。

(3) 实现对应的回调函数。例如,创建 UartCallBack.c 文件,在其中实现上文所说明的三大回调函数中的完成回调函数和错误回调函数。

注意:上述步骤是在 STM32CubeMX 配置完及时钟等的初始化已完成基础上进行的。如果要重新配置外设,切记必须使能时钟。

4.3 图形配置工具 STM32CubeMX

STM32CubeMX 是一个图形化的工具,它是 STM32 配置和初始化 C 代码生成器(configuration and initialization C code generation),用于自动生成开发初期与芯片相关的一些初始化代码。

从图 4-2 可以看出,STM32CubeMX 包含 STM32 所有系列的芯片,并包含示例和样本(examples and demos)、中间组件(middleware components)、硬件抽象层(hardware abstraction layer)。

STM32CubeMX 的特性如下:

(1) 能直观地选择 STM32 微控制器。

(2) 通过微控制器图形化配置,能自动处理引脚冲突,能动态设置时钟树,可以动态设置外围、中间件模式和初始化参数,能进行功耗预测。

(3) C 代码工程生成器覆盖了 STM32 微控制器初始化编译软件,如 IAR、KEIL、GCC。

(4) 可独立使用或作为 Eclipse 插件使用。

STM32CubeMX 是 ST 公司的原创,其不仅能生成初始化代码,也能生成关于引脚配置信息的 pdf 和 txt 文档,方便查阅和设计原理图,有利于减轻开发工作量,缩短开发周期,降低开发成本。

换言之,STM32CubeMX 是用于生成基于 HAL 库的工程代码工具,因 STM32CubeMX 安装相对较简单,可参考官网文档进行安装,本节不再介绍。下面仅对该工具的常用属性及界面进行简要介绍。

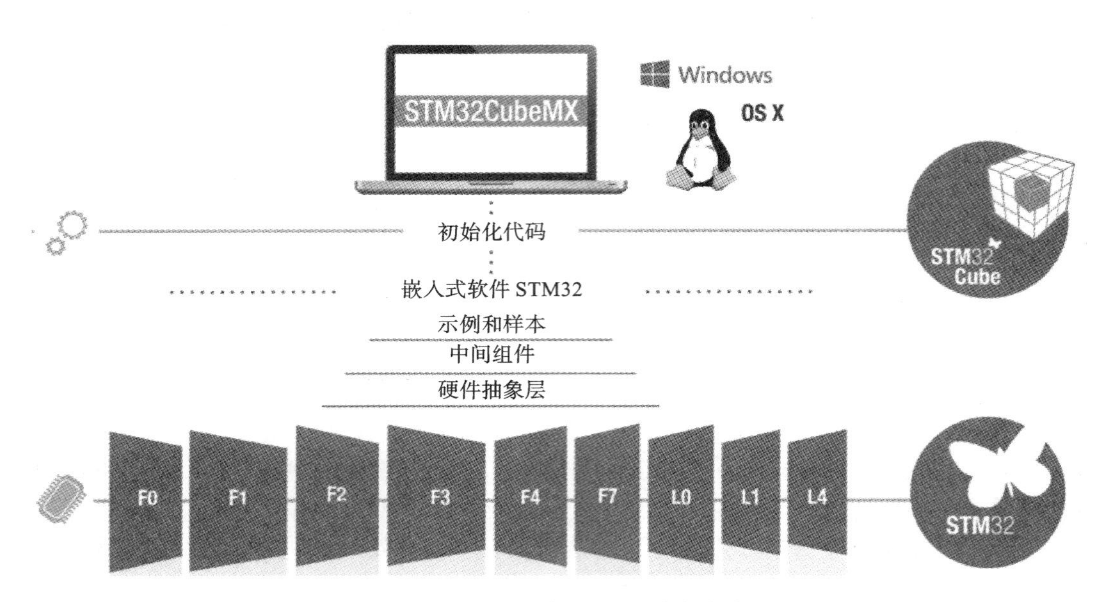

图 4-2　STM32Cube 与 STM32 的包容关系

4.3.1　STM32CubeMX 的启动及主界面

当安装好 STM32CubeMX 后，在桌面可见其快捷图标（见图 4-3），单击[①]该图标即进入主界面（见图 4-4）。

图 4-3　快捷图标

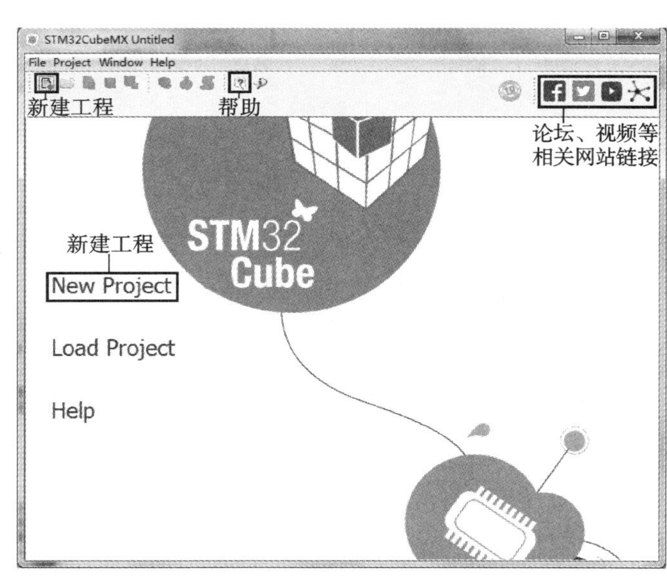

图 4-4　STM32CubeMX 主界面

主界面除了相关菜单之外还包括 New Project（新建工程）、Load Project（打开工程）、Help

① 如未特别说明，本书中所提到的点击鼠标的操作均是指用左键点击。

（帮助）及论坛、视频等相关网站链接的快捷操作按钮，其中 Help 按钮对应 STM32CubeMX 的安装及使用教程文件。

4.3.2　HAL 库的安装

STM32CubeMX 的 HAL 库（固件支持包）的安装方式有三种：通过 STM32CubeMX 软件导入离线包、在线安装、解压离线包。

1. 导入离线包

预先到 ST 公司官网（www. st. com）下载需要的 STM32CubeF1 库文件（. zip 格式，包括 HAL 和 LL 库文件）。在 STM32CubeMX 主界面的菜单栏中点击“Help”→“Manage embedded software packages”，打开“Embedded Software Packages Manager”对话框，单击“From Local…”按钮，打开“Select a STM32Cube Package File”对话框；选择要加载的库包（en. stm32cubef1 1. 6. 0. zip），单击“Open”按钮，打开“Load selected File”对话框进行加载。如图 4-5 所示。加载完成后“Embedded Software Packages Manager”对话框内对应库前面的复选框被激活，若点击它将由变成。此时“Remove Now”按钮由灰色变成高亮，单击该按钮可卸载刚才加载的文件。

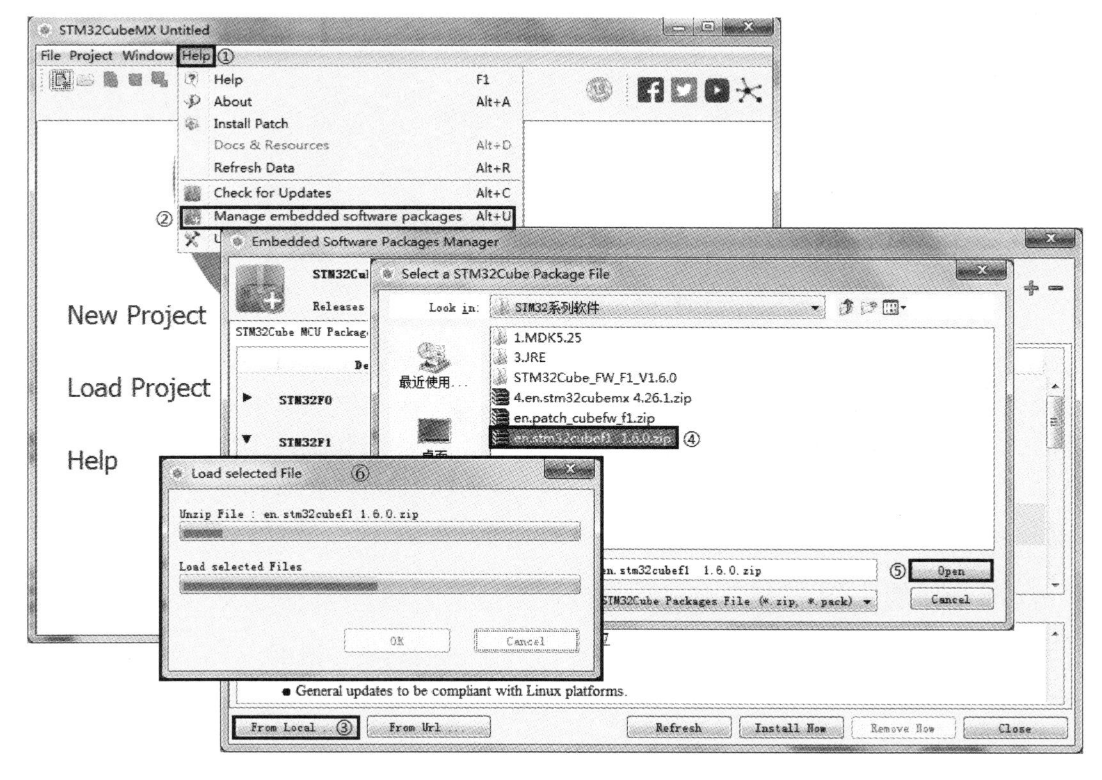

图 4-5　导入离线包操作步骤

注：图中序号①～⑥用以标明对应正文中操作步骤的看图顺序，全书均如此。

2. 在线安装

在线安装的操作步骤与导入离线包类似，但是不再需要预先下载 STM32CubeF1 库文件。

在 STM32CubeMX 主界面菜单栏中点击"Help"→"Manage embedded software packages"，打开相应对话框，在"STM32Cube MCU Packages"选项卡中选择要加载的库及版本号(STM32F1 1.6.0)，单击"Install Now"按钮，弹出"Dowload selected Firmware & Software"对话框，下载及安装库文件，如图 4-6 所示。

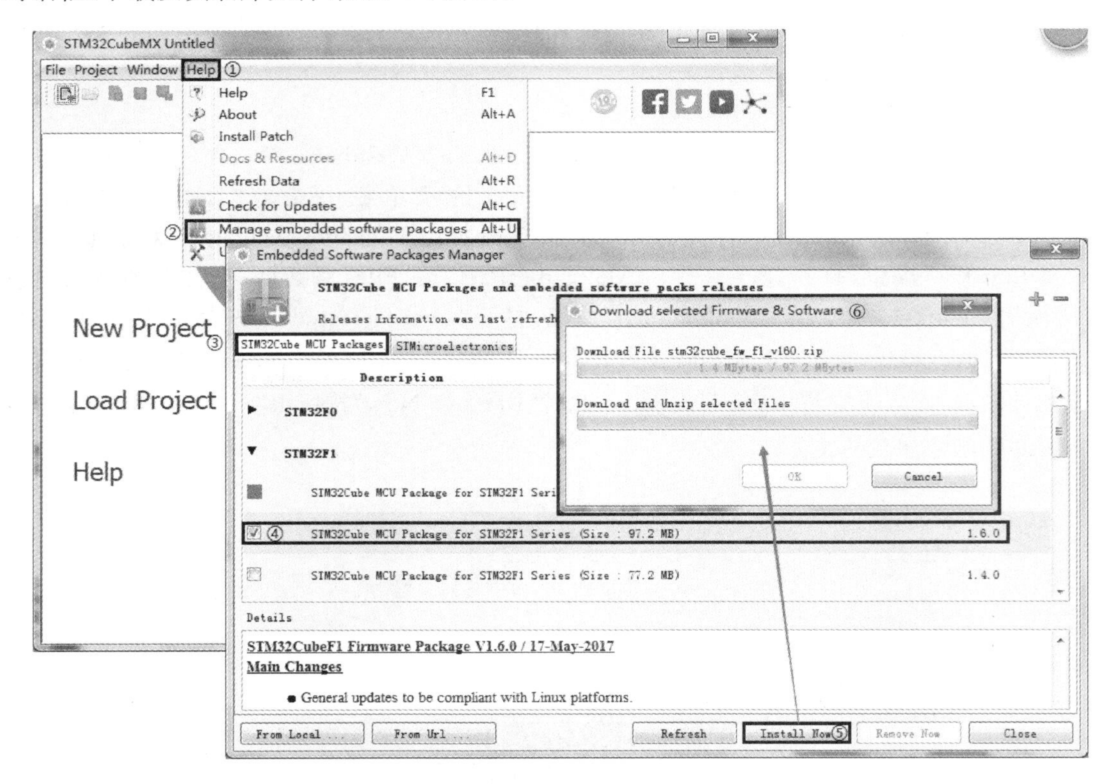

图 4-6　在线安装操作步骤

3. 解压离线包

预先到 ST 公司官网(www.st.com)下载需要的 STM32CubeF1 库文件。在 STM32CubeMX 主界面的菜单栏中单击"Help"→"Updater Settings..."可以查看到库指定的路径。将下载好的库包(stm32cube_fw_f1_v160.zip)解压至指定路径下的文件夹中，如图 4-7 所示。注意不可更改解压后离线包文件夹的名字。

4.3.3　新建工程

在 STM32CubeMX 主界面中点击"New Project"按钮，出现如图 4-8 所示的对话框。该对话框中包括 Part Number Search、Core、Series、Line、Package、Advanced Choice、Graphic Choice、Peripheral Choice 等快速筛选过滤器。其中 Core、Series、Line、Package、Advanced Choice、Peripheral Choice 过滤器对应的功能分别如图 4-9 至图 4-14 所示。经过过滤器筛选后可得到自己选定的芯片。

下面特别介绍常见的 6 种电子封装(package)形式，供读者参考。

1. 双列直插式封装

双列直插式封装(DualIn line-pin package，DIP)是绝大多数中小规模集成电路(IC)采用

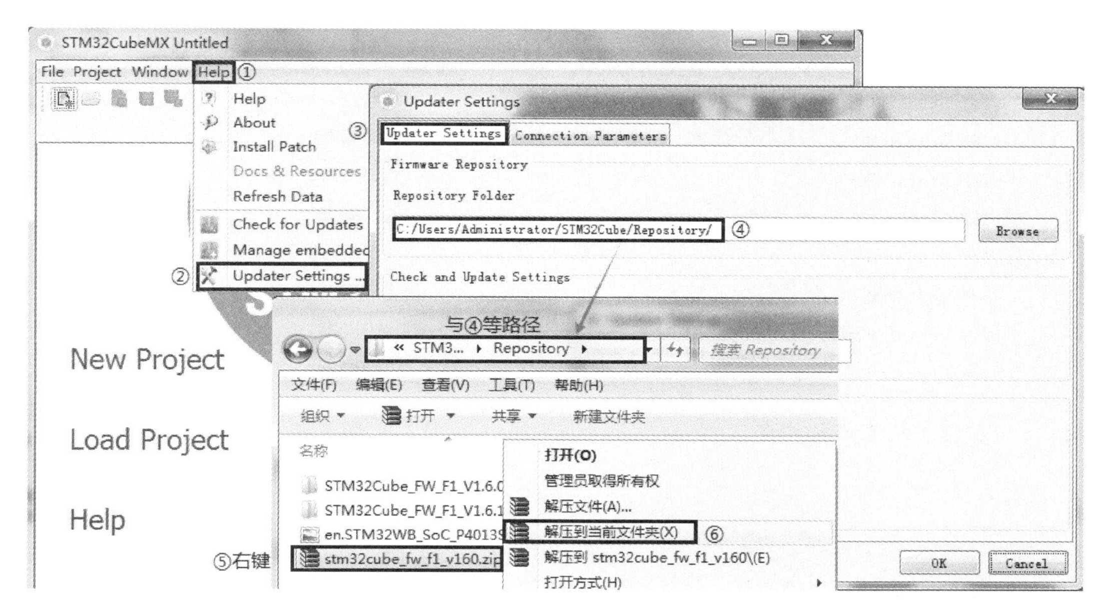

图 4-7 解压离线包操作步骤

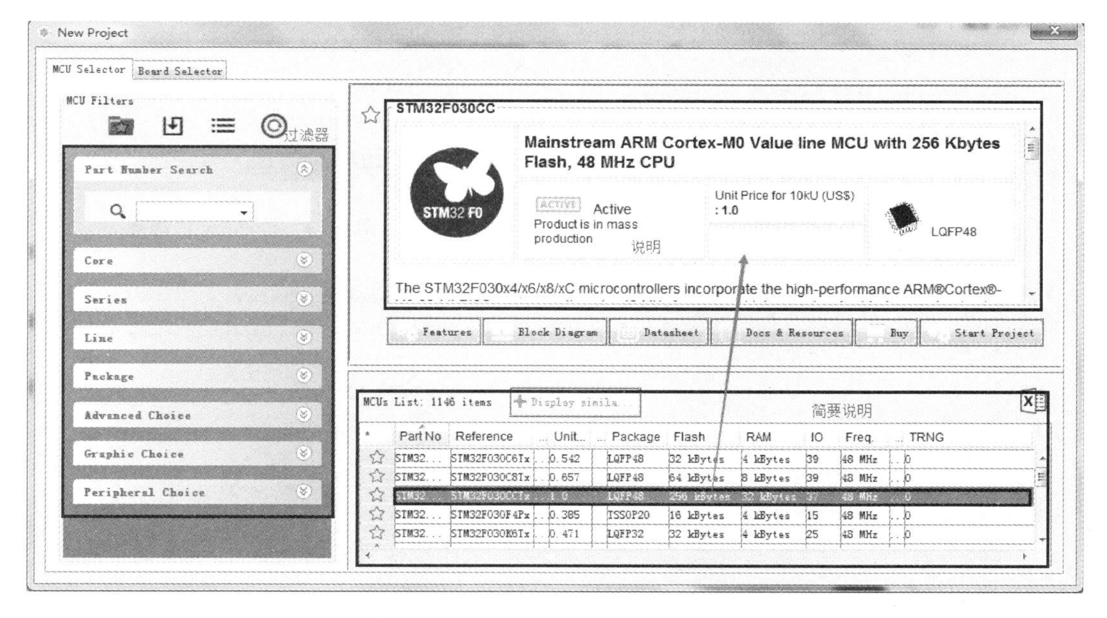

图 4-8 STM32CubeMX 主界面

的封装形式，这种芯片采用 DIP 封装形式的 CPU 芯片有两排引脚（见图 4-15），且引脚数一般不超过 100 个。这种芯片需要插入具有 DIP 结构的芯片插座，当然，也可以直接插在有相同焊孔数和几何排列的电路板上进行焊接。DIP 封装的芯片在从芯片插座上插拔时应特别小心，以免损坏引脚。

DIP 封装形式具有以下特点：

①适合在印制电路板（PCB）上穿孔焊接，操作方便。

②芯片面积与封装面积的比值较大，故体积也较大。

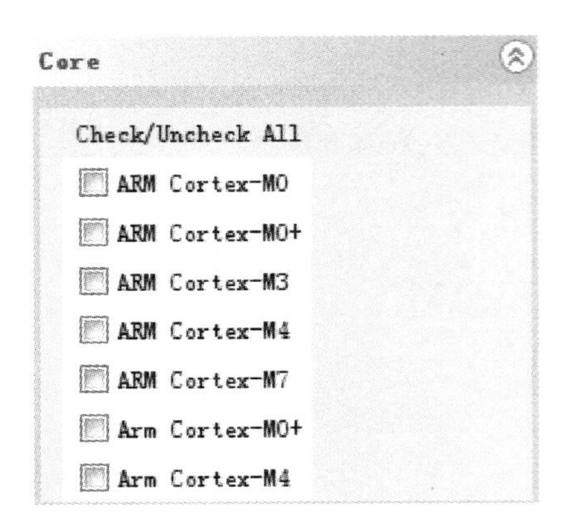

图 4-9　Core 过滤器

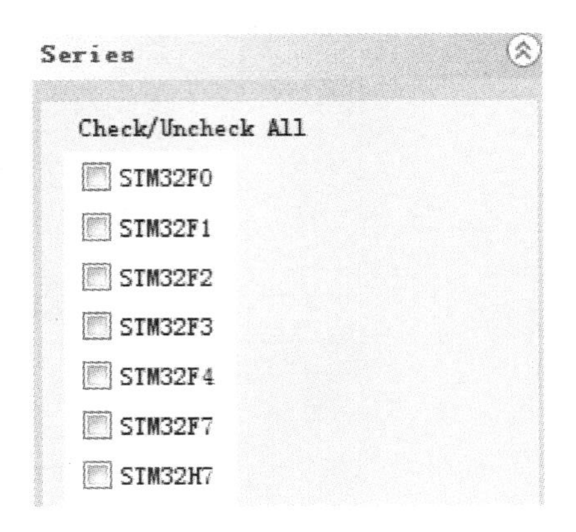

图 4-10　Series 过滤器

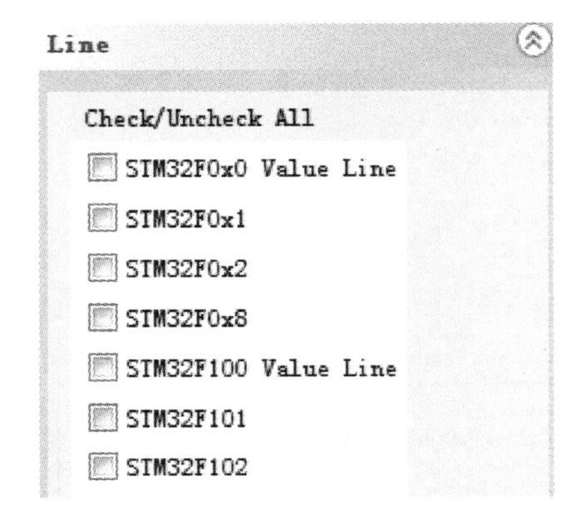

图 4-11　Line 过滤器

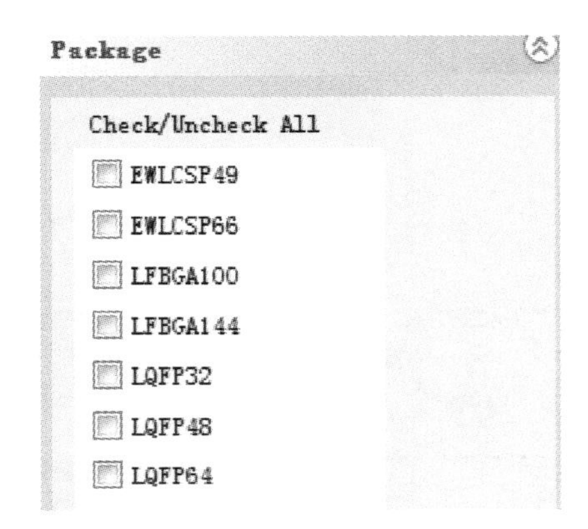

图 4-12　Package 过滤器

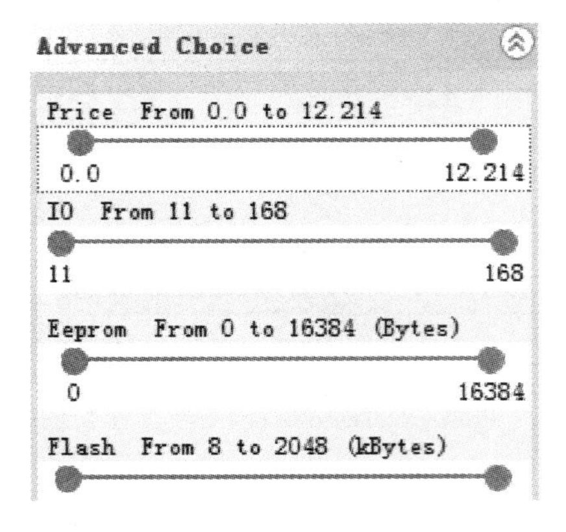

图 4-13　Advanced Choice 过滤器

Peripheral Choice

Peripherals	Nb	Max
ADC 12-bit	0	40
ADC 16-bit	0	36
AES		
CAN	0	3
COMP	0	7
CRYP		
DAC 12-bit	0	3
DCMI		
DFSDM	0	2
DSIHOST		

图 4-14　Peripheral Choice 过滤器

Intel 系列 CPU 中的 8088 就采用这种封装形式，缓存(cache)和早期的内存芯片也采用了这种封装形式。

2. 塑料方形扁平式封装和塑料扁平组件式封装

塑料方形扁平式封装(plastic quad flat package，QFP)的芯片(见图 4-16)引脚之间距离很小，管脚很细，一般大规模或超大型集成电路都采用这种封装形式，其引脚数一般可为 36、48、64 或 100。采用这种封装形式的芯片必须利用表面贴装器件技术(surface mounted devices，SMD)将芯片与主板焊接起来。安装时不必在主板上打孔，一般在主板表面上有设计好的相应管脚的焊点。将芯片各脚对准相应的焊点，即可实现与主板的焊接。用这种方法焊上去的芯片，如果不用专用工具是很难拆卸下来的。

图 4-15　以 DIP 形式封装的芯片

图 4-16　以 QFP 形式封装的芯片

塑料扁平组件式封装(plastic flat package，PFP)方式与 QFP 方式基本相同，二者唯一的区别是以 QFP 形式封装的芯片一般为正方形的，而以 PFP 形式封装的芯片既可以是正方形的，也可以是长方形的。

QFP/PFP 封装具有以下特点：

①适合采用 SMD 技术在印制电路板上安装布线。

②适合在高频场合使用。

③操作方便，可靠性高。

④芯片面积与封装面积的比值较小。

Intel 系列 CPU 中的 80286、80386 和某些 486 主板采用这种封装形式。

3. 插针网格阵列封装

采用插针网格阵列封装(pin grid array package，PGA)形式的芯片内外有多个方阵形的插针，每个方阵形插针沿芯片的四周间隔一定距离排列，如图 4-17 所示。根据引脚数目的多少，可以围成 2～5 圈。安装时，将芯片插入专门的 PGA 插座。为使 CPU 能够更方便地安装和拆卸，人们开发出了零插拔力的插座(zero insertion force socket，ZIF)，专门用来满足采用 PGA 形式封装的 CPU 在安装和拆卸上的要求。

图 4-17　以 PGA 形式封装的芯片

将零插拔力插座上的扳手轻轻抬起，CPU 可很容易、轻松地插入插座。将扳手压回原处，即可利用因插座本身的特殊结构而生成的挤压力，使 CPU 的引脚与插座牢牢地接触，从而可避免接触不良问题。拆卸 CPU 芯片时，只需将插座的扳手轻轻抬起，解除压力，即可轻松取出 CPU 芯片。

PGA 封装具有以下特点：

①插拔操作更方便，可靠性高。

②可适应更高的频率。

Intel 系列 CPU 中，80486 和 Pentium、Pentium Pro 均采用了这种封装形式。

4. 球栅阵列封装

随着集成电路技术的发展，对集成电路的封装要求更加严格。这是因为封装技术关系到产品的功能性，当集成电路的频率超过 100 MHz 时，采用传统封装形式可能会产生所谓的"CrossTalk"（串扰）现象，而且当集成电路的引脚数大于 208 时，采用传统的封装形式有一定难度。因此，现今大多数的高脚数芯片（如图形芯片与芯片组等）皆采用球栅陈列（ball grid array，BGA）封装技术。BGA 封装形式自出现之初起便成为 CPU、主板上南/北桥芯片等高密度、高性能、多引脚芯片封装的最佳选择。图 4-18 所示为以 BGA 形式封装的芯片。

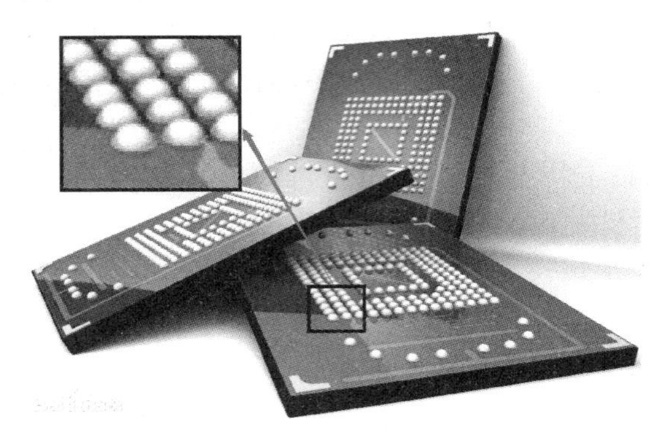

图 4-18　以 BGA 形式封装的芯片

BGA 封装技术又可细分为五大类：

①PBGA（plastic BGA）基板封装：一般采用 2～4 层有机材料构成的多层板来封装。Intel 系列 CPU 中，Pentium Ⅱ、Pentium Ⅲ、Pentium Ⅳ处理器均采用这种封装形式。

②CBGA（ceramic BGA）基板封装：CBGA 即陶瓷 BGA 基板，芯片与基板间的电气连接通常采用倒装芯片（flip-chip，FC）的安装方式。Intel 系列 CPU 中，Pentium Ⅰ、Pentium Ⅱ、Pentium Pro 处理器均采用过这种封装形式。

③FCBGA（filp-chip BGA）基板封装：FCBGA 即硬质多层基板。

④TBGA（tape BGA）基板封装：基板为带状软质的 1～2 层印制电路板的封装形式。

⑤CDPBGA（carity down PBGA）基板封装：指芯片中央有方形低陷的空腔区的封装形式。

BGA 封装具有以下特点：

①引脚之间的距离远大于 QFP 封装方式，成品率高。

②采用该封装形式的芯片功耗较采用传统封装形式的芯片有所增加，但由于采用的是可控塌陷芯片法焊接，因而电热性能较好。

③信号传输时延小，适应频率高。

④可采用共面焊接方式，可靠性高。

目前，BGA 已成为极其热门的集成电路封装技术。

5. 按芯片尺寸封装

随着全球电子产品个性化、轻巧化的需求蔚为风潮，封装技术已进步到按芯片尺寸封装(chip size package，CSP)。这种封装形式(见图 4.19)减小了芯片封装外形的尺寸，做到裸芯片尺寸有多大，封装尺寸就有多大。即封装后的集成电路芯片尺寸边长不大于芯片的 1.2 倍，芯片面积只比晶粒(die)面积略大，并且不超过晶粒面积的 1.4 倍。

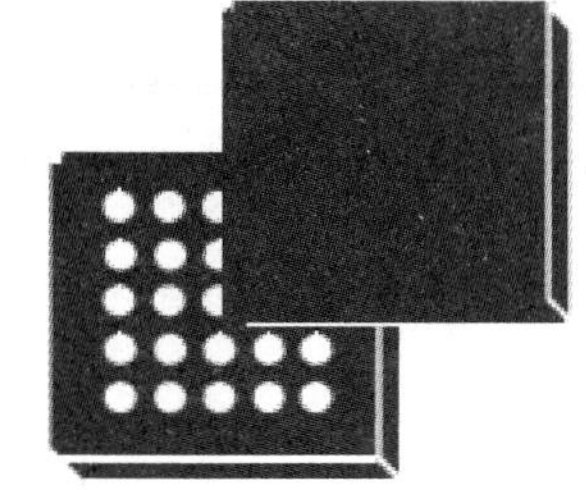

图 4-19　CSP 封装

CSP 封装又可分为四类：

①传统导线架型(lead frame type)，采用这种封装形式的厂商有富士通、日立、Rohm、高士达(Goldstar)等。

②硬质内插板型(rigid interposer type)，采用这种封装形式的厂商有摩托罗拉、索尼、东芝、松下等。

③软质内插板型(flexible interposer type)，代表厂商包括 Tessera、CTS、GE(通用电气)和 NEC(日本电气)等。

④晶圆级封装(wafer level package，WLP)：有别于传统的单一芯片封装方式，WLP 是将整片晶圆切割为一颗颗的单一芯片。晶圆级封装技术号称是封装技术的未来主流，已投入该技术研发的厂商包括 FCT(德国系统工程公司)、Aptos、卡西欧、富士通、三菱电子等。

CSP 封装具有以下特点：

①满足了芯片 I/O 引脚不断增加的需要。

②封装面积与芯片面积的比值很小。

③极大地缩短了延迟时间。

CSP 封装形式适用于引脚数少的集成电路，如内存条和便携电子产品。未来 CSP 技术将大量应用在信息家电(IA)、数字电视(DTV)、电子书(E-Book)、无线网络 WLAN/GigabitEthemet、ADSL(非对称数字用户线路)手机芯片、蓝牙(bluetooth)设备等新兴产品中。

6. 多芯片模块封装

为解决单一芯片集成度低和功能不够完善的问题，把多个高集成度、高性能、高可靠性的芯片，在高密度多层互联基板上用 SMD 技术组成多种多样的电子模块系统，从而出现了多芯片模块(multi chip model，MCM)系统。

MCM 封装具有以下特点：

①封装延迟时间短，易于实现模块高速化。

②整机/模块的封装尺寸小、重量轻。

③系统可靠性高。

4.3.4　STM32CubeMX 配置窗口中的菜单及工具栏

图 4-20 所示为 STM32CubeMX 配置窗口。该窗口有五个菜单，包括“File”(文件)、“Project”(工程)和“Pinout”(引脚输出)、“Window”(窗口)、“Help”(帮助)。

1. “File”菜单

“File”菜单如图 4-21 所示。

“File”菜单中各子菜单的功能如下。

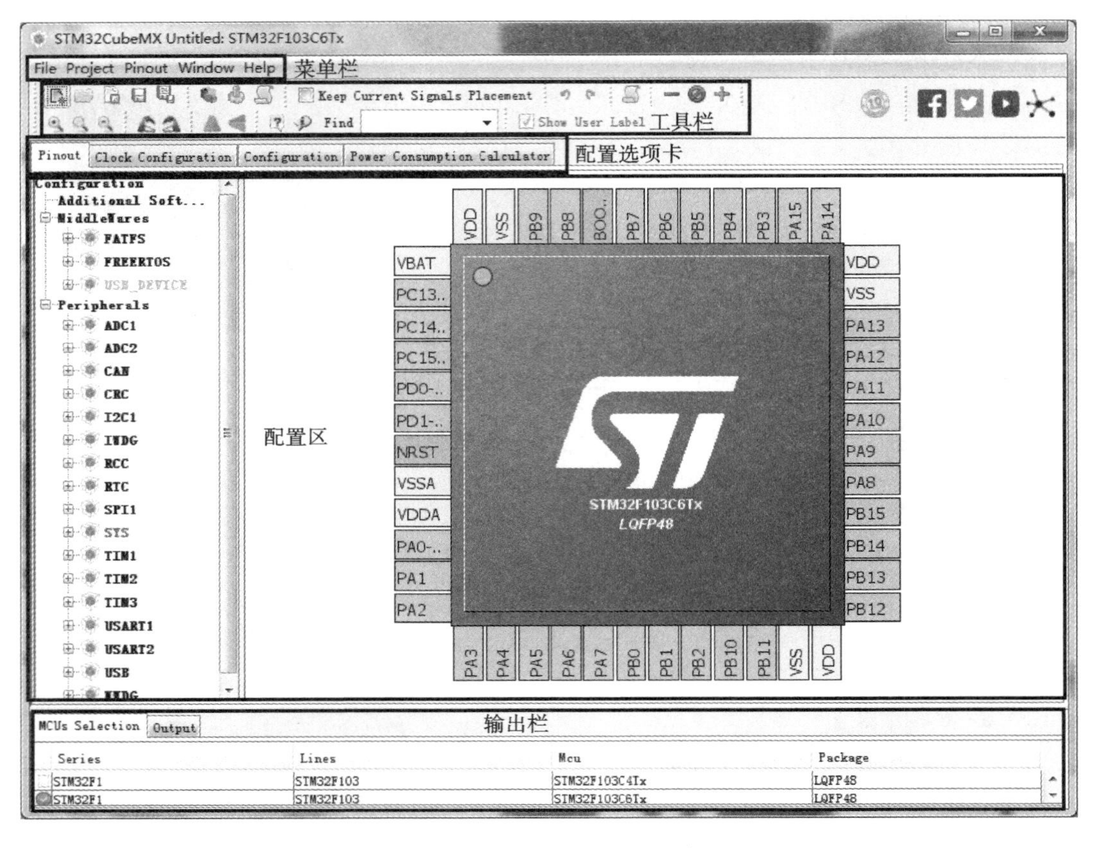

图 4-20　STM32CubeMX 配置窗口

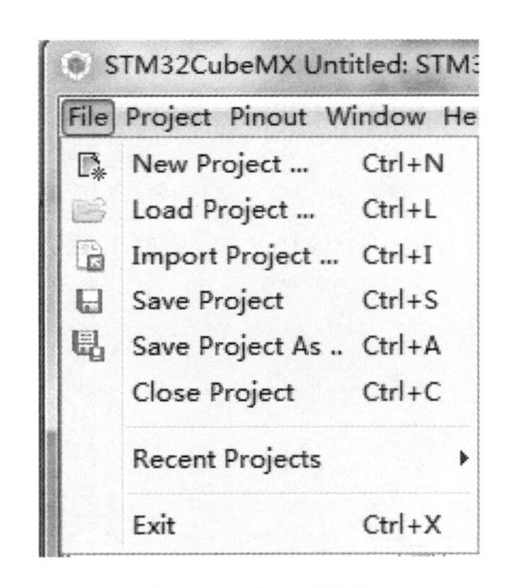

图 4-21　“File”菜单

(1) New Project ...：新建工程(工具栏图标为)。

(2) Load Project ...：导入工程(工具栏图标为)。

(3) Import Project ...：引入项目(工具栏图标为)。

(4) Save Project：保存工程(工具栏图标为)。

(5) Save Project As ...：另存工程(工具栏图标为)。

(6) Close Project：关闭工程。

(7) Recent Projects：导入最近工程。

(8) Exit：关闭软件。

2.“ Project”菜单

图 4-22 所示为“Project”菜单。

“Project”菜单中的各个子菜单的功能如下。

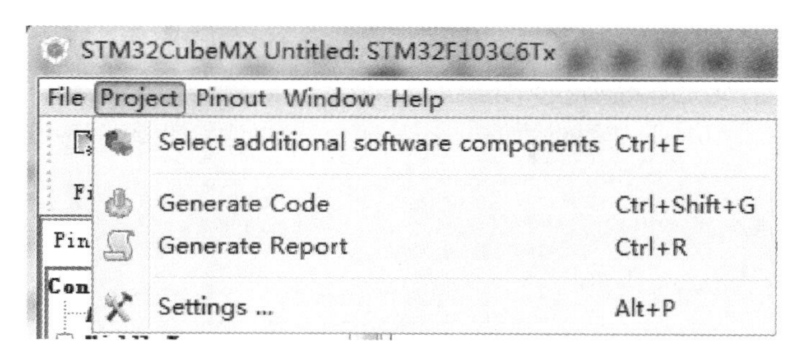

图 4-22　“Project”菜单

(1) Select additional software components：选择其他软件组件（工具栏图标为 ）。

(2) Generate Code：生成代码（工具栏图标为 ）。在配置好引脚、时钟源、工程文件名、工程路径之后，点击该按钮就可以生在软件工程代码。

(3) Generate Report：生成报表（工具栏图标为 ）。在相关参数配置好之后，点击该按钮就会生成关于芯片型号、引脚配置信息、系统时钟、软件工程等一系列信息的报表。

(4) Settings ...：工程设置（工具栏图标为 ）。点击这个菜单按钮，即弹出“Project Settings”对话框，该对话框内有 3 个选项卡，即“Project”“Code Generator”“Advanced Setting”选项卡。

①“Project”选项卡（工程设置）：这个选项卡用于主要选项的设置，配置信息的描述如图 4-23所示。

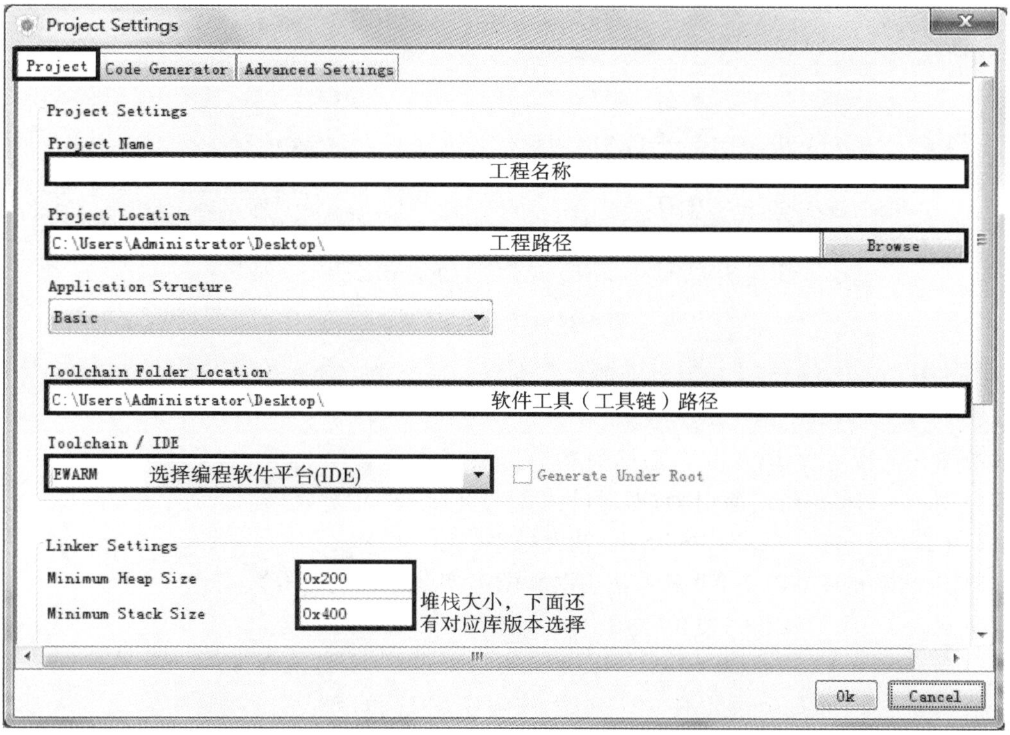

图 4-23　“Project”选项卡

②“Code Generator”(代码生成配置)选项卡:这个选项卡用于进行代码生成相关项的配置,如复制 HAL 库的配置、.c 和.h 文件生成的配置。

③“Advanced Settings”(高级设置)选项卡:这个选项卡在配置芯片(引脚功能)之后才能设置。

3. “Pinout”菜单

图 4-24 所示为“Pinout”子菜单。

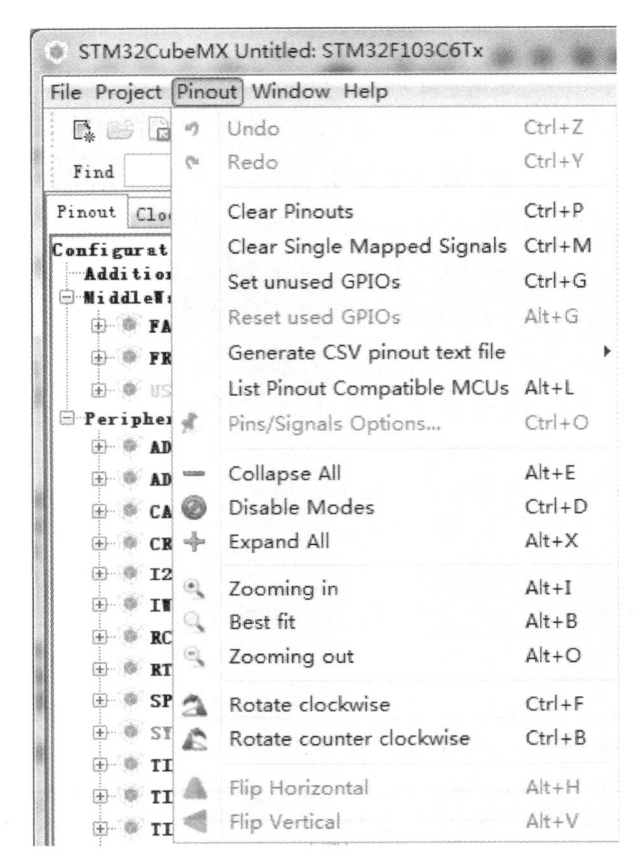

图 4-24　“Pinout”子菜单

“Pinout”菜单用于对芯片引脚功能进行配置。该菜单中的各个子菜单的功能如下。

(1) Undo:撤销操作(工具栏图标为↶)。

(2) Redo:恢复操作(工具栏图标为↷)。

(3) Clear Pinouts:清除引脚,即对已配置的引脚进行清除。

(4) Clear Single Mapped Signals:清除映射。

(5) Set unused GPIOs:设置未使用引脚的类型(输入、输出等)。

(6) Reset used GPIOs:复位已用引脚。

(7) Generate CSV pinout text file:生成引脚列表。

(8) List Pinout Compatible MCUs:生成兼容 MCU 的列表引脚。

(9) Pins/Signals Options:进行引脚配置(工具栏图标为)。

(10) Collapse All:全部折叠(工具栏图标为━),折叠左边配置和外设。

(11) Disable Modes:激活失能模式(工具栏图标为)。

(12) Expand All:展开所有选择项(工具栏图标为),与“Collapse All”对应。

(13) Zooming in:放大窗口(工具栏图标为)。

(14) Best fit:将窗口放大至最佳大小(工具栏图标为)。

(15) Zooming out:缩小窗口(工具栏图标为)。

(16) Rotate clockwise:顺时针旋转窗口(工具栏图标为)。

(17) Rotate counter clockwise:逆时针旋转窗口(工具栏图标为)。

(18) Flip Horizontal:水平翻转窗口(工具栏图标为)。

(19) Flip Vertical:垂直翻转窗口(工具栏图标为)。

4. “Window”菜单

图 4-25 所示为“Window”菜单。

这个菜单现在只有“Outputs”(输出信息)一个子菜单,是现行版本中还比较简单的一个菜单。

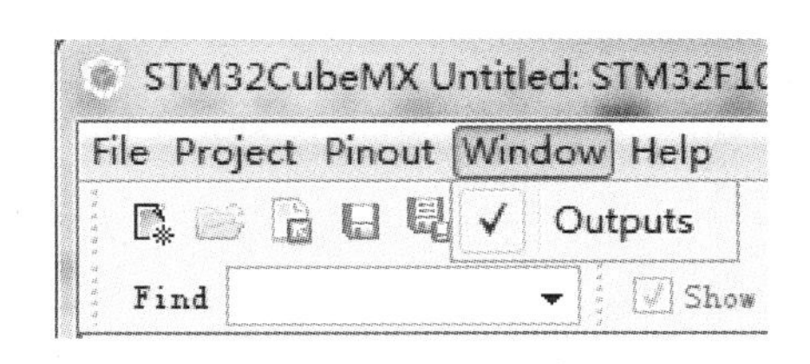

图 4-25　“Window”菜单

5. “Help”菜单

图 4-26 所示为“Help”菜单。

“Help”菜单中各个子菜单的功能如下。

(1) Help:打开帮助文件(工具栏图标为)。

(2) About:打开产品信息文件(工具栏图标为)。

(3) Install Patch:安装路径(工具栏图标为)。

(4) Docs & Resources:打开文档和数据手册等。

(5) Refresh Data:刷新数据。

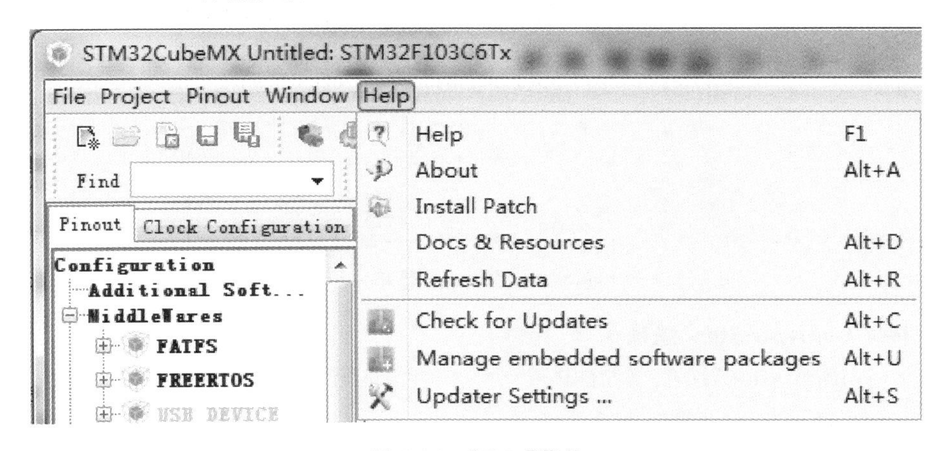

图 4-26　“Help”菜单

(6) Check for Updates:检测更新(工具栏图标为)。

(7) Manage embedded software packages:安装新固件库(工具栏图标为)。

(8) Updater Settings ...:更新设置(工具栏图标为)。

4.3.5　配置选项卡

配置窗口有 5 个配置选项卡："Pinout"(引脚配置)选项卡、"Clock Configuration"(时钟配置)选项卡、"Configuration"(综合配置)选项卡、"Power Consumption Calculator"(功耗配置)选项卡。

1. "Pinout"选项卡

如图 4-27 所示，"Pinout"选项卡用于进行引脚(如 RCC、ADC、CAN、TIM 等)的功能配置。可在右边图形区滚动鼠标中轮放大/缩小图形，查找相应引脚(或在"Find"搜索栏搜索)，用鼠标右键单击该引脚即可显示对应引脚的若干(复用)功能，直接选择所需功能进行设置即可。利用"Pinout"选项卡也可对中间件做相应配置。

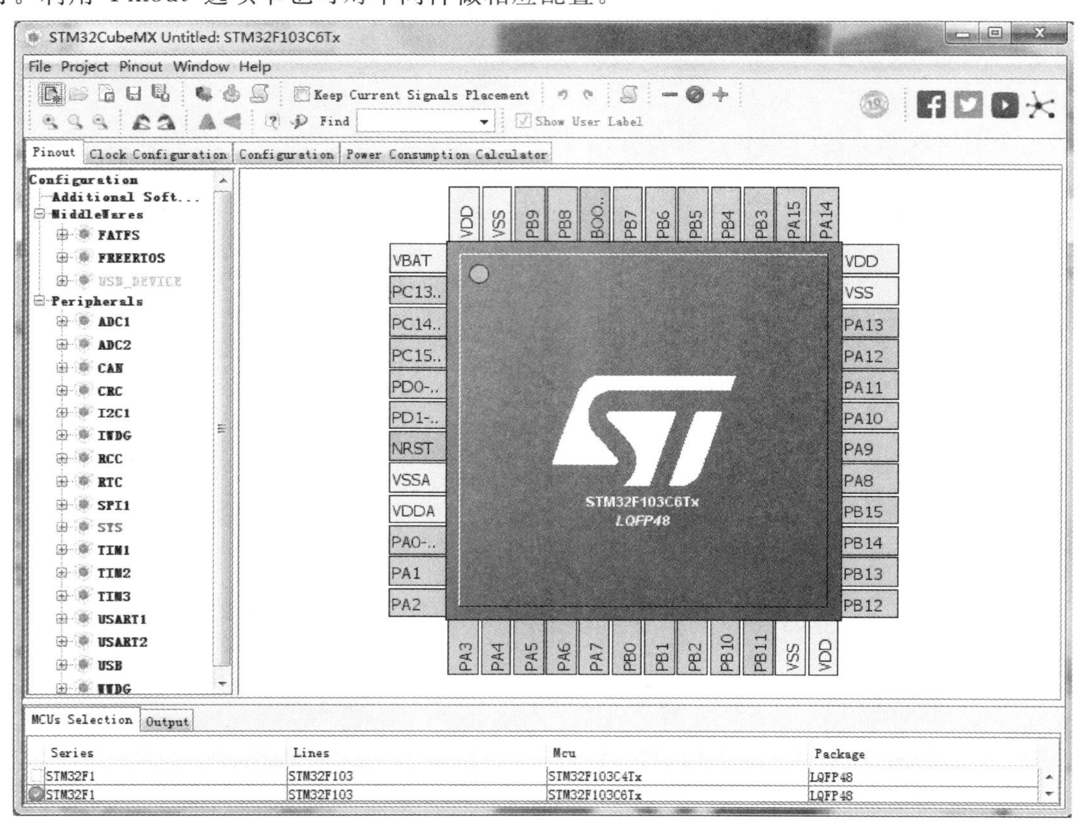

图 4-27　"Pinout"选项卡

2. "Clock Configuration"选项卡

"Clock Configuration"选项卡如图 4-28 所示。时钟配置非常方便，只需要点击相应项后直接输入数值即可。注意：◉为单选按钮。

3. "Configuration"选项卡

图 4-29 所示为"Configuration"选项卡。

综合配置与引脚配置有关，综合配置时显示的信息会随引脚配置的变化而变化。综合配置区右侧的图形区内有按钮，点击即可弹出相应的详细配置对话框。

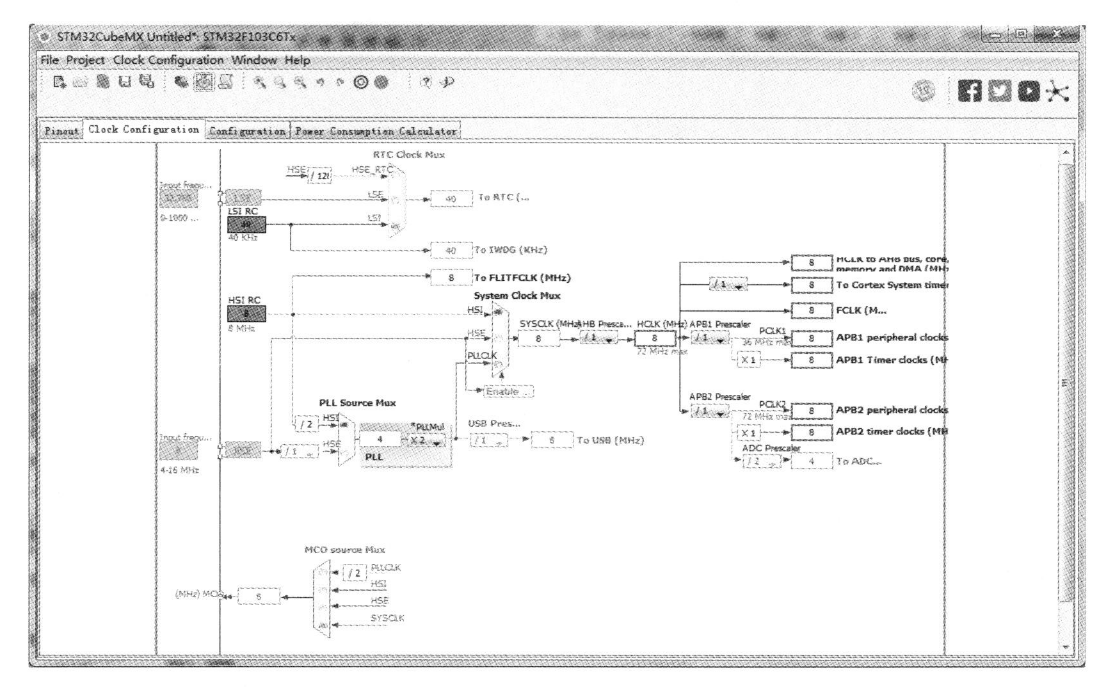

图 4-28　“Clock Configuration”选项卡

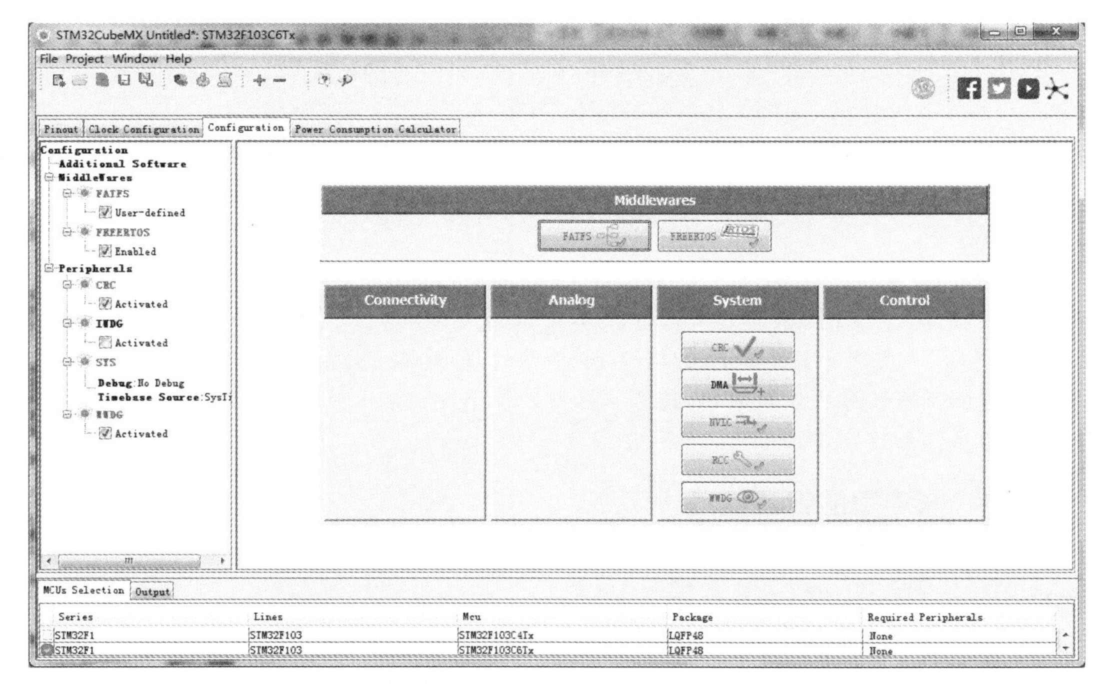

图 4-29　“Configuration”选项卡

4. “Power Consumption Calculator”选项卡

图 4-30 所示为“Power Consumption Calculator”选项卡。

在实际项目中进行功耗配置需要考虑的内容比较多(包括硬件),一般保持默认设置即可。

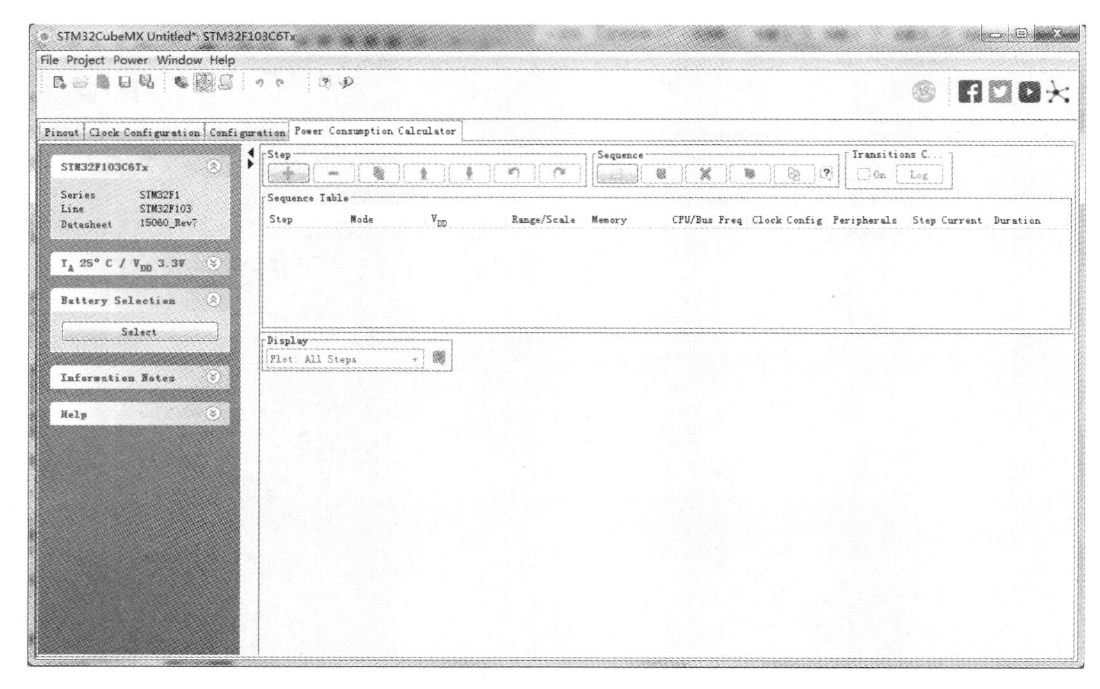

图 4-30　"Power Consumption Calculator"选项卡

4.4　编程平台 Keil MDK5

Keil MDK 软件基于 Cortex-M、Cortex-R4、ARM7、ARM9 处理器设备提供了一个完整的开发环境。其中 MDK-ARM 专为微控制器应用而设计，功能强大，能够满足大多数苛刻的嵌入式应用要求。

Keil MDK5 与 Keil MDK4 及之前版本不同，它分成 MDK Core 和 Software Packs(软件包)两部分。MDK Core 主要包含 uVision5 IDE 集成开发环境和 ARM Compiler5。Software Packs 则可以在不更换 MDK Core 的情况下，单独管理(下载、更新、移除)设备支持包和中间件更新包。因其安装过程比较简单，这里不做介绍。下面重点介绍 Keil MDK5 平台的一些应用技巧及变量类型重定义。

4.4.1　快速定位到函数/变量定义

在阅读代码时，为了了解某个函数所实现的功能以及其他具体的情况，往往需要查看某一个函数的定义。查看被调用函数的定义的方法有 3 种：

(1) 将光标定位到函数处，按下计算机键盘上的 F12 键；

(2) 将光标定位到函数处，然后选择菜单栏的"Edit"菜单，在下拉列表中单击"Advanced"→"Go to Definition of 'xxx'('xxx'为当前函数名)"；

(3) 将光标定位到函数处并按鼠标右键，在弹出来的快捷菜单中选择"Go To Definition Of 'xxx'"("xxx"为要定位的函数名)，如图 4-31 所示。

注意：利用"Go to Definition"命令查看函数/变量的定义后，可以通过工具栏上的按钮(Back to previous position)快速返回之前的代码处。

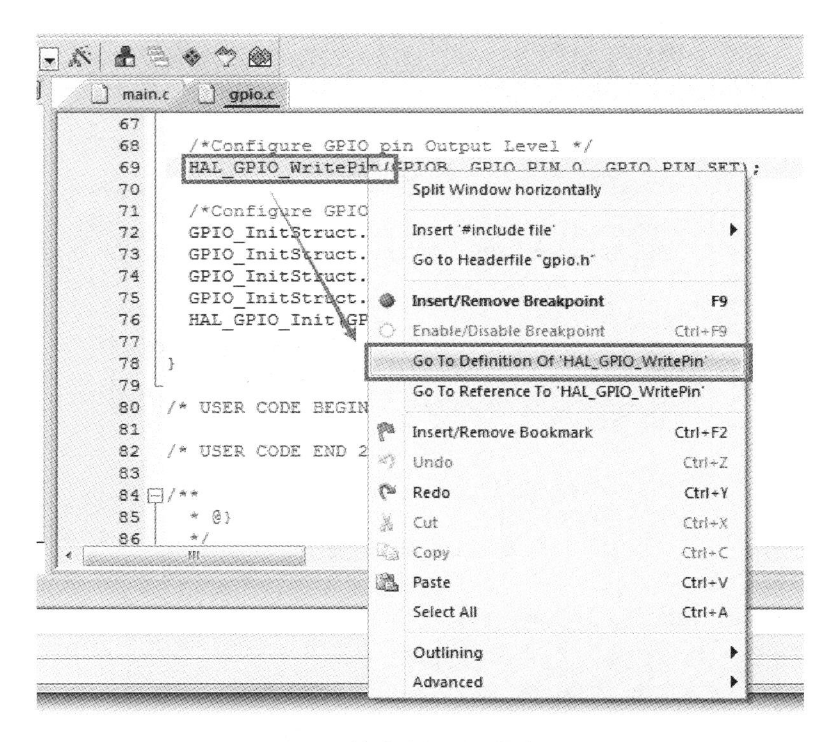

图 4-31　快速定位到函数定义处

4.4.2　批量注释和批量取消注释

在编写函数的过程中，往往避免不了出现问题，因此通常需要调试程序。而在调试程序的过程中又需要对一些代码进行注释或取消之前对某些代码的注释，以便测试和完善代码。在 C 语言中，我们可以使用“//”来注释一行代码，但当需要注释的代码多达十几甚至几十行时，就不可能再一行行地进行注释，需要进行批量注释。在 C 语言中可用“/ *　 * /”来实现批量注释，但是需要手工操作，不太简便。在这里介绍一种批量注释与取消批量注释的方法：选中要注释的语言段落，点击工具栏中的图标按钮或（第一个为注释，第二个为取消注释），即可实现对相应段落的批量注释，如图 4-32 所示。也可以通过打开右键菜单单击“Advanced”→“Comment Selection”设置注释，右键单击“Advanced”→“Uncomment Selection”取消注释。

4.4.3　设置书签

书签功能一般在代码量相对比较多而不太容易查找所关注内容的时候用得比较多。设置书签的方法是：将光标放在需要设置书签的地方，点击 Keil MDK5 主界面工具栏上的图标按钮。如图 4-33 所示，设置完书签后该行代码前会显示的标志。用于插入/取消选中行的书签；用于跳转到前一个书签；用于跳转到后一个书签；用于取消全部书签。插入/取消选中行的书签也可通过单击右键菜单中的“Insert/Remove Bookmark”来实现。

4.4.4　整段的缩进或前移

在 Keil MDK5 中，需利用 Tab 键来实现整段代码的缩进或前移。Tab 键不仅可对单行起

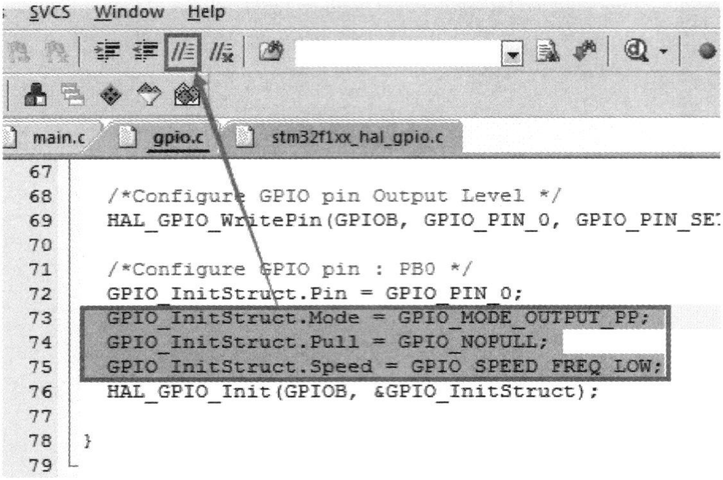

```
67
68    /*Configure GPIO pin Output Level */
69    HAL_GPIO_WritePin(GPIOB, GPIO_PIN_0, GPIO_PIN_SE
70
71    /*Configure GPIO pin : PB0 */
72    GPIO_InitStruct.Pin = GPIO_PIN_0;
73    GPIO_InitStruct.Mode = GPIO_MODE_OUTPUT_PP;
74    GPIO_InitStruct.Pull = GPIO_NOPULL;
75    GPIO_InitStruct.Speed = GPIO_SPEED_FREQ_LOW;
76    HAL_GPIO_Init(GPIOB, &GPIO_InitStruct);
77
78  }
79
```

图 4-32　批量注释

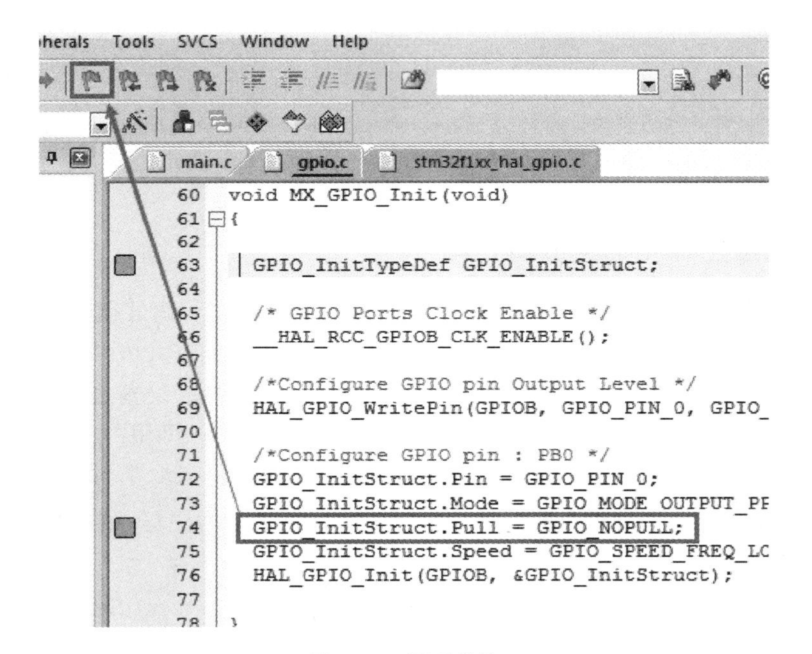

图 4-33　设置书签

作用，还可对整段起作用，同时如果想将整段代码向前移，可以使用Shift＋Tab键组合来实现，如图4-34所示。

Tab键的缩进功能可通过单击工具栏中的图标按钮，打开“Configuration”对话框来设置，如图4-35所示。在该对话框内，建议将“Encoding”项设置为“Chinese GB2312 (Simplified)”，以更好地支持简体中文。

在此对话框中还可以设置代码字体颜色及大小等，请读者自行尝试。

4.4.5　类型重定义

Keil MDK5几乎对所有变量类型进行了重定义，并规定了对应类型最小、最大值常量（由

```
main.c   gpio.c*   stm32f1xx_hal_gpio.c
60  void MX_GPIO_Init(void)
61  {
62
63    GPIO_InitTypeDef GPIO_InitStruct;
64
65    /* GPIO Ports Clock Enable */
66    __HAL_RCC_GPIOB_CLK_ENABLE();
67
68    /*Configure GPIO pin Output Level */
69    HAL_GPIO_WritePin(GPIOB, GPIO_PIN_0, GPIO_PIN_SET);
70
71    /*Configure GPIO pin : PB0 */
72    GPIO_InitStruct.Pin = GPIO_PIN_0;
73        GPIO_InitStruct.Mode = GPIO_MODE_OUTPUT_PP;
74        GPIO_InitStruct.Pull = GPIO_NOPULL;
75        GPIO_InitStruct.Speed = GPIO_SPEED_FREQ_LOW;
76    HAL_GPIO_Init(GPIOB, &GPIO_InitStruct);
77
78  }           Tab右移，Shift+Tab左移
79
```

图 4-34　整段的缩进或前移

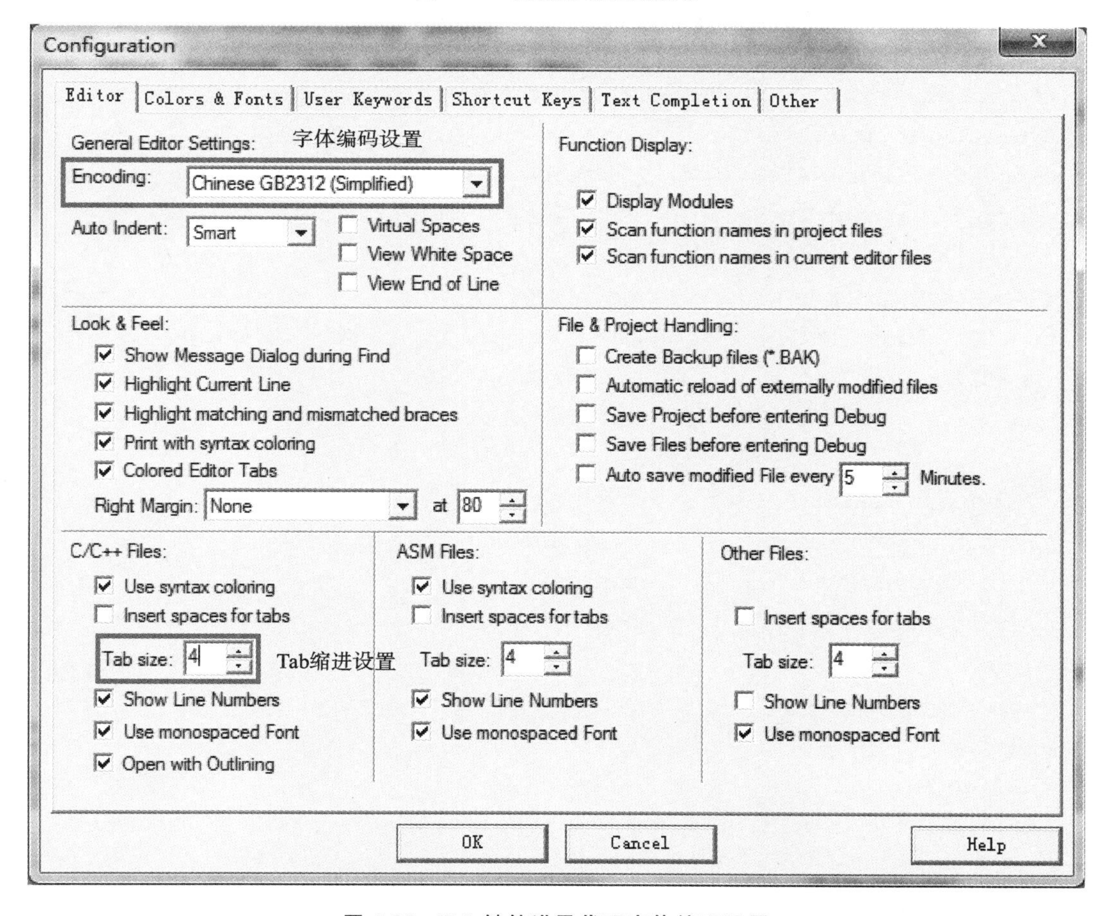

图 4-35　Tab 键缩进及代码字体编码设置

此也可知道该类型的数值范围)。在文件 stdint. h(安装目录为\Keil_v5\ARM\ARMCC\include\stdint. h)中可以查到这些类型的定义,在此列出部分供读者参阅。

```
/* exact-width signed integer types* /
typedef signed char          int8_t;
typedef signed short int     int16_t;
typedef signed int           int32_t;

/* exact-width unsigned integer types* /
typedef unsigned char        uint8_t;
typedef unsigned short int   uint16_t;
typedef unsigned int         uint32_t;

/* smallest type of at least n bits* /
/* minimum-width signed integer types* /
typedef signed char          int_least8_t;
typedef signed short int     int_least16_t;
typedef signed int           int_least32_t;

/* minimum-width unsigned integer types* /
typedef unsigned char        uint_least8_t;
typedef unsigned short int   uint_least16_t;
typedef unsigned int         uint_least32_t;

/* fastest minimum-width signed integer types* /
typedef signed int           int_fast8_t;
typedef signed int           int_fast16_t;
typedef signed int           int_fast32_t;

/* fastest minimum-width unsigned integer types* /
typedef unsigned int         uint_fast8_t;
typedef unsigned int         uint_fast16_t;
typedef unsigned int         uint_fast32_t;

/* minimum values of exact-width signed integer types* /
#define INT8_MIN             -128
#define INT16_MIN            -32768
#define INT32_MIN            (~0x7fffffff)  /* -2147483648 is unsigned* /

/* maximum values of exact-width signed integer types* /
```

```
#define INT8_MAX            127
#define INT16_MAX           32767
#define INT32_MAX           2147483647

/* maximum values of exact-width unsigned integer types* /
#define UINT8_MAX           255
#define UINT16_MAX          65535
#define UINT32_MAX          4294967295u

/* minimum values of minimum-width signed integer types* /
#define INT_LEAST8_MIN      -128
#define INT_LEAST16_MIN     -32768
#define INT_LEAST32_MIN     (~0x7fffffff)  /* -2147483648 is unsigned* /

/* maximum values of minimum-width signed integer types* /
#define INT_LEAST8_MAX      127
#define INT_LEAST16_MAX     32767
# define INT_LEAST32_MAX    2147483647

/* maximum values of minimum-width unsigned integer types* /
#define UINT_LEAST8_MAX     255
#define UINT_LEAST16_MAX    65535
#define UINT_LEAST32_MAX    4294967295u

/* minimum values of fastest minimum-width signed integer types* /
#define INT_FAST8_MIN       (~0x7fffffff)
                                          /* -2147483648 is unsigned* /
#define INT_FAST16_MIN      (~0x7fffffff)
#define INT_FAST32_MIN      (~0x7fffffff)

/* maximum values of fastest minimum-width signed integer types* /
#define INT_FAST8_MAX       2147483647
#define INT_FAST16_MAX      2147483647
#define INT_FAST32_MAX      2147483647

/* maximum values of fastest minimum-width unsigned integer types* /
#define UINT_FAST8_MAX      4294967295u
#define UINT_FAST16_MAX     4294967295u
#define UINT_FAST32_MAX     4294967295u
```

思考与练习

4-1　试查阅相关文献比较标准库与HAL库的异同。

4-2　熟悉HAL库的实例工程文件夹Projects中的各个实例。

4-3　学习Keil MDK的使用(www.keil.com)。

4-4　了解STM32CubeMX的功能及使用方法(www.st.com)。

第 5 章　仿真平台 Proteus 8.6

Proteus 全称为 Proteus Design Suite，是由英国 Labcenter electronics 公司开发的电子设计自动化(EDA)工具软件。它于 1989 年问世，目前已在全球范围内得到广泛使用。Proteus 软件主要由两部分组成：Ares 平台和 Isis 平台。前者主要用于印制电路板自动或人工布线以及电路仿真，后者主要用于以原理布图的方法绘制电路并进行相应的仿真。Proteus 革命性的功能在于它的电路仿真是互动式的，针对微处理器的应用，可以直接在基于原理图的虚拟原型上编程，并实现软件代码级的调试，还可以直接实时动态地模拟按钮、键盘的输入，LED、液晶显示器的输出，同时配合虚拟工具如示波器、逻辑分析仪等进行相应的测量和观测。

Proteus 软件的应用范围十分广泛，涉及印制电路板、SPICE 电路仿真、单片机仿真，以及 ARM7、LPC2000 的仿真。Proteus 8.6 支持对部分采用 Cortex M3 内核的 STM32 芯片的仿真。本书主要以 STM32F103T6 的仿真为例，使读者初步了解 Proteus 软件的强大功能。本章主要对如何使用 Proteus 8.6 Professional 做一简单介绍，其中不涉及印制电路板。

5.1　Proteus 8.6 环境

5.1.1　Proteus 8.6 启动及主界面

安装好 Proteus 8.6 后，在计算机桌面可见其快捷图标，如图 5-1 所示。单击该图标，进入 Proteus 8.6 的主界面。

Proteus 8.6 主要由两个常用的设计系统——Ares 和 Isis，以及 3D 浏览器构成，可在主界面分别点击各按钮进入相应环境，如图 5-2 所示。其中主界面中还包括 Proteus 各模块的教程及帮助文件，读者可自行阅读。

图 5-1　Proteus 桌面图标

5.1.2　新建电路原理图

在 Proteus 8.6 主界面中：单击“File”→“New Project”，将弹出新建工程对话框，在此对话框内输入新建工程名及工程保存路径；单击“Next”按钮，进行原理图页面设置(也可不使用页面)；设置完后可利用“System”菜单对原理图页面放置方向进行更改，“Landscape”表示横向，“Portrait”表示纵向；再次单击“Next”按钮，选择不创建印制电路板；继续单击“Next”按钮，选择是否使用核心元件工程；又一次单击“Next”按钮，然后在弹出的窗口中单击“Finish”按钮。以上步骤可参考图 5-3。

按上述步骤建立的电路原理图窗口中包括两个选项卡，一个是原理图的绘制选项卡，一个是编程选项卡，由于我们采用的是 Keil MDK，所以将编程选项卡直接关闭即可。最终得到图 5-4 所示窗口。

注：Proteus 许多芯片没有直接显示全部引脚，若需显示可在主菜单中进行以下操作：

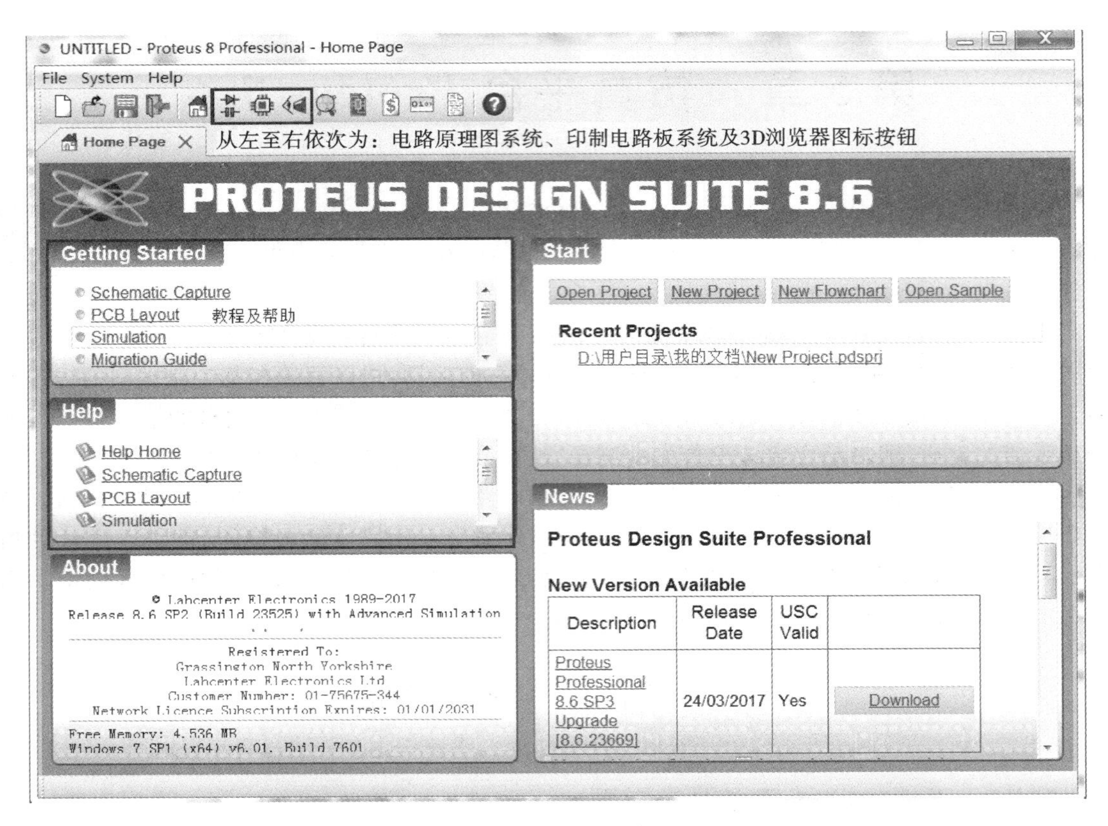

图 5-2　Proteus 8.6 主界面

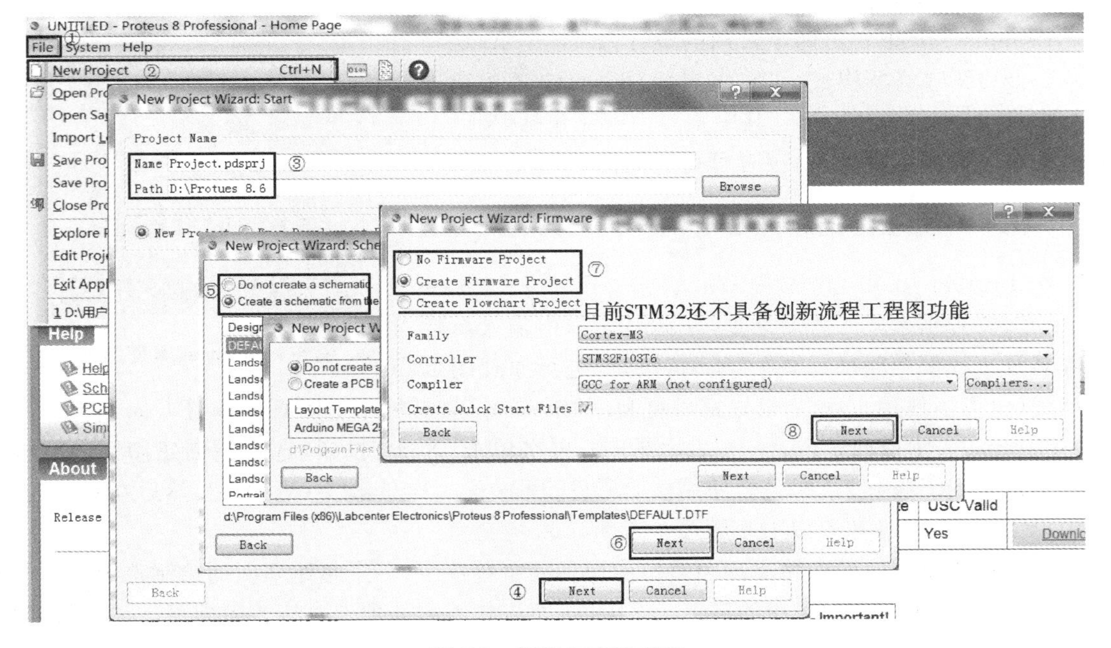

图 5-3　新建电路原理图

“Template”→“Set Design Colours”，选中“Hidden Objects”里面的“Show hidden pins?”复选框后点击“OK”按钮。

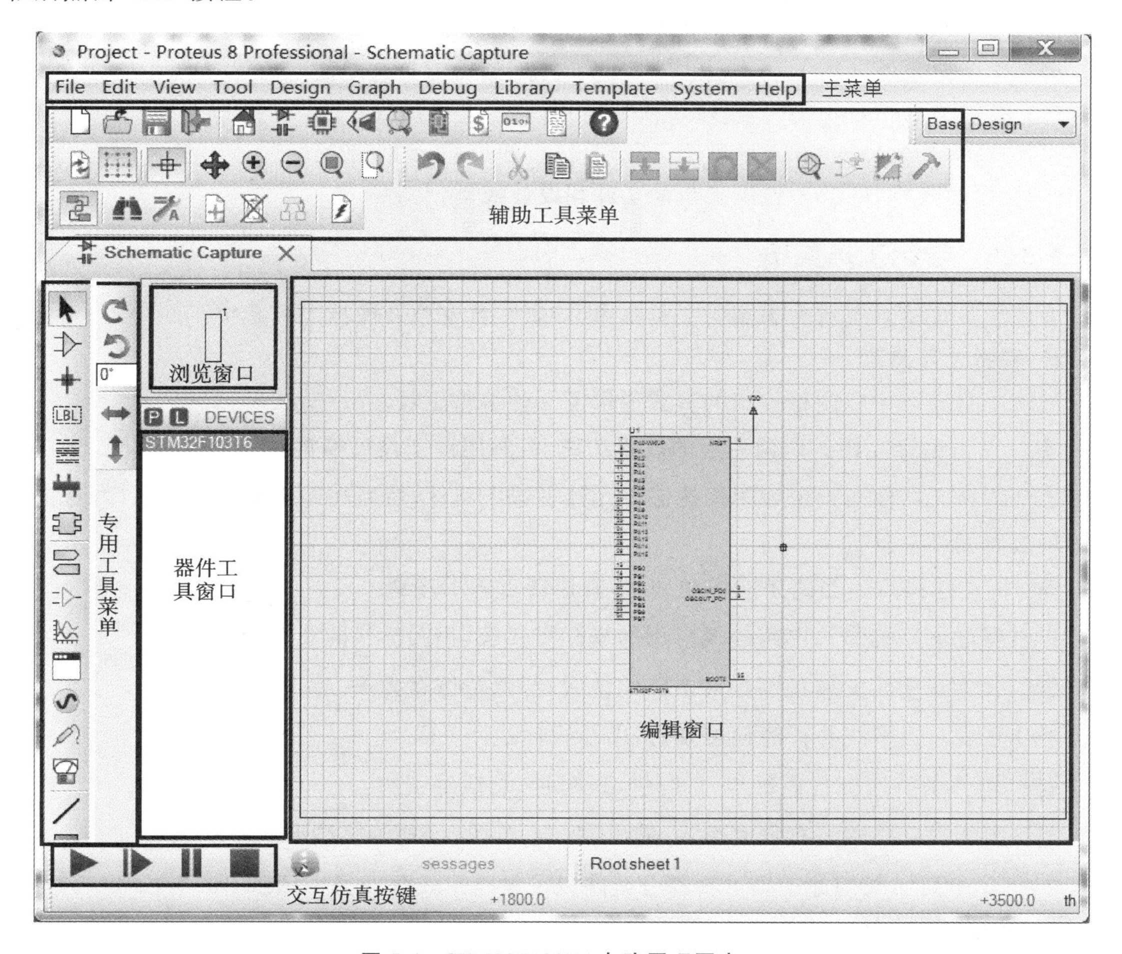

图 5-4 STM32F103T6 电路原理图窗口

5.1.3 Proteus 8.6 中 Isis 平台的主窗口介绍

在 Proteus 8.6 中，Isis 平台由三大窗口、两大菜单，以及交互仿真按钮组成。其中三大窗口指编辑窗口、器件工具窗口和浏览窗口。两大菜单指主菜单与辅助工具菜单（包括通用工具菜单与专用工具菜单）。

因专用工具使用较频繁，主菜单又包括所有工具的功能。下面对主菜单及专用工具做一简单介绍。

5.1.4 主菜单

主菜单包括以下 11 个子菜单。

（1）文件菜单（File）：提供了新建、加载、保存、打印功能。

（2）编辑菜单（Edit）：提供了图形剪切、复制、粘贴和取消编辑操作功能。

（3）浏览菜单（View）：提供了图纸网络设置功能及快捷工具选项。

（4）工具菜单（Tool）：提供了实时标注、自动放线、网络表生成、电气规则检查功能。

(5) 设计菜单(Design):提供了设计属性编辑、添加,删除图纸,以及电源配置功能。

(6) 图表分析菜单(Graph):提供了传输特性、频率特性分析,图形编辑及运行分析功能。

(7) 调试菜单(Debug):提供了启动调试、复位调试功能。

(8) 库操作菜单(Library):提供了器件封装库、编辑库管理功能。

(9) 模板菜单(Template):提供了模板格式设置、模板加载功能。

(10) 系统菜单(System):提供了运行环境、页面尺寸、文件路径设置等功能。

(11) 帮助菜单(Help):提供了帮助文件和设计实例。

5.1.5 专用工具菜单

专用工具工菜单又可分为编辑工具菜单、调试工具菜单及图形工具菜单。

1. 编辑工具菜单

编辑工具菜单中以图标按钮的形式提供了 9 种编辑工具。

(点击鼠标):用于取消左键的放置功能,但利用该工具可编辑对象。

(选择元器件):点击该图标按钮在元件表选中器件,然后在编辑窗中移动鼠标,点击左键即可放置器件。

(标注连接点):当两条连线交叉时,有连接点表示连通。

LBL(标注网络标号):电路连线可用网络标号代替,相同标号的线是相同的。

(文本说明):文本说明是对电路的说明,与电路仿真无关。

(总线):当多线并行简化连接时,用总线标示。

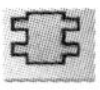

(器件引脚):有普通反相、正时钟、反时钟、总线等引脚。

(图纸内部终端):有普通输入/输出、双向、电源、接地等终端形式。

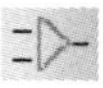

(子电路):采用此工具可将部分电路以子电路形式画在另一图纸上。

2. 调试工具菜单

调试工具菜单中以图标按钮的形式提供了 5 种调试工具。

(分析图):该工具可用来绘制模拟分析、数字分析、频率特性分析、传输特性分析、噪声分析等分析图。

(分隔电路):该工具可记录前一步仿真的输出,作为下一步仿真的输入。

(电源、信号源):该工具可提供直流电源、正弦信号源、脉冲信号源等。

(电压电流探针):显示网络线上的电压或串联在指定的网络线上显示电流值。

(虚拟仪器):虚拟仪器包括示波器、计数器、RS232 终端、SPI 调试器、I^2C 调试器、信号发生器、波形发生器、直流电压表、直流电流表、交流电压表、交流电流表。

3. 图形工具菜单

图形工具菜单以图标按钮的形式提供了 9 种图形工具。

(线):利用该工具可绘制器件、引脚、端口、图形线、总线等。

(矩形框):选择该工具后,移动光标到欲绘制矩形框处,按下鼠标左键拖动矩形框,将其放大至合适大小,然后释放左键,即完成绘制。

(圆形框):选择该工具后,移动光标到圆心处,按下鼠标左键拖动圆形框至合适大小,然后释放左键,即完成绘制。

(圆弧线):选择该工具后,移动光标到起点处,按下鼠标左键拖动圆弧至合适位置,释放左键,调整弧长后单击鼠标左键,即完成绘制。

(画闭合多边形):选择该工具后,将光标移动到起点处,点击产生折点,最后一个点与起点重合,使图形闭合,完成绘制。

A(文字标签):该工具用于在编辑框中放置说明文本标签。

(特殊图形):利用该工具可在符号库中选择各种元器件图形。

(正/反转):利用该工具可使图形正/反向旋转。

(垂直/水平翻转):利用该工具可使图形沿竖直/水平方向翻转。

5.2 添加及布置元器件

5.1.2节已经创建了一幅带STM32芯片的电路原理图(Proteus默认已有的CPU芯片配置好了最小系统),下面通过为上述电路添加一个带有RGB(红绿蓝)三色标的LED为例来说明如何对元件库进行操作。

1. 从库中筛选元器件

单击图标按钮,并选择对象选择器中的P按钮,出现“Pick Devices”(选择元器件)对话框。在“Keywords”(关键字)输出框中键入“LED”,在右侧“Results”列表框中选择“RGBLED-CA”,单击“OK”按钮,此时在电路原理图的器件工具窗口中出现已经选择好的元器件图形符号,如图5-5所示。单击“Pick Devices”对话框的右上角关闭按钮,关闭对话框。

2. 添加元器件到原理图

在器件工具窗口中单击RGBLED-CA元器件,点击图形工具菜单中的辅助工具图标按钮或,将RGBLED-CA元器件旋转至所需方向,并在编辑窗口中合适位置单击鼠标左键,放置好RGBLED-CA,如图5-6所示。

在元器件布置过程中,正确使用鼠标可起到事半功倍的效果。但其操作与Windows系统文档的方式不同,具体操作为:

(1) 单击左键——放置对象。再次用左键单击对象,弹出对象属性编辑窗口。

(2) 按住左键拖曳——移动对象。

(3) 单击右键——选中对象同时弹出快捷菜单。再次单击右键则删除对象。

(4) 按住右键拖曳——框选对象。

3. 添加电源或地

单击图标按钮,在器件工具窗口中单击GROUND项,点击图形工具菜单中的辅助工具图标或将其旋转至所需方向,并在编辑窗口中单击将GROUND图形符号放置到合适位置。

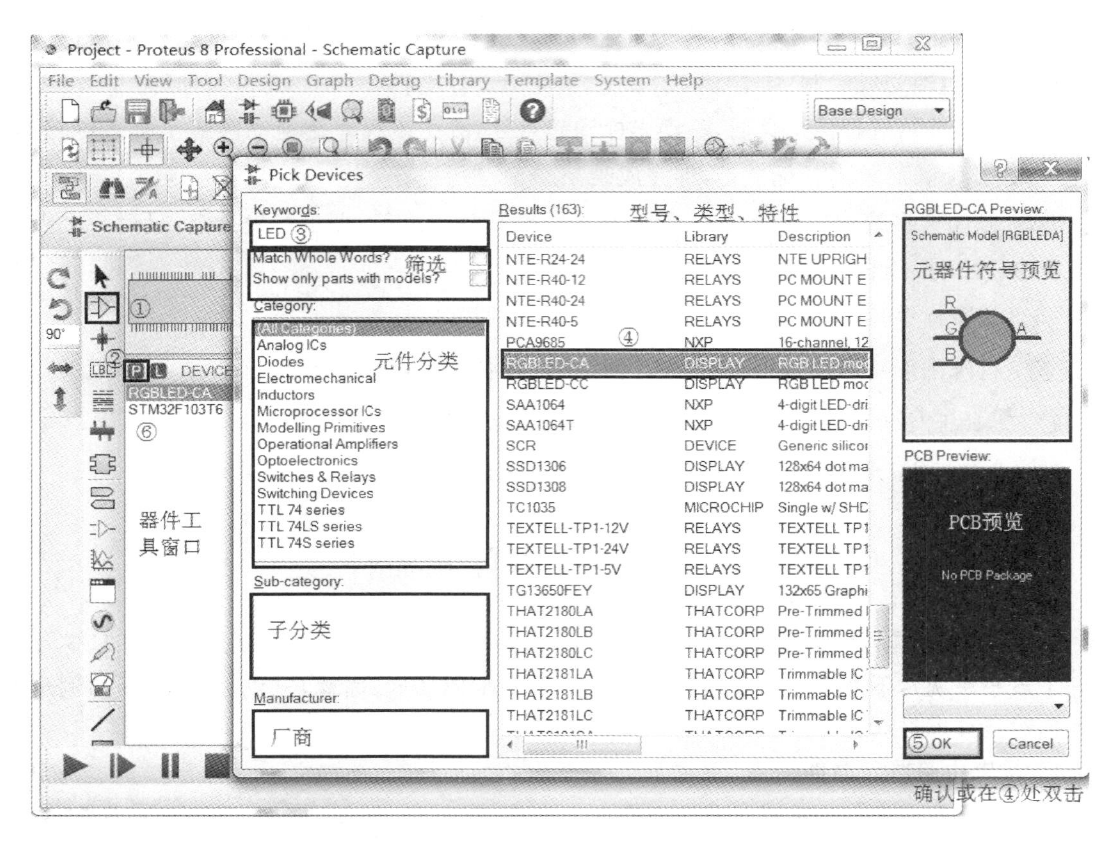

图 5-5　添加元器件

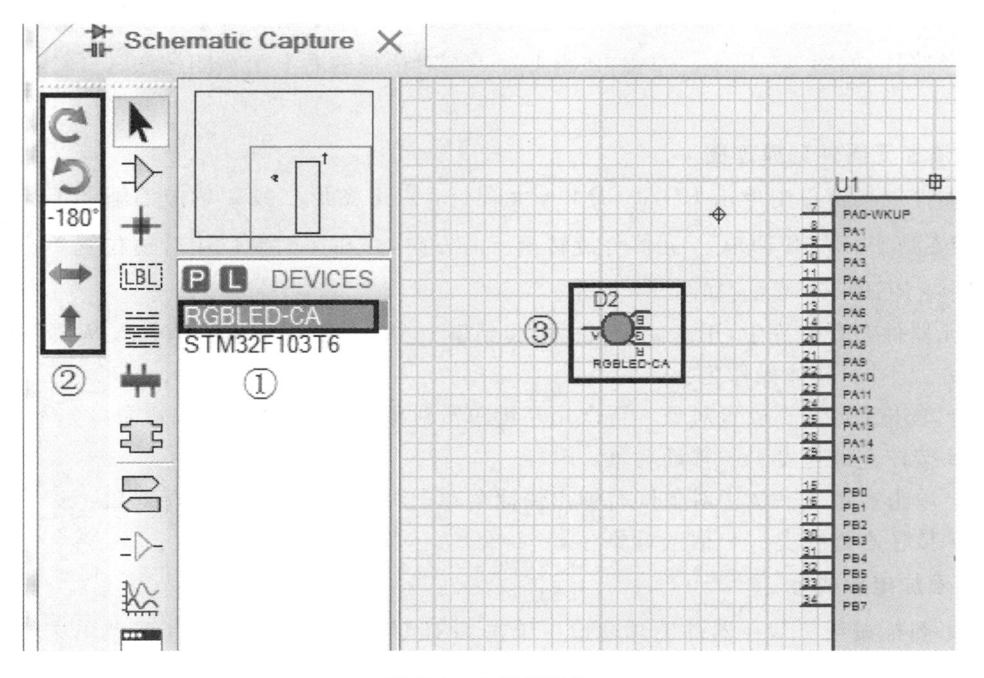

图 5-6　布置元器件

4. 布线

在 Proteus 中布线非常简单，只需在要相连的两个引脚上单击即可(也有总线布线及节点布线法，在此不赘述，想了解的读者可自行参考相关文献)。如果想自己确定走线路径，只需在单击第一个引脚之后，再顺次单击要途经的点即可。最终得到的电路原理图如图 5-7 所示。

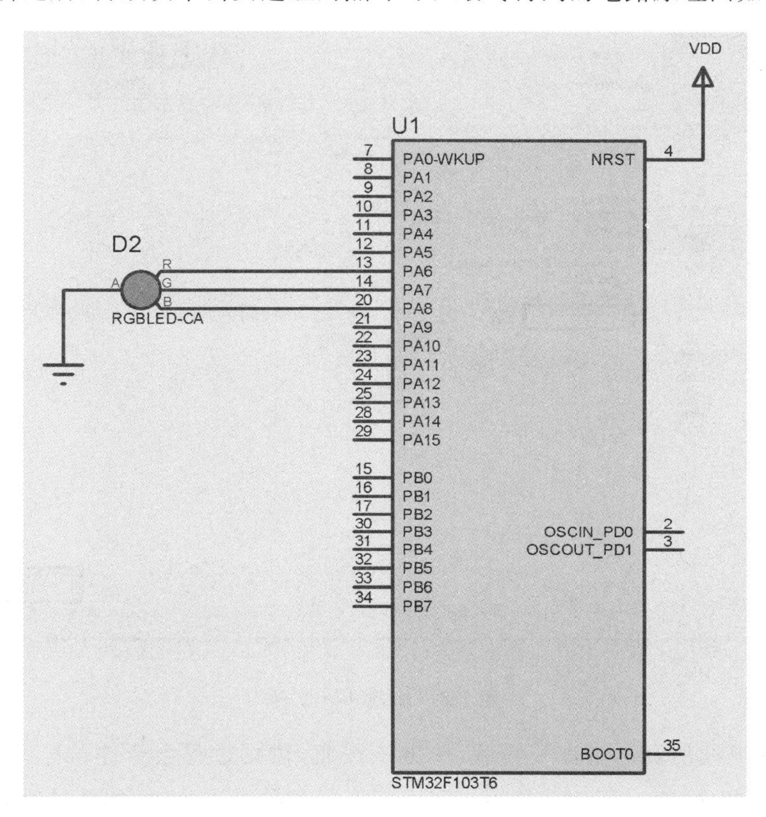

图 5-7　最终得到的电路原理图

5.3　仿真控制

进行仿真控制的步骤如下。

(1) 导入.hex 文件。在电路原理图中双击 STM32F103T6 图形符号，弹出“Edit Component”(编辑元件)对话框。点击“Edit Component”对话框中“Program File”文本框后面的图标按钮，将 Keil MDK 自动编译生成的.hex 文件导入，然后单击“OK”按钮，如图 5-8 所示。

STM32 晶振频率可通过编辑“Edit Component”对话框中“Crystal Frequency”文本框中的内容来设置。

(2) 主要通过仿真控制按钮来实现仿真。仿真控制按钮有如下几个。

▶：开始仿真。

▶：单步仿真。单击该按钮，则电路按预先设定的时间步长进行单步仿真。如果选中该按钮不放，电路仿真将一直持续下去，直到松开该按钮。

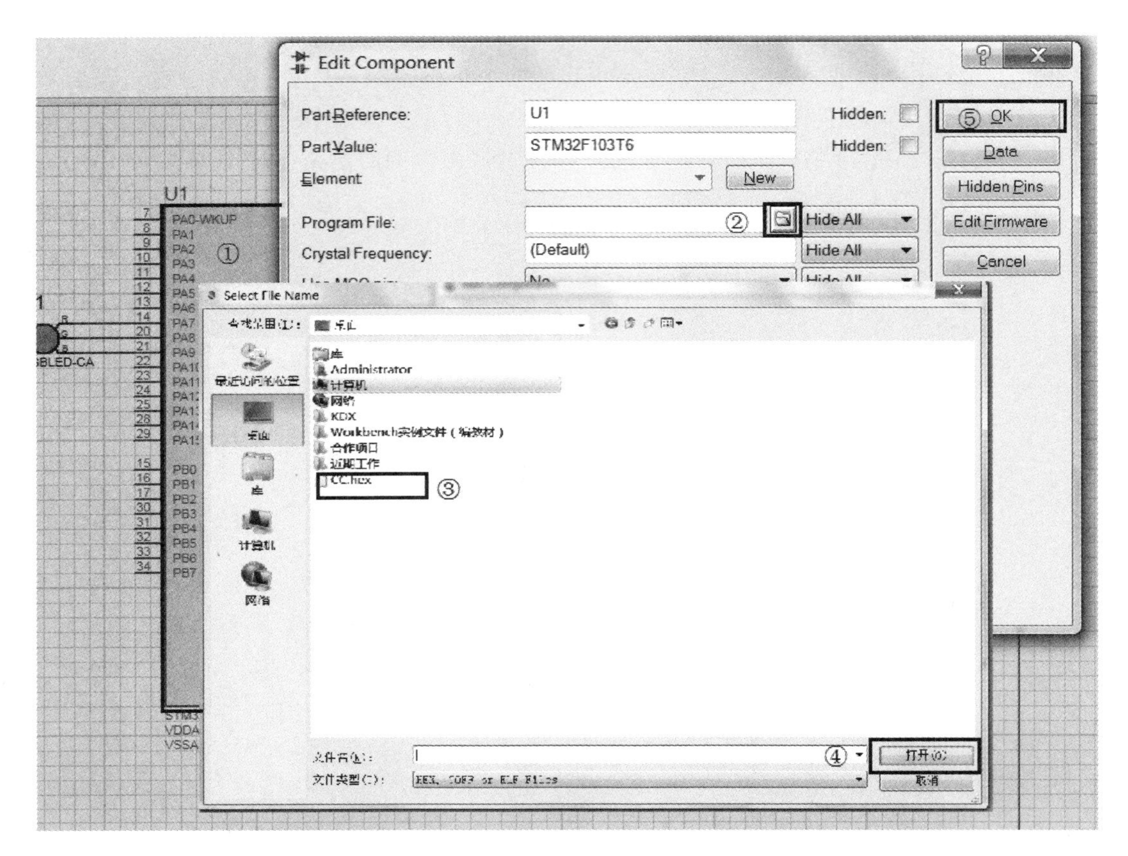

图 5-8　加载. hex 文件

▐▐：暂停或继续仿真。仿真开始后，单击该按钮，仿真过程会暂停；若程序设置了断点，程序运行至断点时，仿真过程也会暂停。程序暂停时若单击该按钮，仿真过程将恢复。

■：停止当前的仿真。单击此按钮后，仿真过程停止，模拟器不再占用内存。

由于仿真控制比较简单易懂，此处不详细说明。

本章仅介绍 Proteus 简单的入门知识，如果想更深入地学习 Proteus 建议多翻阅帮助文档，里面有非常丰富的设计图例及功能说明。

思考与练习

了解 Proteus 的功用及使用方法(www. proteusuk. com)。

第2篇　设计仿真

第1篇对C语言、HAL库、编程平台、仿真平台及STM32做了大致介绍，本篇将通过实例仿真的形式，引导读者由浅入深逐步学习如何使用STM32控制相关外设。

第6章通过点亮LED灯的实例帮助读者理解普通I/O端口的输出功能并进一步熟悉STM32CubeMX初始化的一般过程；第7章介绍通过按键扫描的方式控制LED灯的实例，讲解如何在第6章实例的基础上扩展I/O端口的输入、输出功能；第8章则通过以按键中断的方式控制LED灯的实例，介绍外部中断的一般应用；第9章对定时器做简单概述，介绍了用基本定时器定时控制端口电平的实例，并介绍如何通过Keil MDK做波形检测仿真；第10章是第9章的概述的基础上，对定时器的固定占空比的脉宽调制(PWM)做了实例说明；第11章则介绍了可变占空比的脉宽调制(PWM)实例；第12章介绍定时器的PWM捕获的简单实例；第13～15章介绍串口的收、发实例；第16章介绍STM32自带RTC的基本初始化配置实例；第17章介绍STM32自带温度传感器采集基本配置实例；第18～20章介绍如何通过外设I/O端口对外部传感器进行读写操作，主要内容包括DS18B20温度采集、DHT11温湿度采集和LCD1602显示。

由于Proteus仿真STM32某些功能未完善，所以本篇也仅列举了几种简单例子，以起到抛砖引玉的作用，希望通过本篇的学习，读者能够熟悉HAL的基本用法，碰到相关，甚至陌生的外设应用时不至于束手无策。

第 6 章　点亮 LED 灯

点亮 LED 灯一直是入门学习微控制器最简单、最经典的例子，体现了微控制器最基本的功能：控制引脚输出高/低电平。本章先介绍实现点亮单个 LED 灯的相关知识，然后介绍实现流水灯效果的编程过程，并详细分析代码实现方法。为了完成以上任务，首先需要清楚 STM32 的通用 I/O(GPIO)端口。

6.1　GPIO 简介

控制 LED 灯，当然是要通过控制 STM32 芯片的 I/O 引脚电平的高低来实现。在 STM32 芯片上，I/O 端口的各引脚可以被软件设置成具备各种不同的功能，如输入或输出，称之为通用 I/O（general-purpose I/O，GPIO）端口。GPIO 端口的引脚可分为 GPIOA，GPIOB，…，GPIOG 等多组(也可为其他的组)，每组端口有 16 个不同的引脚。对于不同型号的芯片，端口的组和引脚的数量不同，具体请参考相应芯片型号的数据表。

于是，总结控制 LED 的思路如下：

(1) GPIO 端口引脚多→选定需要控制的特定引脚；

(2) GPIO 功能如此丰富→配置需要的特定功能；

(3) 控制 LED 的亮和灭→设置 GPIO 输出电压的高低。

要控制 GPIO 端口，就要控制相关的寄存器。可以在 STM32 参考手册中查看与 GPIO 相关的寄存器，如图 6-1 所示。

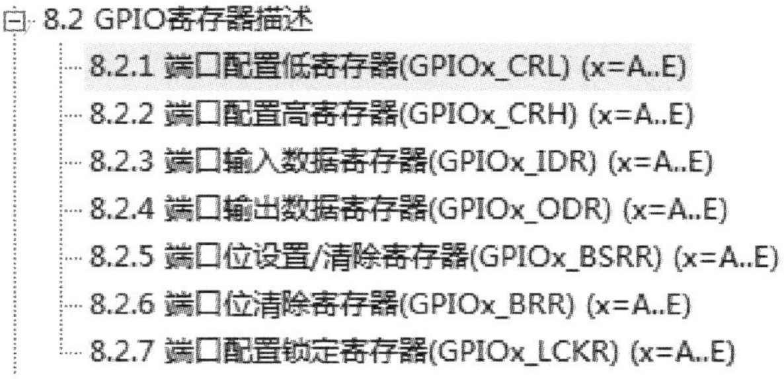

8.2 GPIO寄存器描述
- 8.2.1 端口配置低寄存器(GPIOx_CRL) (x=A..E)
- 8.2.2 端口配置高寄存器(GPIOx_CRH) (x=A..E)
- 8.2.3 端口输入数据寄存器(GPIOx_IDR) (x=A..E)
- 8.2.4 端口输出数据寄存器(GPIOx_ODR) (x=A..E)
- 8.2.5 端口位设置/清除寄存器(GPIOx_BSRR) (x=A..E)
- 8.2.6 端口位清除寄存器(GPIOx_BRR) (x=A..E)
- 8.2.7 端口配置锁定寄存器(GPIOx_LCKR) (x=A..E)

图 6-1　GPIO 端口配置寄存器

图 6-1 中的 7 个寄存器相应的功能在文档上有详细的说明。这 7 个寄存器可以分为以下 4 类：

(1) 配置寄存器，用于选定 GPIO 端口引脚的特定功能，如输入、输出。

(2) 数据寄存器，用于设置 GPIO 端口的输入或输出电平。

(3) 位控制寄存器，用于设置某引脚的数据(1 或 0)，控制输出的电平。

(4) 锁定寄存器，用于设置锁定某引脚后，就不能修改其配置。

6.1.1 GPIO寄存器描述

6.1.1.1 配置寄存器

配置寄存器包括端口配置低寄存器(GPIOx_CRL)和端口配置高寄存器(GPIOx_CRH),两者功能类似,下面以端口配置高寄存器为例进行解释说明。端口配置高寄存器GPIOx_CRH(x=A, B, …,E)的引脚编号如图6-2所示,相应引脚组的功能说明见表6-1。

31	30	29	28	27	26	25	24	23	22	21	20	19	18	17	16
CNF15[1:0]		MODE15[1:0]		CNF14[1:0]		MODE14[1:0]		CNF13[1:0]		MODE13[1:0]		CNF12[1:0]		MODE12[1:0]	
rw	rw	rw	rw	rw	rw	rw	rw	rw	rw	rw	rw	rw	rw	rw	rw
15	14	13	12	11	10	9	8	7	6	5	4	3	2	1	0
CNF11[1:0]		MODE11[1:0]		CNF10[1:0]		MODE10[1:0]		CNF9[1:0]		MODE9[1:0]		CNF8[1:0]		MODE8[1:0]	
rw	rw	rw	rw	rw	rw	rw	rw	rw	rw	rw	rw	rw	rw	rw	rw

图6-2　端口配置高寄存器引脚编号

表6-1　端口高配置寄存器引脚组功能说明

引脚组别	说明
31:30 27:26 23:22 19:18 15:14 11:10 7:6 3:2	CNFy[1:0]:端口x的配置位(y=8,9,…,15),软件通过这些位配置相应的I/O端口。 在输入模式(MODE[1:0]=00)下,有: 00:模拟输入模式。 01:浮空输入模式(复位后的状态)。 10:上拉/下拉输入模式。 11:保留。 在输出模式(MODE[1:0]>00)下,有: 00:通用推挽输出模式。 01:通用开漏输出模式。 10:复用推挽输出模式。 11:复用开漏输出模式
29:28 25:24 21:20 17:16 13:12 9:8 5:4 1:0	MODEy[1:0]:端口x的模式位(y=8,9,…,15),软件通过这些位配置相应的I/O端口。 00:输入模式(复位后的状态)。 01:输出模式,最大输出速度为10 MHz。 10:输出模式,最大输出速度为2 MHz。 11:输出模式,最大输出速度为50 MHz

如每组GPIO端口有16个引脚,引脚的模式由寄存器的4个位控制。每4个位中,又有2个位控制引脚配置(CNFy[1:0]),2个位控制引脚的模式及最高速度(MODEy[1:0]),其中y表示第y个引脚。GPIOx_CRH是端口配置高寄存器,用来配置高8位引脚pin8～pin15。端

口配置低寄存器 GPIOx_CRL 用来配置 pin0～pin7 引脚。举例说明对 CRH 的寄存器的配置:将 GPIOx_CRH 寄存器的第 28、29 位均设置为"1",第 30、31 位均设置为"0",则把 x 端口第 15 个引脚的模式配置成了的通用推挽输出模式,最大输出速度为 50 MHz。

6.1.1.2　数据寄存器

数据寄存器包括端口输入数据寄存器(GPIOx_IDR)和端口输出数据寄存器(GPIOx_ODR),两者功能类似,下面以端口输出数据寄存器为例进行解释说明。端口输出数据寄存器 GPIOx_ODR(x=A, B, …,E)的引脚编号如图 6-3 所示,引脚功能说明如表 6-2 所示。

31	30	29	28	27	26	25	24	23	22	21	20	19	18	17	16
保留															
15	**14**	**13**	**12**	**11**	**10**	**9**	**8**	**7**	**6**	**5**	**4**	**3**	**2**	**1**	**0**
ODR15	ODR14	ODR13	ODR12	ODR11	ODR10	ODR9	ODR8	ODR7	ODR6	ODR5	ODR4	ODR3	ODR2	ODR1	ODR0
rw	rw	rw	rw	rw	rw	rw	rw	rw	rw	rw	rw	rw	rw	rw	rw

图 6-3　端口输出数据寄存器的引脚编号

表 6-2　端口输出数据寄存器的引脚功能说明

引脚编号	说　明
31～16	保留,始终读为 0
15～0	ODRy[15:0]:端口输出数据(y=1,2,…,15)。 这些位可读可写并只能以字(16 位)的形式操作

6.1.1.3　位控制寄存器

位控制寄存器包括端口位设置/清除寄存器(GPIOx_BSRR)和端口位清除寄存器(GPIOx_BRR),两者功能有相似之处,下面以端口位设置/清除寄存器为例进行解释说明。端口位设置/清除寄存器 GPIOx_BSRR(x=A, B, …,E)的引脚编号如图 6-4 所示,引脚功能说明如表 6-3 所示。

31	30	29	28	27	26	25	24	23	22	21	20	19	18	17	16
BR15	BR14	BR13	BR12	BR11	BR10	BR9	BR8	BR7	BR6	BR5	BR4	BR3	BR2	BR1	BR0
w	w	w	w	w	w	w	w	w	w	w	w	w	w	w	w
15	**14**	**13**	**12**	**11**	**10**	**9**	**8**	**7**	**6**	**5**	**4**	**3**	**2**	**1**	**0**
BS15	BS14	BS13	BS12	BS11	BS10	BS9	BS8	BS7	BS6	BS5	BS4	BS3	BS2	BS1	BS0
w	w	w	w	w	w	w	w	w	w	w	w	w	w	w	w

图 6-4　端口位设置/清除寄存器引脚编号

表 6-3　端口位设置/清除寄存器引脚功能说明

引脚编号	说　明
31～16	BRy:清除端口 x 的位 y(y=0,1,…,15),这些位只能写入并只能以字(16 位)的形式操作。 0:对对应的 ODRy 位不产生影响。 1:将对应的 ODRy 位置为 0。 注:如果同时设置了 BSy 和 BRy 的对应位,BSy 位起作用

续表

引脚编号	说明
15～0	BSy：设置端口x的位y(y=0,1,…,15)，这些位只能写入并只能以字(16位)的形式操作。 0：对对应的ODRy位不产生影响。 1：将对应的ODRy位置为1

由寄存器功能列表可知，一个引脚y的输出数据由GPIOx_BSRR寄存器的2个位来控制，这2个位分别为BRy(BitResety)和BSy(BitSety)。BRy位用于写1清零，使引脚输出低电平，BSy位用来写1置1，使引脚输出高电平。对这2个位进行的写零操作都是无效的。例如：对x端口的寄存器GPIOx_BSRR的第0位(BS0)进行写1操作，则x端口的第0个引脚被设置为1，输出高电平，若要令第0个引脚再输出低电平，则需要向GPIOx_BSRR的第16位(BR0)写1。

6.1.1.4 锁定寄存器

端口配置锁定寄存器(GPIOx_LCKR)有16个LCK位和1个LCKK位，如图6-5所示。其引脚功能说明如表6-4所示。当锁定寄存器执行正确的写序列设置了位16(LCKK)时，可锁定端口位LCK[15:0]的配置。位[15:0]用于锁定GPIO端口的配置。在规定的写入操作期间，不能改变LCK[15:0]。当对相应的端口位执行了LOCK序列后，在下次系统复位之前将不能再更改端口位的配置。

每个锁定位锁定配置寄存器(GPIOx_CRL、GPIOx_CRH)中相应的4个位。

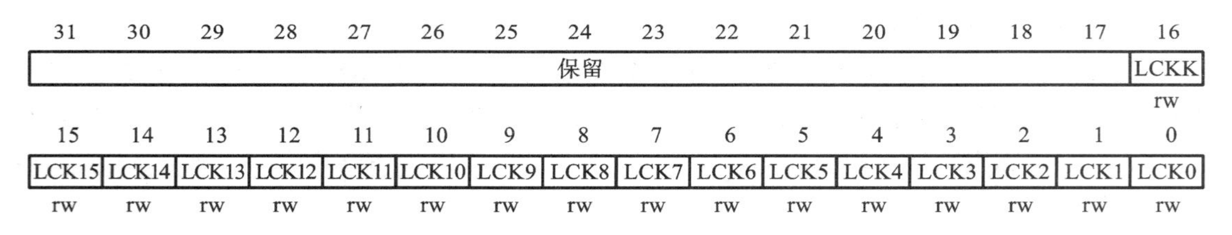

图6-5 锁定寄存器引脚编号

表6-4 锁定寄存器引脚功能说明

引脚编号	说明
31～17	保留
16	LCKK：锁键(lock key)。该位可随时读出，它只可通过锁键写入序列修改。 0：端口配置锁键未激活。 1：端口配置锁键被激活，下次系统复位前GPIOx_LCKR寄存器被锁住。 锁键的写入序列：写1→写0→写1→读0→读1。 最后一个读可省略，但可以用来确认锁键已被激活
15～0	LCKy：端口x的锁位y(y=0,1,…,15)，这些位可读可写但只能在LCKK位为0时写入。 0：不锁定端口的配置。 1：锁定端口的配置

注：在操作锁键的写入序列时，不能改变LCK[15:0]的值。操作锁键写入序列时出现任何错误都将不能激活锁键。

6.1.2　GPIO 的 8 种工作模式

由 6.1.1 节可知 GPIO 端口有两个 32 位配置寄存器(GPIOx_CRL，GPIOx_CRH)，两个 32 位数据寄存器(GPIOx_IDR 和 GPIOx_ODR)，一个 32 位控制寄存器(GPIOx_BSRR)，一个 16 位控制寄存器(GPIOx_BRR)和一个 32 位锁定寄存器(GPIOx_LCKR)。

根据表 6-1 可知，GPIO 端口的每个位可以由软件分别配置成 8 种工作模式(4 种输入，4 种输出)：浮空输入、上拉输入、下拉输入、模拟输入、通用开漏输出、通用推挽输出、复用推挽输出和复用开漏输出。

(1) 浮空输入(_IN_FLOATING)——该模式是 STM32 复位之后的默认模式。浮空输入模式是相对上拉/下拉输入模式而言的，浮空就是不上拉也不下拉。在浮空输入模式下，对输入数据寄存器进行读访问可得到 I/O 状态。

(2) 上拉输入(_IPU)——在浮空输入模式下使能输入电路中的上拉开关(接通 I/O 端口内部上拉电阻)，对输入数据寄存器进行读访问可得到 I/O 状态。

(3) 下拉输入(_IPD)——在浮空输入模式基础上使能输入电路中的下拉开关(接通 I/O 端口内部下拉电阻)，对输入数据寄存器进行读访问可得到 I/O 状态。

(4) 模拟输入(_AIN)——配合 ADC 外设输入，或者以低功耗省电。读取输入数据寄存器时数值为 0。

(5) 通用开漏输出(_OUT_OD)——控制 I/O 引脚开漏输出高、低电平。高电平时，该引脚呈高阻态，不会有电流流动。低电平时，引脚呈低电平状态，允许有电流从引脚流入。对输入数据寄存器进行读访问可得到 I/O 状态。

(6) 通用推挽输出(_OUT_PP)——控制 I/O 引脚以推挽模式输出 1 时，I/O 引脚呈高电平状态，如果构成回路可以有电流从引脚流出。控制 I/O 引脚以推挽模式输出 0 时，I/O 引脚呈低电平状态，如果构成回路可以有电流从引脚流入。对输出数据寄存器进行读访问可得到最后一次写的值。

(7) 复用开漏输出(_AF_OD)——I/O 引脚可作为普通的 I/O 引脚，也可作为其他外设的特殊功能引脚，有些引脚可能有 4～5 种不同功能，这种现象就称为复用。引脚复用为特殊功能引脚，那引脚状态就由利用该引脚的外设决定。引脚复用后功能与开漏输出类似。同样，对输入数据寄存器进行读访问可得到 I/O 状态。

(8) 复用推挽输出(_AF_PP)——引脚复用后其模式与通用推挽输出模式类似。同样，对输出数据寄存器进行读访问得到最后一次写的值。

图 6-6 给出了一个 I/O 端口位的基本结构，在此对其不做深入分析，感兴趣的读者请自行查阅相关文档进行分析。

6.1.3　引脚重映射复用功能

为了使芯片的外设 I/O 功能的数量达到最优，可以把一些复用功能重新映射到其他两个不同的引脚上。这可以通过相应寄存器的软件配置来完成(参考 AFIO 寄存器描述)。STM32F103xx 芯片(注意配图仅用的是 100 引脚的芯片)GPIO 重映射如图 6-7 所示。

比如原来系统默认 USART1_TX 和 USART1_RX 这两个功能是对应 PA9 和 PA10 的，通过 GPIO 重映射可以设置 USART1_TX 和 USART1_RX 功能由 PB8 和 PB7 这两个引脚来实现。这个设置过程是通过软件控制相关寄存器实现的。

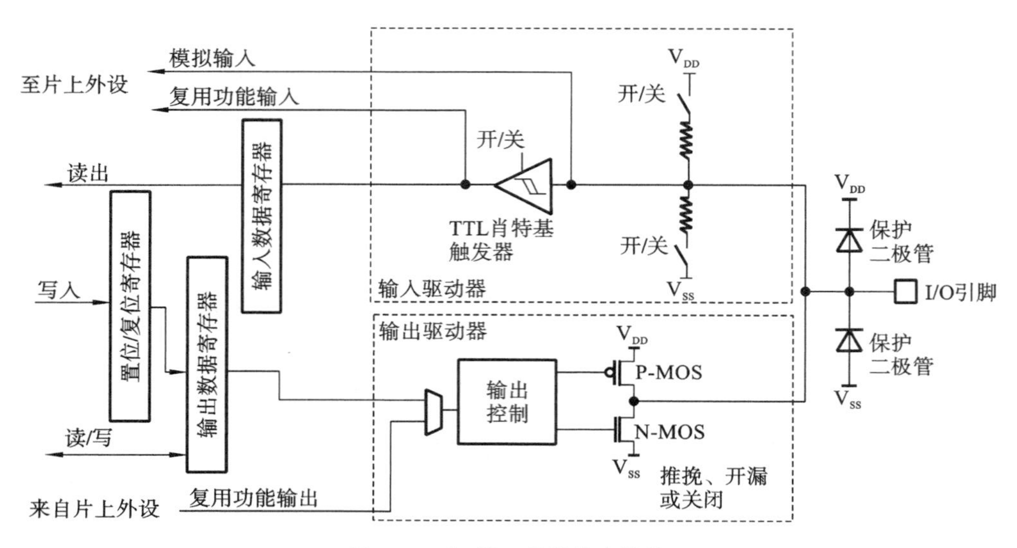

图 6-6　I/O 端口位的基本结构

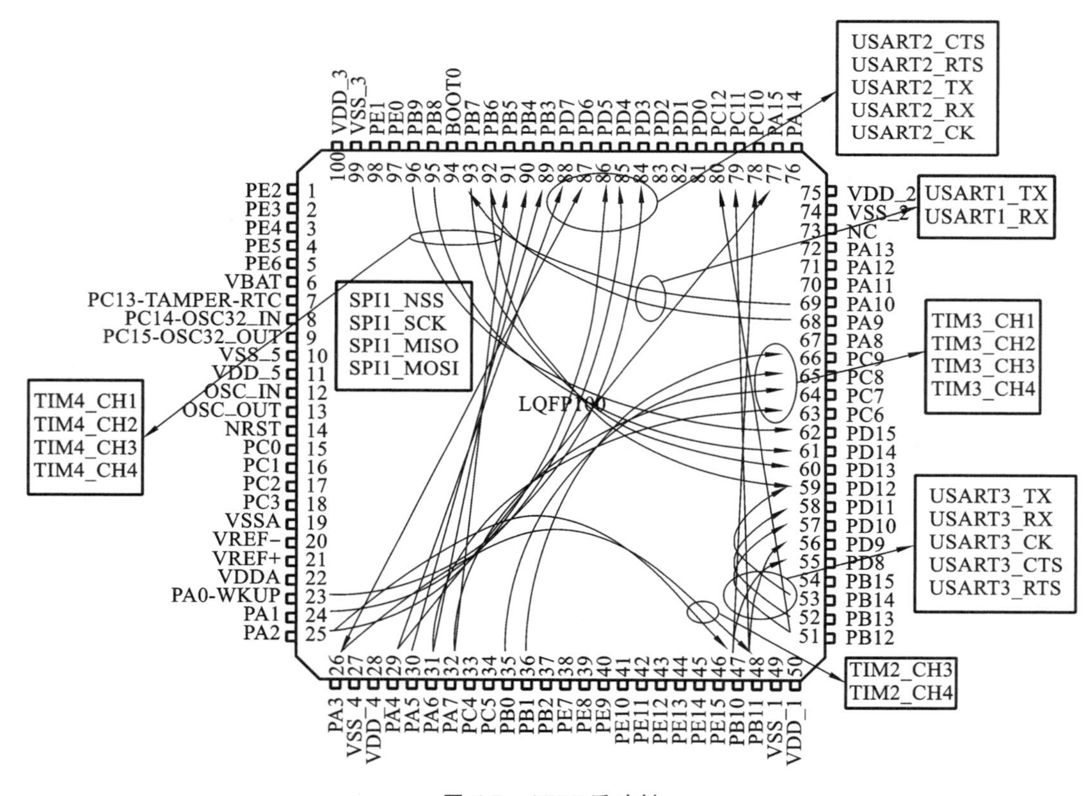

图 6-7　GPIO 重映射

注意：使用 GPIO 重映射功能，编程时要特别注意开启复用功能 I/O 端口（AFIO）时钟。

6.2　实例描述及硬件连接图绘制

6.2.1　实例描述

采用 STM32F103R6，下载程序后 LED 灯常亮。

6.2.2　硬件绘制

（1）在 Windows 界面中单击“开始”→“所有程序”→“Proteus 8 Professional”，或在计算机桌面双击“ New Project. pdsprj”启动 Proteus，在 Proteus 主界面的菜单栏中单击“File”→“New Project”或在工具栏中单击图标按钮，弹出“New Project Wizard：Start”对话框。如图 6-8 所示，在“New Project Wizard：Start”对话框中：在“Project Name”面板的“Name”文本框中输入工程名，如“点亮 LED”，利用“Path”文本框后的“Browse”按钮来指定具体要保存的路径。接下来单击“Next”按钮，弹出“New Project Wizard：Schematic Design”对话框，在该对话框选中“Create a schematic from the selected template”，然后单击“Next”按钮，打开“New Project Wizard：PCB Layout”对话框设置界面。

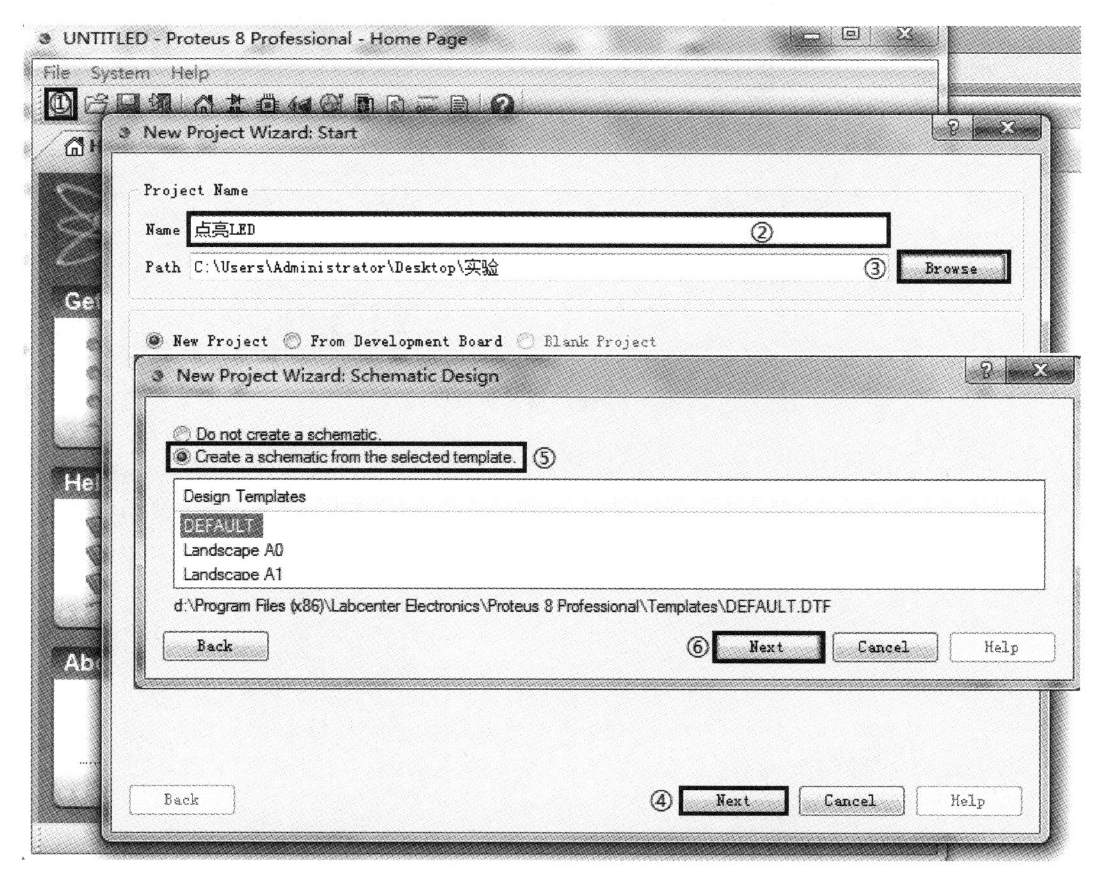

图 6-8　硬件绘制步骤（1）

（2）如图 6-9 所示：在“New Project Wizard：PCB Layout”对话框选中“Do not create a PCB layout”。单击“Next”按钮，弹出“New Project Wizard：Firmware”对话框，在该对话框内选中“Create Firmware Project”；在“Family”下拉列表中选择“Cortex-M3”，在“Controller”下拉列表中选择“STM32F103R6”，在“Compiler”下拉列表中选择“GCC for ARM（not configured）”。单击“Next”按钮，进入“New Project Wizard：Summary”对话框。

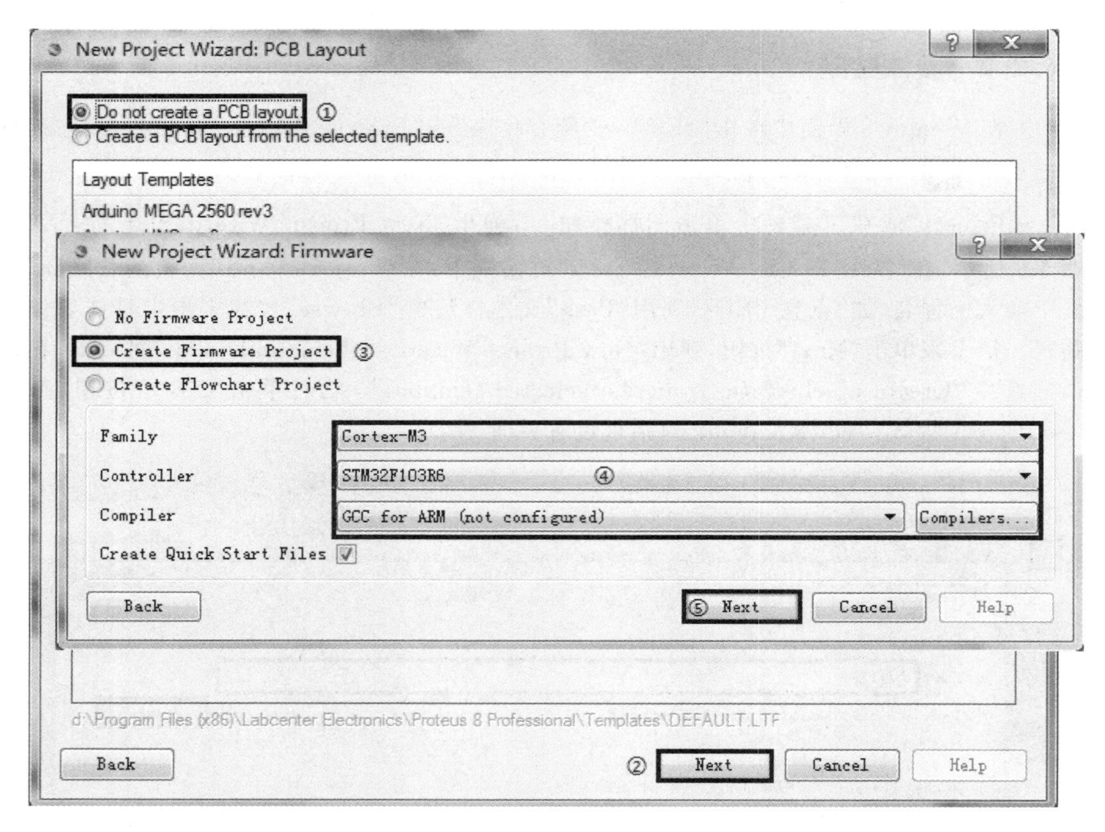

图 6-9　硬件绘制步骤(2)

（3）在“New Project Wizard：Summary”对话框中检查“Saving As”（另存为）保存路径是否正确，检查是否选中“Schematic”和“Firmware”，如果有误，单击“Back”按钮返回重新设计，无误则单击“Finish”按钮。此时将打开“×××（工作名）-Proteus 8 Professional-Source Code”界面，因为编写程序及改写代码均是在 Keil MDK5 进行的，所以关闭 Proteus 自带编译器 VSM Studio，即单击“Source Code”选项卡上的图标按钮 ☒ 关闭该编译器。此时软件界面上仅显示“Schematic Capture”选项卡，如图 6-10 所示。

（4）在“Schematic Capture”选项卡中进行硬件绘制。因硬件绘制比较简单，这里不赘述，最终绘制的硬件连接图如图 6-11 所示。注：LED 的 Keywords 设置为 LED-RED；电阻的 Keywords 设置为 RES，修改其参数为 100 Ω。

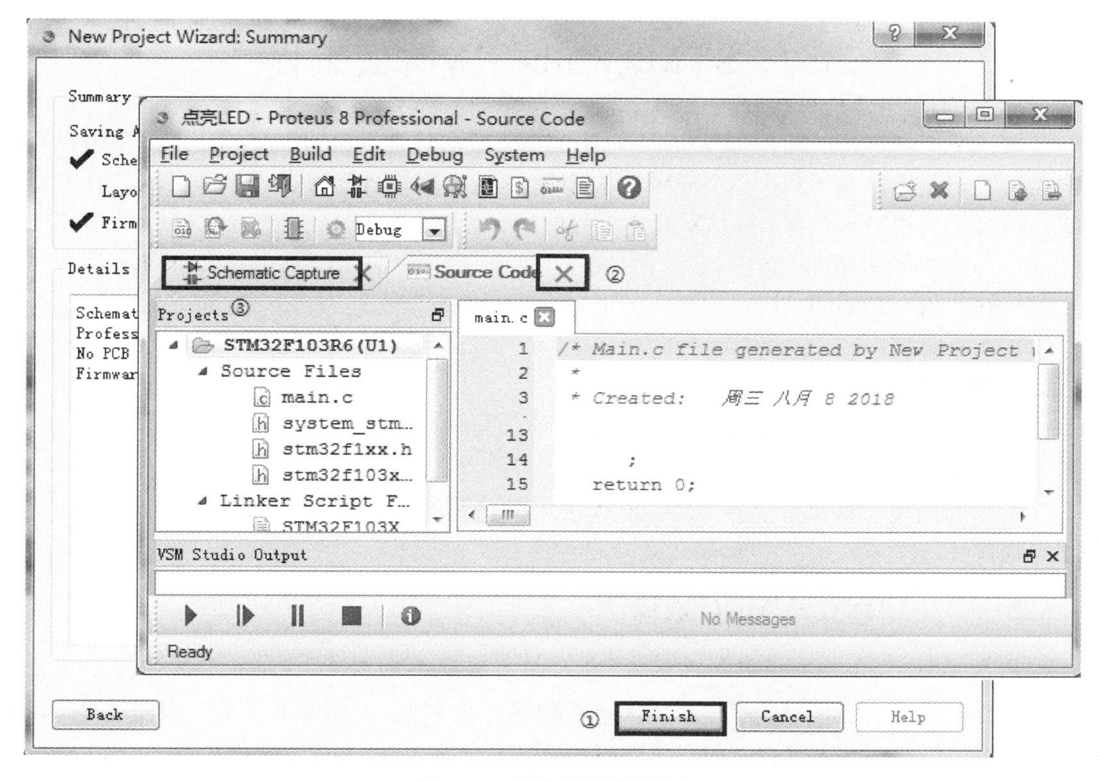

图 6-10 硬件绘制步骤(3)

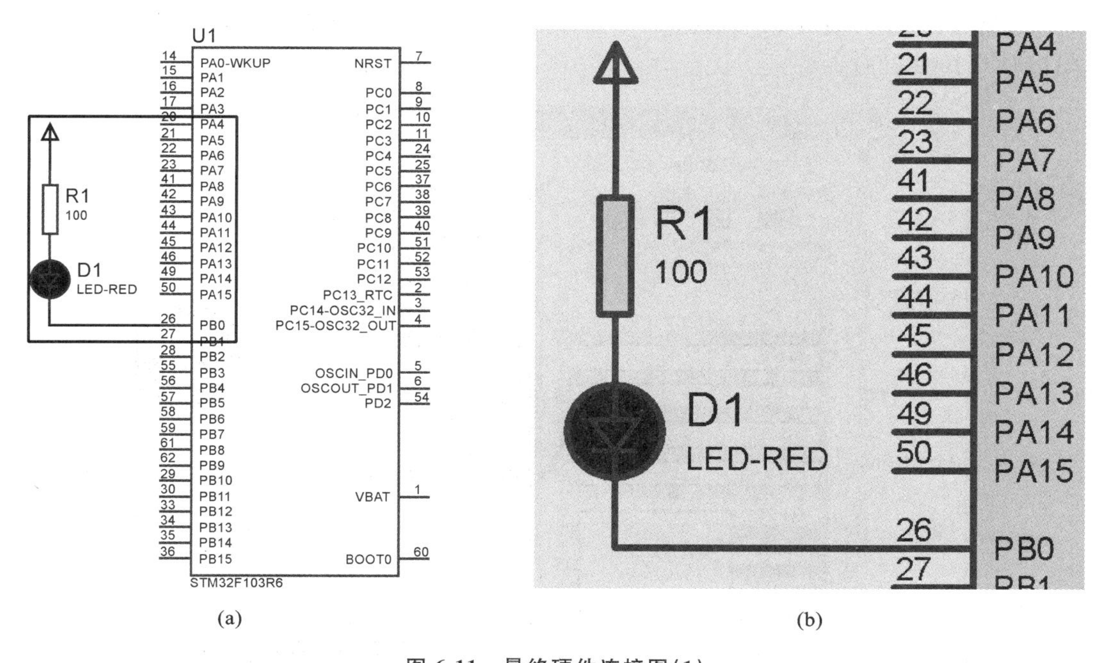

图 6-11 最终硬件连接图(1)

(a) 硬件连接图;(b) 连接部位放大图

6.3　STM32CubeMX 配置工程

多数情况下，仅使用 STM32CubeMX 即可生成工程时钟及外设初始化代码，而用户控制逻辑代码编写是无法在 STM32CubeMX 中完成的，需要用户自己根据需求来实现。在本章所介绍的项目中使用 STM32CubeMX 配置工程的步骤为：

(1) 工程建立及 MCU 选择；

(2) RCC 及引脚设置；

(3) 时钟配置；

(4) MCU 外设配置；

(5) 保存及生成工程源代码；

(6) 编写用户代码。

接下来我们将按照上面 6 个步骤，依次使用 STM32CubeMX 工具生成点亮单个 LED 的完整工程文件。

6.3.1　工程建立及 MCU 选择

打开 STM32CubeMX 主界面之后，通过点击主界面中的“New Project”按钮命令或依次点击“File”→“New Project”，或点击工具栏中的图标按钮来创建新工程。新建工程时，在弹出的“New Project”对话框中选择“MCU Selector”选项卡，然后依次在“Core”栏内选择“ARM Cortex-M3”，在“Series”栏内选择“STM32F1”，在“Line”栏内选择“STM32F103”，在“Package”栏内选择“LQFP64”，如图 6-12 所示。接下来选择使用芯片 STM32F103R6，并双击“STM32F103R6”行。

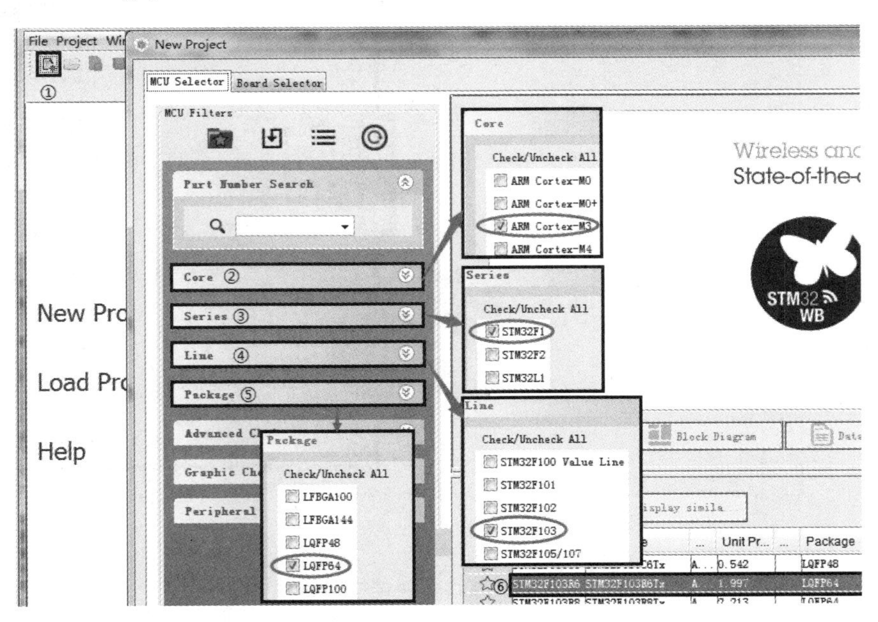

图 6-12　工程建立及 MCU 选择

6.3.2　RCC 及引脚设置

在工程建立与 MCU 选择操作中，双击“STM32F103R6”行之后打开“Pinout”选项卡，此时软件界面上会显示芯片完整引脚图。在引脚图中可以对引脚功能进行配置。黄色表示电源和 GND 引脚，绿色表示已被使用的引脚，红色表示有冲突的引脚。

在本项目中仿真将在 Proteus 仿真软件中进行，要将 RCC 设置为内部时钟源 HSI，故这里对 RCC 可以不做设置，默认将“High Speed Clock(HSE)”设置为“Disable”。若使用外部晶振，则在“Pinout”选项卡中单击“Peripherals”→“RCC”，打开 RCC 配置目录，在该目录的“High Speed Clock(HSE)”下拉列表中选择“Crystal/Ceramic Resonator”(晶体/陶瓷振荡器)，如图 6-13 所示。

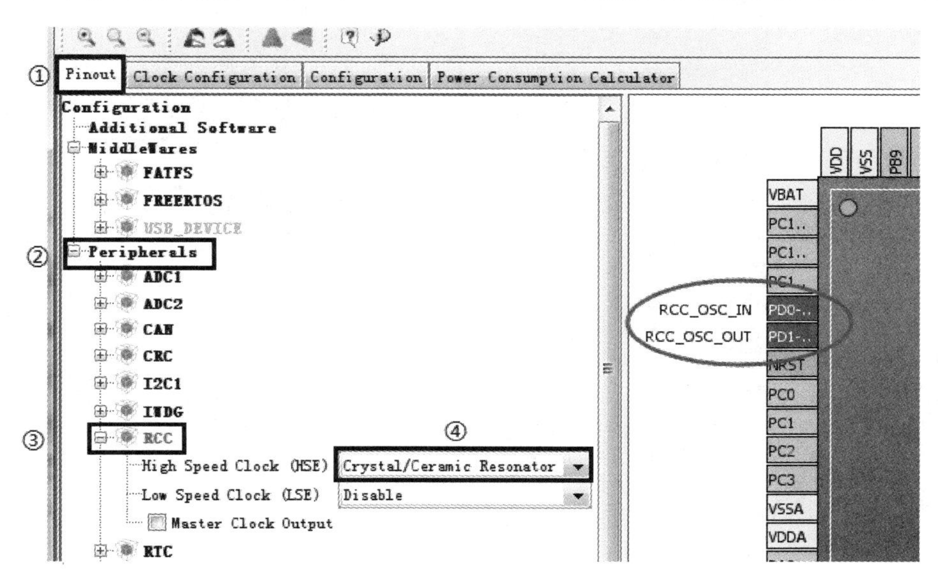

图 6-13　RCC 设置

注意：如果采用 Proteus 软件仿真，而晶振设置为 HSE，则一定要在 Proteus 中设置 STM32F103R6 的晶振频率，设置方法为：双击 Proteus 电路原理图中的 STM32F103R6 芯片图形符号，在弹出的“Edit Component”对话框中设置“Crystal Frequency”(晶体频率)的值。

从图 6-13 可以看出，该芯片的 RCC 配置目录下实际上只有 3 个配置项。选项“High Speed Clock(HSE)”用来配置 HSE，选项“Low Speed Clock(LSE)”用来配置 LSE，选项“Master Clock Output”用来选择是否使能 MCO 引脚时钟输出。需要特别说明的是，“High Speed Clock(HSE)”后的下拉列表中“Bypass Clock Source”表示旁路时钟源，也就是不使用晶体/陶瓷振荡器，直接通过外部接一个可靠的 4～26 MHz 时钟源作为 HSE。

把 PB0 引脚设置为输出模式(GPIO_Output)。可通过引脚图直接观察查找 PB0，也可在“Find”搜索栏中输入“PB0”定位到对应引脚位置。在 PB0 引脚上单击，系统即显示出该引脚的各种的功能。具体操作步骤及最终结果如图 6-14 所示。

由以上过程可以发现，凡是经过配置且未有冲突的引脚均由灰色变为绿色，表示该引脚已经被使用。

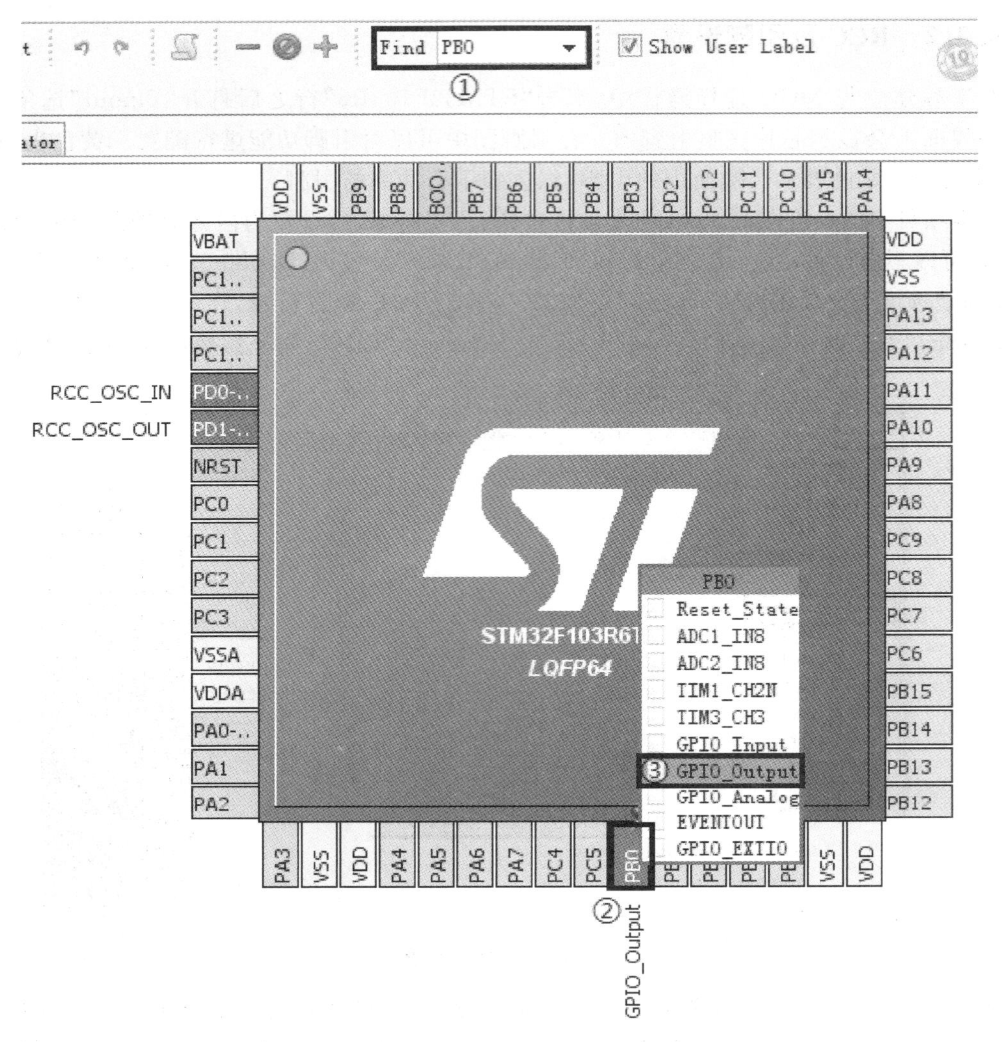

图 6-14　PB0 引脚输出设置

6.3.3　时钟配置

在工程建立与 MCU 选择操作中，双击“STM32F103R6”行之后，在打开的界面中选择“Clock Configuration”选项卡，即可进入时钟系统配置界面，该界面展现了一个完整的 STM32F103R6 时钟树配置图。从这个时钟树配置图可以看出，配置的主要是外部晶振大小、分频系数、倍频系数以及选择器。在配置过程中，时钟值会动态更新，如果某个时钟值在配置过程中超过允许值，那么相应的选项框会显示为红色来予以提示。

本项目为了操作简单，时钟采用内部时钟源 HSI，故时钟保持默认配置即可，如图 6-15 所示。

注意：如果采用外部时钟源 HSE，则将 Input frequency 设置为 8 MHz，PLL Source Mux 选择 HSE，System Clock Mux 选择 PLLCLK，PLLMul 选择 9 倍频，APB1 Prescaler 选择 2 分频，最终时钟配置如图 6-16 所示。当然，采用内部时钟源 HSI 时，也可实现高外设频率，如这样设置：PLL Source Mux 选择 HSI，System Clock Mux 选择 PLLCLK，PLLMul 选择 16

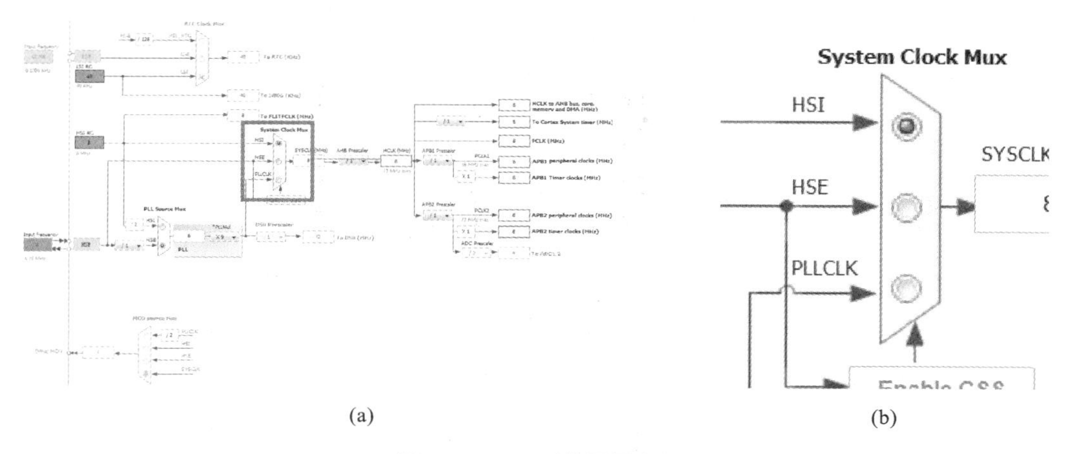

(a)　　(b)

图 6-15　HSI 时钟配置(1)

(a) 时钟配置图；(b) 放大图

倍频，APB1 Prescaler 选择 2 分频。这样设置后，除 APB2 的输入信号频率为 32 MHz 之外，其他外设的输入信号频率均为 64 MHz。

6.3.4　MCU 外设配置

在工程建立与 MCU 选择操作中，双击“STM32F103R6”行之后，在打开的界面中选择“Configuration”选项卡。在该选项卡中单击“GPIO”按钮，弹出“Pin Configuration”对话框，该对话框列出了所有使用到的 I/O 端口参数配置项，如图 6-17 所示。在 GPIO 配置界面中选中“PB0”栏，在显示框下方会显示对应的 I/O 端口详细配置信息。按图 6-17 所示方式对各项进行配置，配置完后单击“Apply”按钮保存配置。RCC 引脚参数保持默认设置。最后单击“Ok”按钮退出界面。

图 6-17 中各配置项的作用如下。

①GPIO output level：用来设置 I/O 端口初始化电平状态为高电平(High)或低电平(Low)。在本实例中将此项设置为低电平。

②GPIO mode：用来设置输出模式。此处输出模式可设置为推挽输出(Output Push Pull)或开漏输出(Output Open Drain)。在本实例中将此项设置为推挽输出。

③GPIO Pull-up/Pull-down：用来设置 I/O 端口的电阻类型(上拉、下拉或没有上下拉)。在本实例中将此项设置为没有上下拉(No pull-up and no pull-down)。

信号的电平高低应与输入端的电平高低一致。如果没有上拉/下拉电阻，在没有外界输入的情况下输入端是悬空的，它的电平高低无法保证。采用上拉电阻是为了保证无信号输入时输入端的电平为高电平，而采用下拉电阻则是为了保证无信号输入时输入端的电平为低电平。

④Maximum output speed：用来设置输出速度。输出速度选项有四种：高速(High)、快速(Fast)、中速(Medium)、低速(Low)。本实例设置为高速。

⑤User Label：用来设置初始化的 I/O 端口的 Pin 值为自定义的宏，以方便引用及记忆对应的端口。

对于“Power Consumption Calculator”选项卡，它的作用是对功耗进行计算，本书实例均对其不予考虑，忽略。

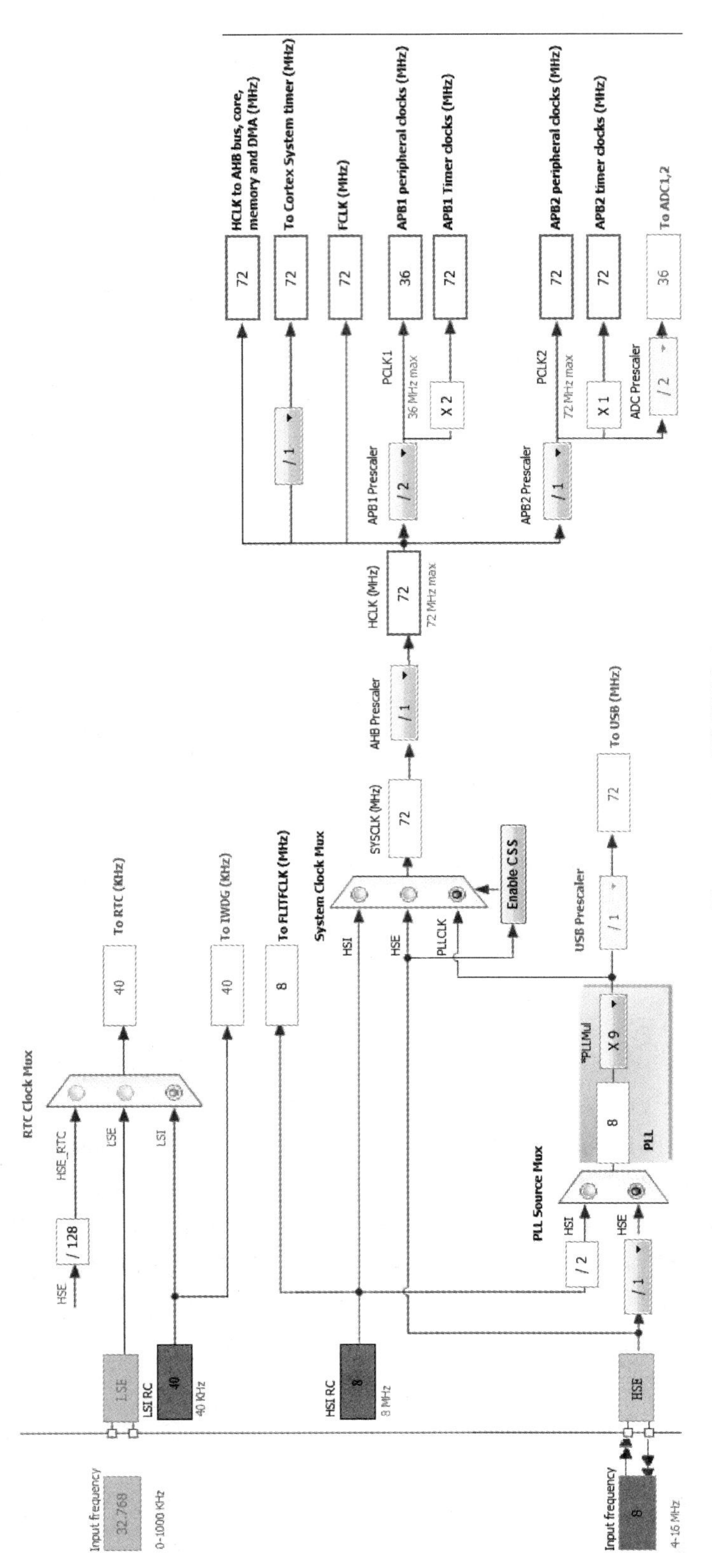

图 6-16　HSE 时钟配置(1)

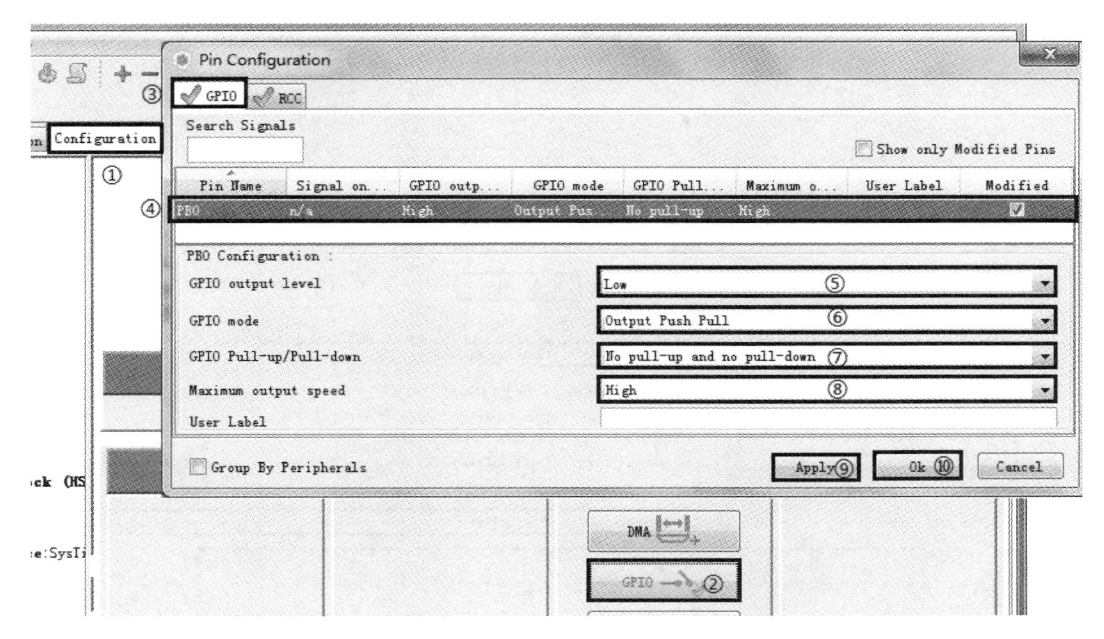

图 6-17　GPIO 引脚配置(1)

6.3.5　保存及生成工程源代码

为了避免在软件(不论何种软件)使用过程中出现意外导致文件没有保存，最好在操作过程中养成经常保存的习惯，或采用“名称＋时间”的方式另存文件，这样不仅能起到备份的作用，也便于按步骤找到文件重新操作。在 STM32CubeMX 主界面的菜单栏中单击“File”→“Save Project”或“Save Project As”，输入文件名并将文件保存到某个文件夹即可。

经过上面四个步骤，一个完整的系统已经配置完成，接下来将生成工程源码。

在 STM32CubeMX 主界面的单击菜单栏中单击“Project”→“Generate Code”(或点击工具栏中的图标按钮)，弹出“Project Settings”对话框，在该对话框中选择“Project”选项卡，如图 6-18 所示。在“Project Name”文本框中输入项目名称；单击“Project Location”文本框后的“Browse”按钮，选择文件要保存的位置；在“Toolchain/IDE”下拉列表框中选择要使用的编译器 MDK-ARM V5。这里还可以设置工程预留堆栈大小，简单来说，栈(stack)空间用于局部变量空间，堆(heap)空间用于 alloc()或者 malloc()函数动态申请变量空间，一般保默认设置即可。

选择“Code Generator”选项卡，把“Generated files”的第一项选中，目的是使生成的外设具有独立的.c/.h 文件，当然也可不选。

“Advanced Settings”选项卡保持默认设置。

单击“Ok”按钮，弹出生成代码进程的对话框，稍等即可得到初始化源码，此时会弹出代码生成成功提示对话框。可以点击该对话框中的“Open Folder”按钮打开工程保存目录，也可以点击该对话框中的“Open Project”按钮，直接打开工程文件。

上述的“Project Settings”对话框也可通过在 STM32CubeMX 主界面菜单栏中单击“Project”→“Settings”打开，但是这样做设置完后不会生成源代码，若想生成源代码还需要执行菜单命令“Project”→“Generate Code”(或点击工具栏中的图标按钮)。

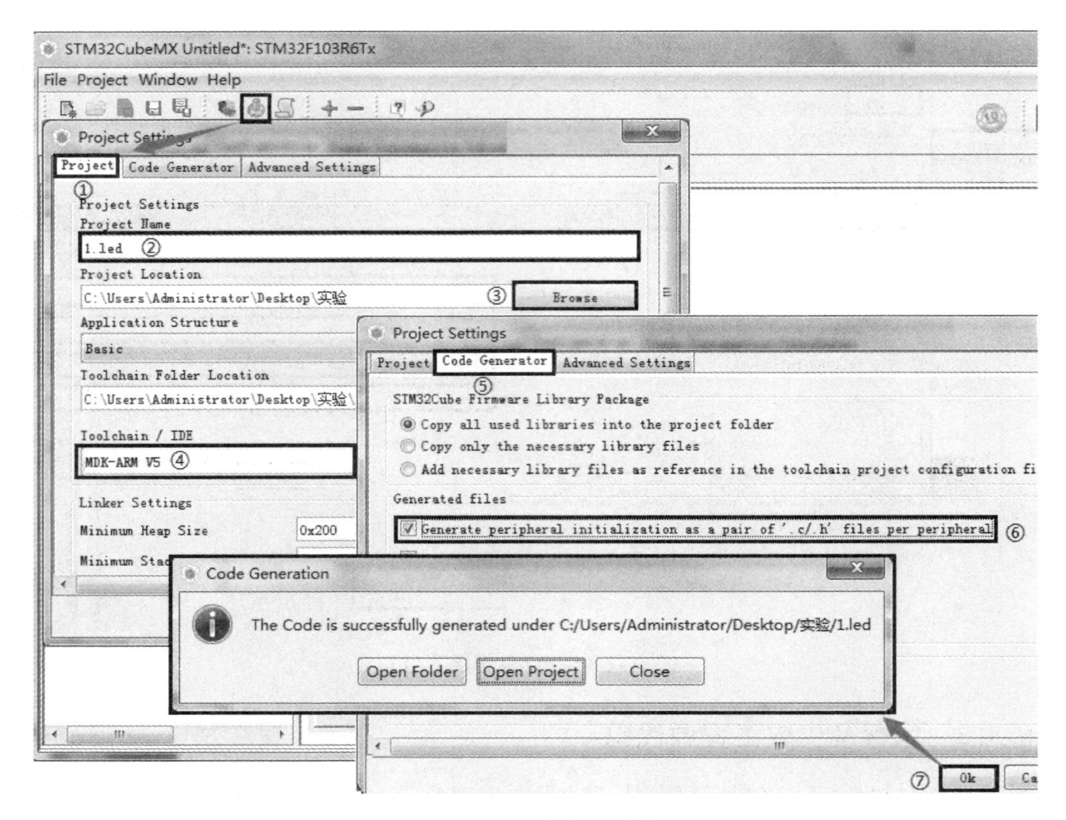

图6-18　源码生成过程

单击工具栏中的图标按钮或单击菜单栏中的“Project”→“Generate Report”，STM32CubeMX将生成一个PDF文档和一个TXT文档，以对配置进行详细记录。生成的文件也将放置于“Project Location”选项配置的路径中。

至此，一个完整的STM32F1工程就完成了，此时的工程目录结构如图6-19所示。

图6-19中：Drivers文件夹中存放的是HAL库文件和CMSIS相关文件；Inc文件夹中存放的是工程必需的部分头文件；MDK-ARM文件夹中存放的是MDK工程文件；Src文件夹中存放的是工程必需的部分源文件。1. led. ioc是STM32CubeMX工程文件，用鼠标左键双击文件图标，该文件即会在STM32CubeMX中被打开。1. lde. pdf和. txt为生成的配置说明文件。

6.3.6　编写用户代码

本实例程序比较简单，只需要用Keil MDK5打开生成的工程对代码进行编译即可。需要注意的是，在编写代码前先要生成. hex文件，否则Proteus无法加载程序文件。如图6-20所示，生成. hex文件的步骤为：打开MDK-ARM文件夹，双击“1. led. uvprojx”文件图标，Keil MDK5即加载程序；单击工具栏中的图标按钮，在弹出的“Options for Target‘1. led’”对话框中选择“Output”选项卡，在该选项卡中勾选“Create HEX File”，然后单击“OK”按钮；单击工具栏中的图标按钮进行代码编译，编译完成后提示栏将提示“‘1. led\1. led’-0 Error(s)，0 Warning(s).)”，则. hex文件生成成功。

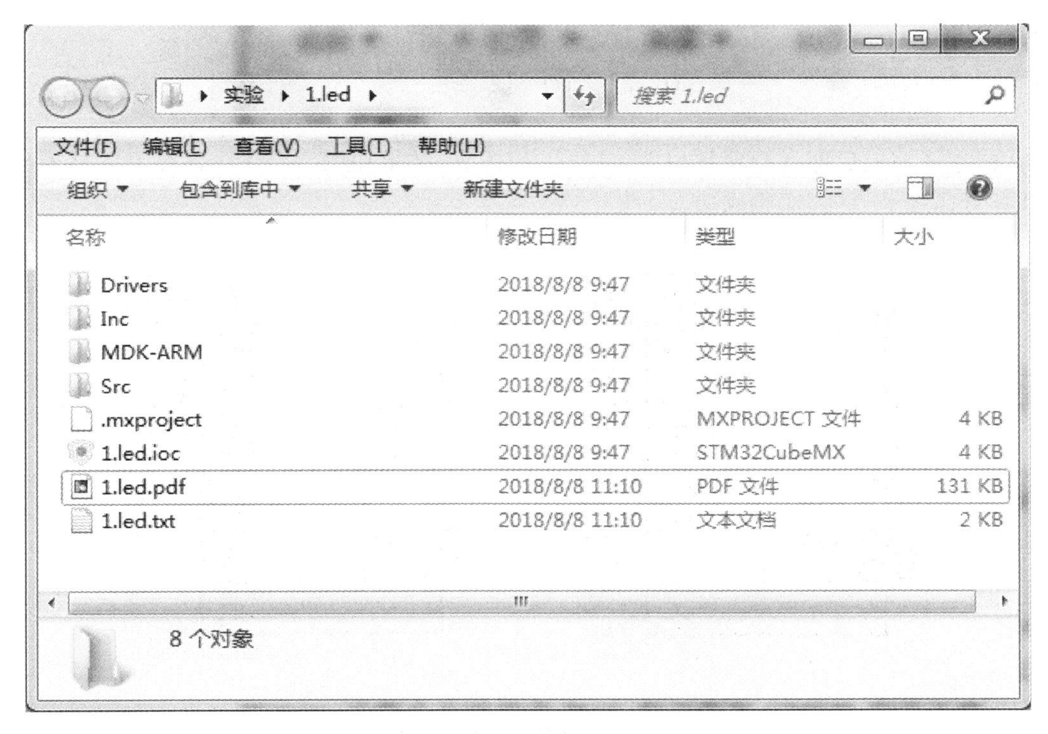

图 6-19　工程目录文件夹

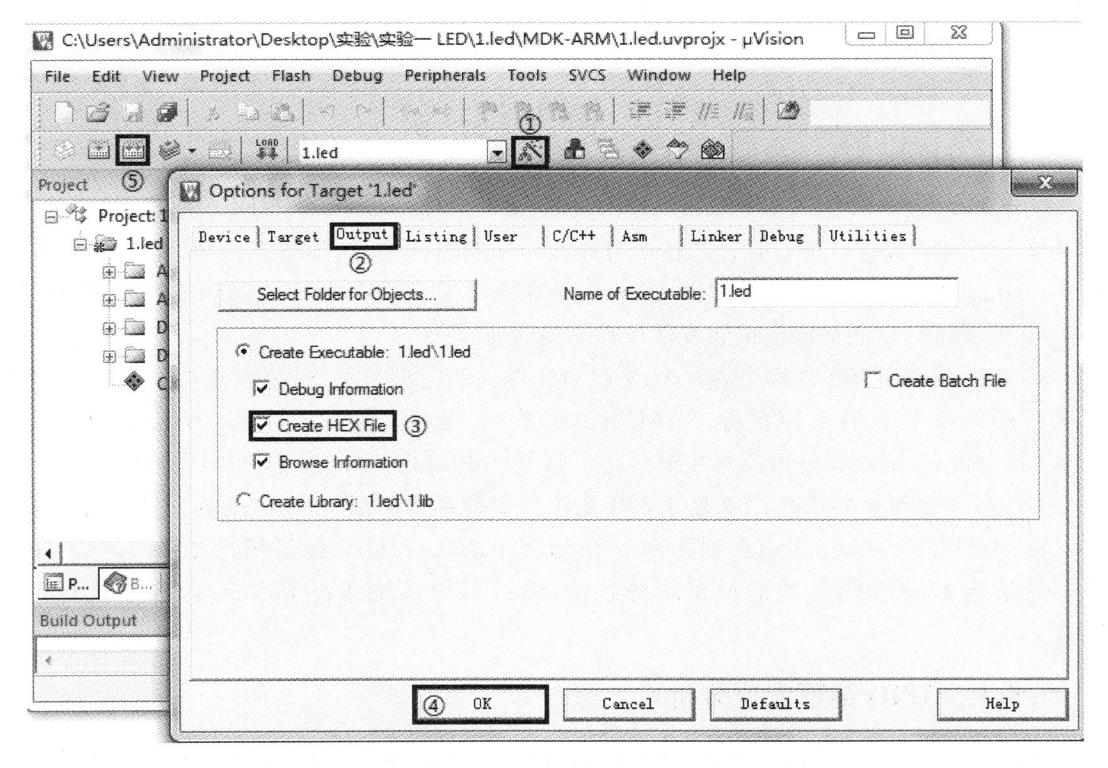

图 6-20　编译生成.hex 文件

6.4　仿真结果

代码编译完成后即运行项目程序，进行工程仿真，结果如图6-21所示(彩图见书末)。显然LED灯已经被点亮，实验成功。

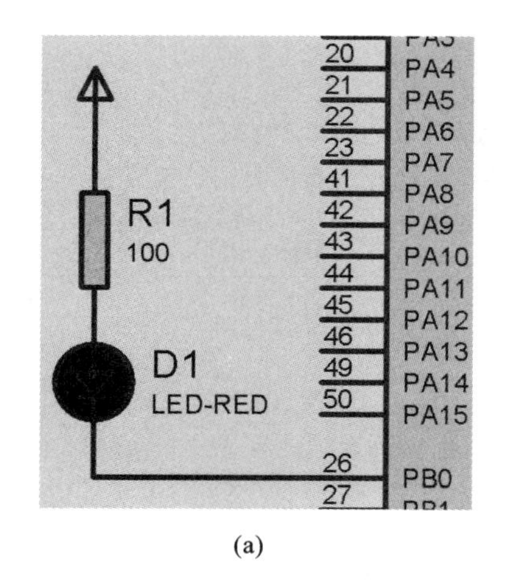

(a)

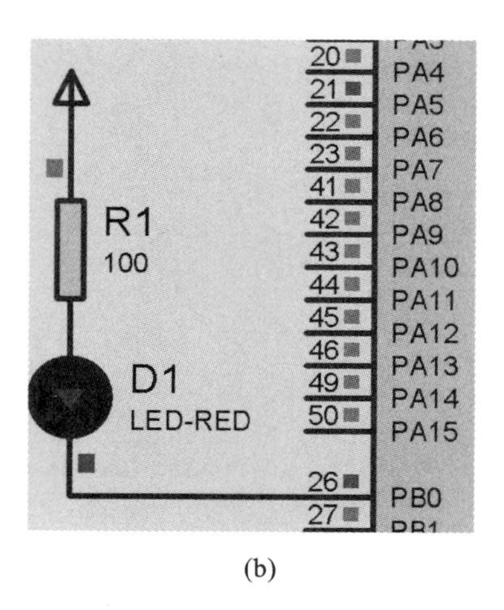

(b)

图6-21　程序运行前后对比图(1)

(a) 运行前；(b) 运行后

6.5　代码分析

打开MDK-ARM文件夹，双击“1. led. uvprojx”文件图标，Keil MDK5加载“1. led. uvprojx”文件程序。打开文件后将界面左侧树结构展开，如图6-22所示。其中main. c为程序入口和结束文件，gpio. c为STM32CubeMX所生成的功能性文件，开发者可以在此基础上扩展或增加其他类的. c文件。

STM32系列所有芯片都会有一个. s启动文件。不同型号的STM32芯片的启动文件也是不一样的。本实例采用的是STM32F103系列，使用与之对应的启动文件startup_stm32f103x6. s。启动文件的作用主要是进行堆栈的初始化、中断向量表和中断函数定义等。启动文件有一个很重要的作用就是在系统复位后引导系统激活main()函数。打开启动文件startup_stm32f103x6. s，可以看到图6-22所示框中的几行代码，其作用是在系统启动之后，首先调用SystemInit()函数进行系统初始化，然后引导系统通过main()函数来执行用户代码。

6.5.1　GPIO编程流程分析

在图6-22中，双击界面左侧树结构中的main. c文件图标，会看到如下代码6-1(为节省页面，将注释删除，并附中文注释)。

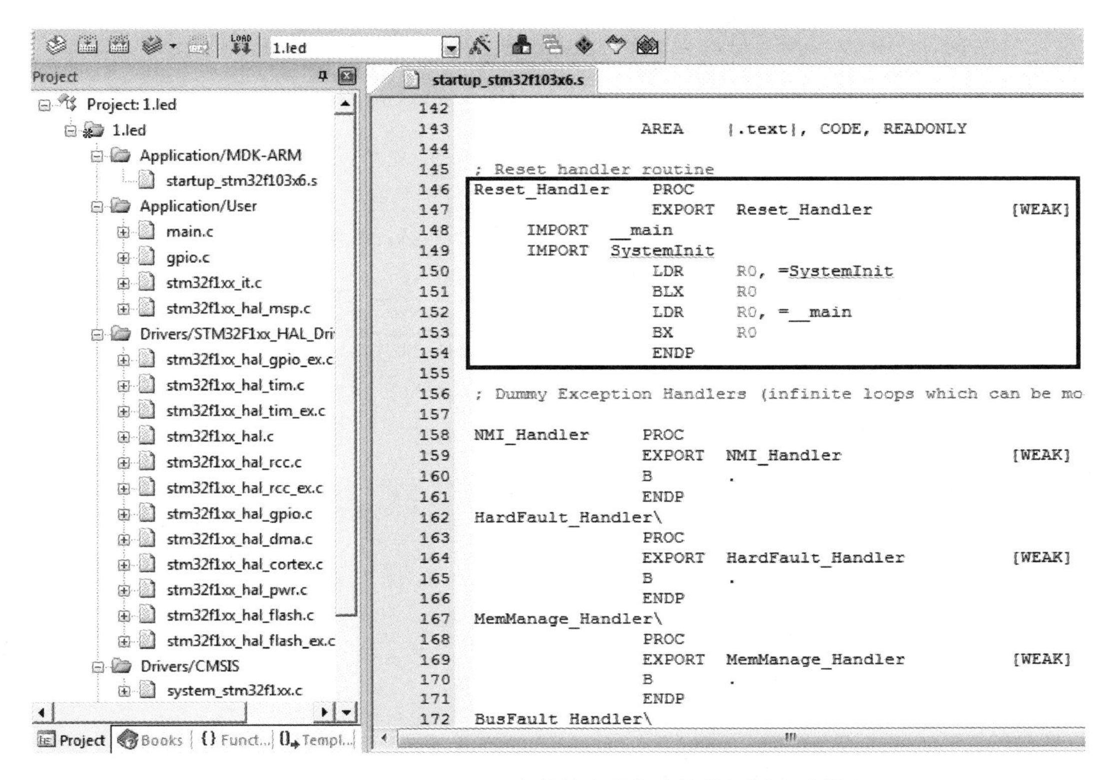

图 6-22　STM32CubeMX 生成的应用程序结构图及启动代码

代码 6-1

```
int main(void)
{
  HAL_Init(); //初始化所有外设、闪存及系统时钟等为缺省值
  SystemClock_Config(); //配置时钟
  MX_GPIO_Init(); //配置 GPIO 初始化参数

  while(1)
  {
  }
}
```

用鼠标右键单击 MX_GPIO_Init(　)代码行，在弹出的菜单中单击“Go To Definition Of ‘MX_GPIO_Init’”，如图 6-23 所示，则打开 void MX_GPIO_Init(void)函数。

void MX_GPIO_Init(void)函数代码如下。

代码 6-2

```
void MX_GPIO_Init(void)
{
  GPIO_InitTypeDef GPIO_InitStruct; //声明 GPIO 结构体
```

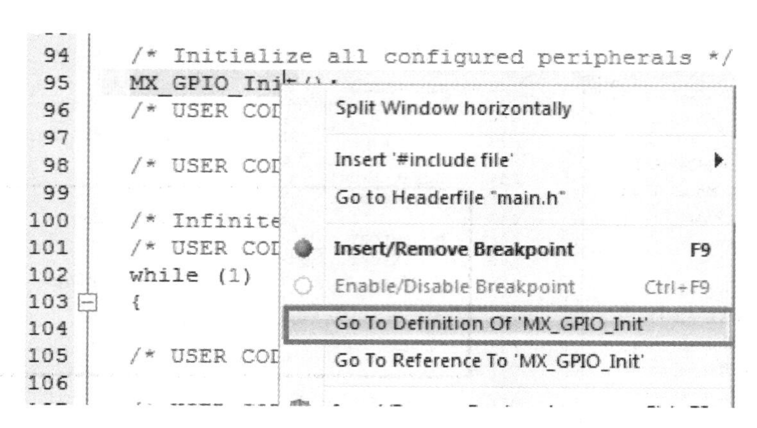

图 6-23　软件跳转操作步骤

```
  __HAL_RCC_GPIOB_CLK_ENABLE(); //使能 GPIO 端口时钟

  HAL_GPIO_WritePin(GPIOB, GPIO_PIN_0,GPIO_PIN_RESET); //控制引脚输出低
电平

  //为 GPIO 初始化结构体成员赋值
  GPIO_InitStruct.Pin= GPIO_PIN_0;
  GPIO_InitStruct.Mode= GPIO_MODE_OUTPUT_PP;
  GPIO_InitStruct.Pull= GPIO_NOPULL;
  GPIO_InitStruct.Speed= GPIO_SPEED_FREQ_HIGH;

  HAL_GPIO_Init(GPIOB, &GPIO_InitStruct); //初始化 GPIO 引脚
}
```

分析上述代码，总结得出 GPIO 初始化编程大致流程：

(1) 声明 GPIO 结构体；

(2) 使能 GPIO 对应端口的时钟；

(3) 控制(写)引脚输出高、低电平；

(4) 为 GPIO 初始化结构体成员赋值；

(5) 初始化 GPIO 引脚。

由 main()函数的代码可知，GPIO 初始化结束后，即可开始编写用户程序，所以 GPIO 编程流程如下：

(1) GPIO 初始化；

(2) 根据项目要求检测(读)或控制(写)引脚电平。

6.5.2　GPIO 外设结构体

HAL 库为除 GPIO 以外的每个外设创建了两个结构体，一个是外设初始化结构体，一个是外设句柄结构体(GPIO 没有句柄结构体)。这两个结构体都定义在外设对应的驱动头文件(如 stm32f1xx_hal_usart.h 文件)中。这两个结构体内容几乎包括外设的所有可选属性，理解这两个结构体的内容对编程非常有帮助。

GPIO 初始化结构体（定义在 stm32f1xx_hal_gpio.h 文件中）的代码（由 STM32CubeMx 或 Keil MDK 自动生成）如下：

```
typedef struct{
    uint32_t Pin;          /* GPIO 引脚编号选择  */
    uint32_t Mode;         /* GPIO 引脚工作模式  */
    uint32_t Pull;         /* GPIO 引脚上拉、下拉配置  */
    uint32_t Speed;        /* GPIO 引脚最大输出速度  */
}GPIO_InitTypeDef;
```

以上代码中：

uint32_t Pin 表示引脚编号选择。一个 GPIO 外设有 16 个引脚可选，这里根据电路原理图选择目标引脚。引脚参数可选 GPIO_PIN_0，GPIO_PIN_1，…，GPIO_PIN_15 和 GPIO_PIN_ALL。一般可以同时选择多个引脚，如 GPIO_PIN_0|GPIO_PIN_4。

uint32_t Mode 表示引脚工作模式选择。6.1.2 节已介绍，引脚有 8 种基本工作模式，结合具体的外设可以有 13 种模式供选择，如表 6-5 所示。

表 6-5　GPIO 引脚工作模式说明

引脚工作模式	说　　明
GPIO_MODE_INPUT	浮空输入模式
GPIO_MODE_OUTPUT_PP	推挽输出模式
GPIO_MODE_OUTPUT_OD	开漏输出模式
GPIO_MODE_AF_PP	复用推挽输出模式
GPIO_MODE_AF_OD	复用开漏输出模式
GPIO_MODE_AF_INPUT	复用输入模式
GPIO_MODE_ANALOG	模拟输入模式
GPIO_MODE_IT_RISING	外部中断模式：上升沿触发
GPIO_MODE_IT_FALLING	外部中断模式：下降沿触发
GPIO_MODE_IT_RISING_FALLING	外部中断模式：上升沿和下降沿都触发
GPIO_MODE_EVT_RISING	外部事件模式：上升沿触发
GPIO_MODE_EVT_FALLING	外部事件模式：下降沿触发
GPIO_MODE_EVT_RISING_FALLING	外部事件模式：上升沿和下降沿都触发

uint32_t Pull 表示上拉或者下拉输入模式选择，可选：GPIO_NOPULL——不上拉也不下拉，即浮空；GPIO_PULLUP——使能上拉；GPIO_PULLDOWN：使能下拉。

uint32_t Speed 表示引脚最大输出速度。可选：GPIO_SPEED_FREQ_LOW——低速（2 MHz）；GPIO_SPEED_FREQ_MID——中速（10 MHz）；GPIO_SPEED_FREQ_HIGH——高速（50 MHz）。

6.5.3　GPIO 相关实现函数

在 stm32f1xx_hal_gpio.c 文件中将 GPIO 初始化结构体与相关初始化函数配合使用，可完成 GPIO 外设初始化配置。此外还有其他一些 GPIO 相关实现函数。

(1) 由 GPIO 结构体配置的参数对端口进行初始化的函数：

```
void  HAL_GPIO_Init(GPIO_TypeDef *GPIOx, GPIO_InitTypeDef *GPIO_Init);
```

(2) 由 GPIO 结构体默认值对端口进行初始化的函数：

```
void  HAL_GPIO_DeInit(GPIO_TypeDef *GPIOx, uint32_t GPIO_Pin);
```

(3) 检测(读)GPIO 对应端口的状态(0 或 1)的函数：

```
GPIO_PinState HAL_GPIO_ReadPin(GPIO_TypeDef *GPIOx, uint16_t GPIO_Pin);
```

(4) 对 GPIO 对应端口进行状态(0 或 1)控制(写)的函数：

```
void HAL_GPIO_WritePin(GPIO_TypeDef * GPIOx, uint16_t GPIO_Pin, GPIO_PinState PinState);
```

(5) 使 GPIO 对应端口状态(0 或 1)翻转的函数：

```
void HAL_GPIO_TogglePin(GPIO_TypeDef *GPIOx, uint16_t GPIO_Pin);
```

(6) 锁定 GPIO 端口状态(0 或 1)的函数：

```
HAL_StatusTypeDef HAL_GPIO_LockPin(GPIO_TypeDef *GPIOx, uint16_t GPIO_Pin);
```

(7) GPIO 对应端口有关中断函数(由其他中断线函数调用)：

```
void HAL_GPIO_EXTI_IRQHandler(uint16_t GPIO_Pin);
```

(8) GPIO 对应端口有关回调函数(由 HAL_GPIO_EXTI_IRQHandler 调用)：

```
void HAL_GPIO_EXTI_Callback(uint16_t GPIO_Pin);
```

6.6　点亮 3 个 LED 灯

采用 STM32CubeMX，通过简单操作即可实现通过 3 个 GPIO 端口同时点亮 3 个 LED 灯(此例不再讲解，读者可自行操作)。但是如何通过改写代码 6-2 来达到这一目的呢？读者可自行尝试。点亮 3 个 LED 灯的 Proteus 仿真原理图如图 6-24 所示。

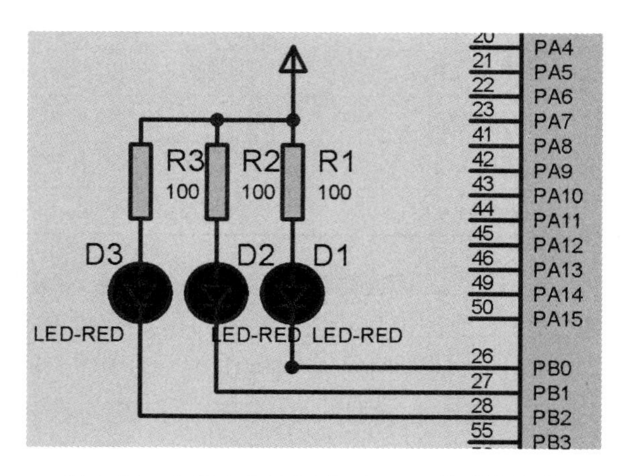

图 6-24　点亮 3 个 LED 灯 Proteus 仿真原理图

经过代码分析，可知改写 void MX_GPIO_Init(void)函数即可实现通过 3 个 GPIO 端口同时点亮 3 个 LED 灯。

代码 6-3

```
void MX_GPIO_Init(void)
{
  GPIO_InitTypeDef GPIO_InitStruct;

  __HAL_RCC_GPIOB_CLK_ENABLE();

  HAL_GPIO_WritePin(GPIOB, GPIO_PIN_0,GPIO_PIN_RESET);
  HAL_GPIO_WritePin(GPIOB, GPIO_PIN_1,GPIO_PIN_RESET);
  HAL_GPIO_WritePin(GPIOB, GPIO_PIN_2,GPIO_PIN_RESET);

  //注意下面第一行结构体初始化不可分三行写,否则最后一行将起作用
  GPIO_InitStruct.Pin= GPIO_PIN_0|GPIO_PIN_1|GPIO_PIN_2;
  GPIO_InitStruct.Mode= GPIO_MODE_OUTPUT_PP;
  GPIO_InitStruct.Pull= GPIO_NOPULL;
  GPIO_InitStruct.Speed= GPIO_SPEED_FREQ_HIGH;
  HAL_GPIO_Init(GPIOB, &GPIO_InitStruct);
}
```

也可采用代码 6-4 来实现。

代码 6-4

```
void MX_GPIO_Init(void)
{
  GPIO_InitTypeDef GPIO_InitStruct;

  __HAL_RCC_GPIOB_CLK_ENABLE();

  HAL_GPIO_WritePin(GPIOB, GPIO_PIN_0|GPIO_PIN_1|GPIO_PIN_2,GPIO_PIN_
RESET);

  GPIO_InitStruct.Pin= GPIO_PIN_0|GPIO_PIN_1|GPIO_PIN_2;
  GPIO_InitStruct.Mode= GPIO_MODE_OUTPUT_PP;
  GPIO_InitStruct.Pull= GPIO_NOPULL;
  GPIO_InitStruct.Speed= GPIO_SPEED_FREQ_HIGH;
  HAL_GPIO_Init(GPIOB, &GPIO_InitStruct);
}
```

加粗显示的代码为增加或更改的代码段,增加与更改原因不再分析。

工程仿真结果如图 6-25 所示(彩图见书末)。

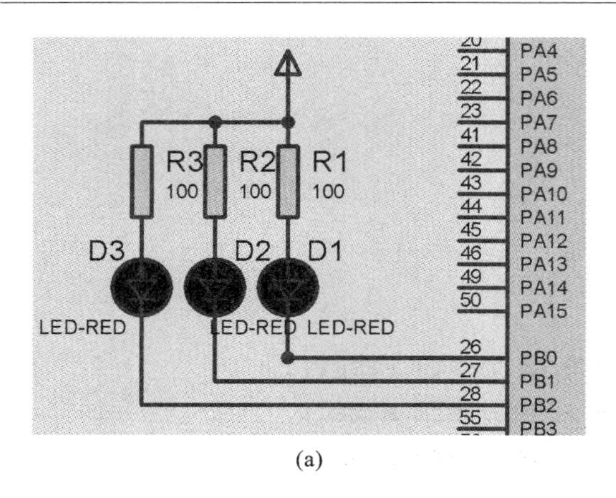

(a)

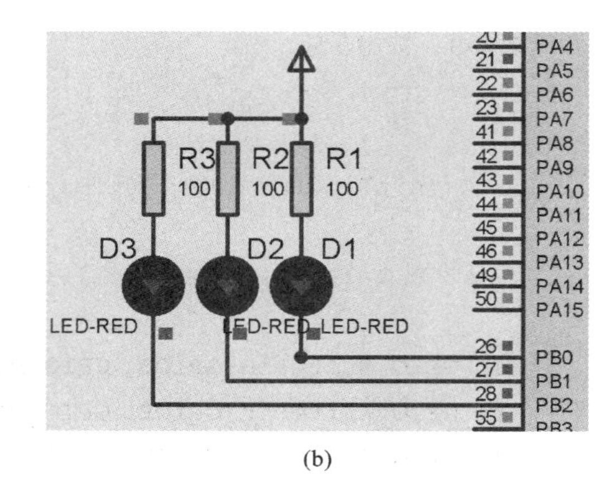

(b)

图 6-25　程序运行前后对比图(2)

(a) 运行前;(b) 运行后

6.7　流　水　灯

前面已经介绍了同时启动几个 LED 灯的方法,那么如何将 3 个灯做成流水灯呢? 流水灯功能必须通过代码来实现。

而要实现流水灯功能必须要实现时间间隔控制,控制时间间隔一般有两种方法:软件延时与 SysTick 定时器延时。

6.7.1　软件延时

软件延时即利用 PB0 引脚控制 LED 灯,实现每隔 0.5 s 发生一次亮灭状态翻转。硬件电路同图 6-24;外设等的初始化同依次点亮 3 个 LED 灯时,在此基础上增加软件延时函数(void delay_ms(uint16_t ms))及 GPIO 状态翻转函数(void HAL_GPIO_TogglePin(GPIO_TypeDef *GPIOx, uint16_t GPIO_Pin)),以实现流水灯功能。在 main.c 文件中添加软件延时函数,代码如下:

代码 6-5

```
void delay_ms(uint16_t ms)
{
  uint16_t i;
  uint16_t j;
  for(i=0; i<ms; i++)
    for(j=0; j<2000; j++);
}
```

利用 main()函数实现延时及 LED 灯亮灭状态翻转的代码如下:

代码 6-6

```
int main(void)
{
  HAL_Init();
```

```
    SystemClock_Config();

    MX_GPIO_Init();

    while(1)
    {
      HAL_GPIO_TogglePin(GPIOB, GPIO_PIN_0); //状态翻转函数
      delay_ms(200); //软件延时
    }
}
```

软件延时的原理：软件每执行一条语句都会消耗一定的时间，即使是执行空语句也会消耗时间，所以如果要执行多条语句，就可累积一定的时间，从而实现延时。但是，要想对 Keil MDK5 进行较精确的延时，需要进行软件调试。在调试程序前，先要对 Keil MDK5 进行设置，如图 6-26 所示。

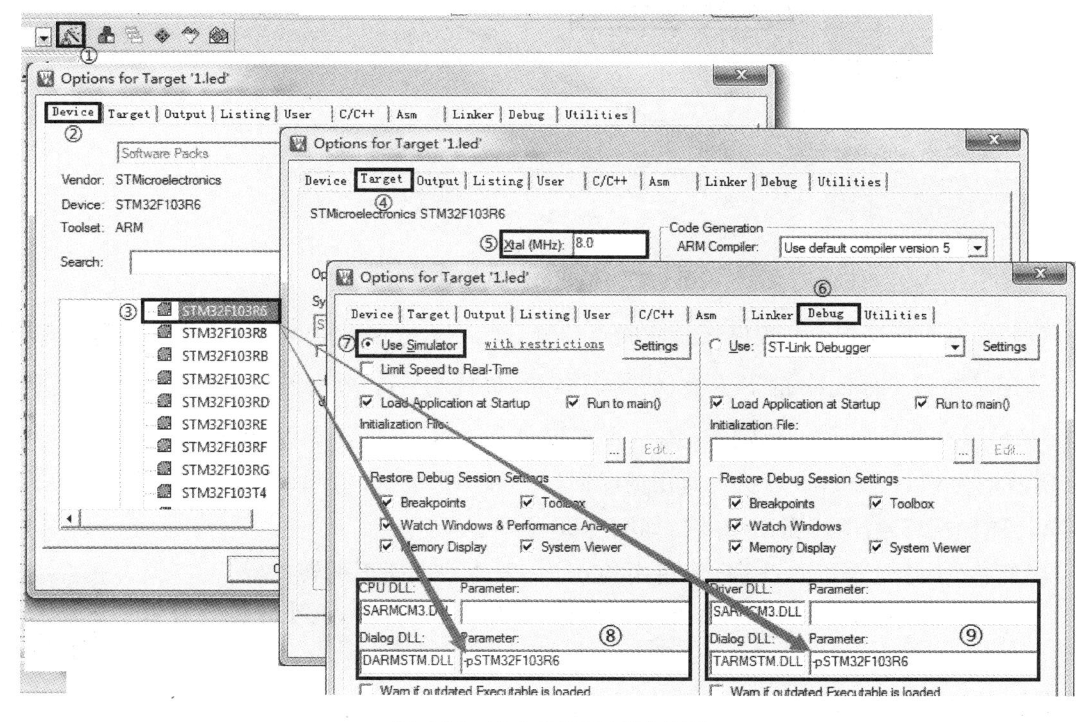

图 6-26　Keil MDK5 调试设置

设置过程为：

(1) 单击工具栏图标按钮，弹出“Options for Target ‘1. led’”对话框。

(2) 选择“Device”选项卡，查看并确认使用芯片 STM32F103R6。

(3) 选择“Target”选项卡，确认“Xtal(MHz)”项的值为 8.0。

(4) 选择“Debug”选项卡，点选“Use Simulator”。在选项卡下方左侧：将“CPU DLL”设置为“SARMCM3. DLL”，对应参数“Parameter”为空；将“Dialog DLL”设置为“DARMSTM. DLL”，对应参数“Parameter”为“-pSTM32F103R6”(此处所用芯片与“Device”选项卡中的设

置要一致)。在选项卡下方右侧：将“Driver DLL”设置为“SARMCM3. DLL”，对应参数“Parameter”为空；将“Dialog DLL”设置为“TARMSTM. DLL”，对应参数“Parameter”为“-pSTM32F103R6”(此处所用芯片与 Device 选项卡中的设置要一致)。

设置完后即可进行软件调试以查看执行时长。软件调试过程如下：

(1) 单击图标按钮，发现程序运行到“HAL_Init()”时停止(此行前面出现标志，表示光标位置行，表示程序当前运行位置)；单击“delay_ms(200)”所在行，将光标定位到本行，单击插入断点，此时在本行前面出现标志(如果取消断点，则再单击一下工具栏中的图标按钮)。如图 6-27 所示。

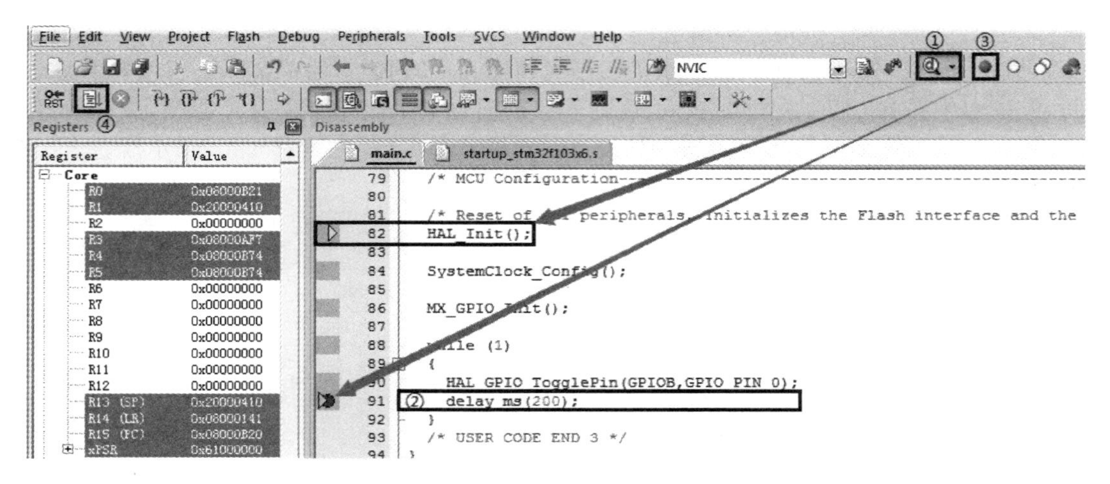

图 6-27　Keil MDK5 调试(1)

(2) 单击图标按钮，程序运行到断点位置，即 delay_ms(200)所在行(此行前面出现标志)，记录左侧 Register 的 Sec 值(0. 00046350，单位为 s)；单击图标按钮，程序运行到“while(1)”行(此行前面出现标志)，再次记录 Sec 值(0. 30272900，单位为 s)，此时，两次 Sec 值差即为 delay_ms(200)执行所用的时间(0. 30272900−0. 00046350=0. 3022655，单位为 s)，单击图标按钮即可退出调试。如图 6-28 所示。

因此，由上述过程可知，LED 灯将由约 0. 3 s 发生一次亮灭翻转。

工具栏中还有几个按钮对代码的仿真调试比较有用，下面列出其图标及功能。

：开始/停止调试。

：在当前行插入/移除断点。

：当前行使能/失能断点。

：使能/失能所有断点。

：移除所有断点。

：复位按钮。

：全速运行至断点处。

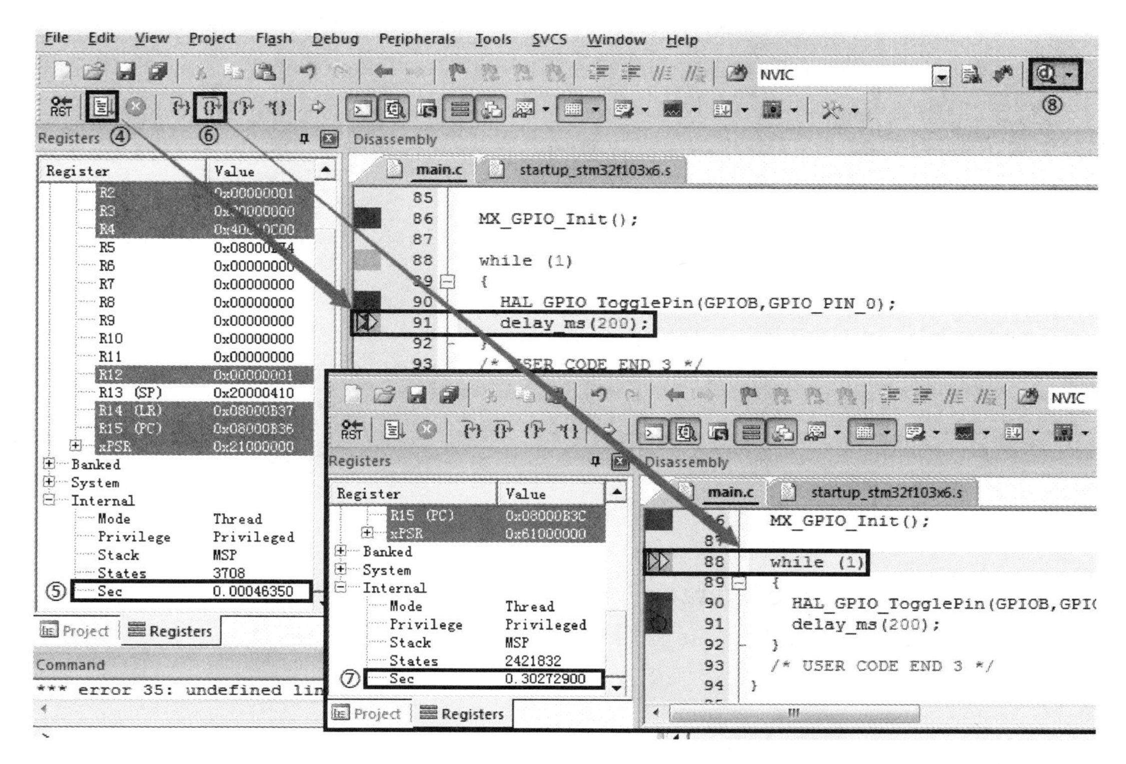

图 6-28　Keil MDK5 调试(2)

:停止运行,此按钮在全速运行条件下才能使用。

:跳入子程序的单步运行。

:不跳入子程序的单步运行。

:跳出子程序的单步运行,只有进行子程序后此按钮才起作用。

:运行至光标所在行。

6.7.2　SysTick 定时器延时

利用软件尽管可以实现延时功能,但需要以硬件的消耗为代价,且基本不可能做到精确延时,而采用 SysTick 定时器则可以避免这些缺陷。SysTick 属于内核的外设,相关寄存器的定义和库函数都在内核相关的文件 core_cm3.h 中。在 STM32CubeMX 创建工程时,已经自动建立了与 SysTick 相关的函数。其中在函数 SystemClock_Config()内有一条语句:

```
HAL_SYSTICK_Config(HAL_RCC_GetHCLKFreq()/1000)
```

其作用是配置并启动系统滴答定时器 SysTick,其形参与系统滴答定时器 SysTick 引入的中断延时函数 HAL_Delay()的关系如下:

分母为 1000 表示每 1 ms 中断一次,即 HAL_Delay()函数延时基准为 1 ms;

分母为 100000 表示每 10 μs 中断一次,即 HAL_Delay()函数延时基准为 10 μs;

分母为 1000000 表示每 1 μs 中断一次,即 HAL_Delay()函数延时基准为 1 μs。

系统滴答定时器 SysTick 引入的中断延时函数原型为 void HAL_Delay(uint32_t Delay)。该函数没有返回值,由 SysTick 计时器以固定的时间间隔(延时基准×整形数值)产生中断来实现精确定时，默认 HAL_Delay()函数的时延以 μs 为单位。

在上述软件延时的基础上，将延时函数修改为(void HAL_Delay(uint32_t Delay))，并且采用 GPIO 状态翻转函数(void HAL_GPIO_TogglePin(GPIO_TypeDef * GPIOx, uint16_t GPIO_Pin))实现 LED 灯每隔 0.5 s 发生一次亮灭翻转。在 main()函数中实现以下代码：

代码 6-7

```
int main(void)
{
  HAL_Init();
  SystemClock_Config();

  MX_GPIO_Init();

  while(1)
  {
    HAL_GPIO_TogglePin(GPIOB, GPIO_PIN_0); //状态翻转函数
    HAL_Delay(500); //500μs 延时
  }
}
```

或者采用延时函数(void HAL_Delay(uint32_t Delay))及 GPIO 端口写操作函数(void HAL_GPIO_WritePin(GPIO_TypeDef * GPIOx, uint16_t GPIO_Pin, GPIO_PinState PinState))实现 LED 亮灭翻转功能，相应代码如下：

代码 6-8

```
int main(void)
{
  HAL_Init();
  SystemClock_Config();

  MX_GPIO_Init();

  while(1)
  {
    HAL_GPIO_WritePin(GPIOB, GPIO_PIN_0,GPIO_PIN_SET); //端口置高电平
    HAL_Delay(500); //500 μs 延时

    HAL_GPIO_WritePin(GPIOB, GPIO_PIN_0,GPIO_PIN_RESET); //端口置低电平
    HAL_Delay(500); //500 μs 延时
  }
}
```

也可将代码 6-7 和代码 6-8 中加粗部分改写为：

```
    HAL_GPIO_WritePin(GPIOB, GPIO_PIN_1,(GPIO_PinState)! HAL_GPIO_ReadPin
(GPIOB, GPIO_PIN_1));
    HAL_Delay(500);
```

上述两段代码中，GPIOB 为 GPIO_TypeDef ＊GPIOx 对应实参(与具体 STM32 芯片有关，可为 GPIOA～PIOG)；GPIO_PIN_1 为 uint16_t GPIO_Pin 对应实参(可为 GPIO_PIO_0～GPIO_PIO_15 及 GPIO_PIN_ALL)；GPIO_PIN_RESET 为 GPIO_PinState PinState 对应实参(也可为 GPIO_PIN_SET)。

通过工程仿真发现 PB0 口的 LED 灯每隔 0.5 s 发生一次亮灭状态翻转。

理解单灯亮灭状态翻转原理后，要实现流水灯就比较容易了。实现流水灯的代码如下。

代码 6-9

```
int main(void)
{
  HAL_Init();
  SystemClock_Config();

  MX_GPIO_Init();

  while(1)
  {
    HAL_GPIO_WritePin(GPIOB, GPIO_PIN_0,GPIO_PIN_RESET); //端口置低电平
    HAL_GPIO_WritePin(GPIOB, GPIO_PIN_1,GPIO_PIN_SET); //端口置高电平
    HAL_GPIO_WritePin(GPIOB, GPIO_PIN_2,GPIO_PIN_SET); //端口置高电平
    HAL_Delay(500); //500 μs 延时

    HAL_GPIO_WritePin(GPIOB, GPIO_PIN_0,GPIO_PIN_SET); //端口置高电平
    HAL_GPIO_WritePin(GPIOB, GPIO_PIN_1,GPIO_PIN_RESET); //端口置低电平
    HAL_GPIO_WritePin(GPIOB, GPIO_PIN_2,GPIO_PIN_SET); //端口置高电平
    HAL_Delay(500); //500 μs 延时

    HAL_GPIO_WritePin(GPIOB, GPIO_PIN_0,GPIO_PIN_SET); //端口置高电平
    HAL_GPIO_WritePin(GPIOB, GPIO_PIN_1,GPIO_PIN_SET); //端口置高电平
    HAL_GPIO_WritePin(GPIOB, GPIO_PIN_2,GPIO_PIN_RESET); //端口置低电平
    HAL_Delay(500); //500 μs 延时
  }
}
```

思考与练习

6-1　控制蜂鸣器间隔 1 s 响一次，一次时长 3 s。蜂鸣器驱动电路如图 6-29 所示或自行设计。注：蜂鸣器 Keywords 设置为 BUZZER，其工作电压修改为 2 V；电阻 Keywords 设置

为 RES，其阻值修改为 1 kΩ；三极管 Keywords 设置为 2N2905 或 PNP，三极管 c 极电源接 +5 V。其中 R3 为自行选择 I/O 端口。

6-2　利用继电器控制照明设备，下载程序能实现长亮或长暗。驱动电路如图 6-30 所示，也可自行设计。注：220 V 照明设备的 Keywords 设置为 LAMP；继电器的 Keywords 设置为 RTE24005F；二极管的 Keywords 设置为 DIODE；三极管的 Keywords 设置为 PNP，R3 为自行选择 I/O 端口。

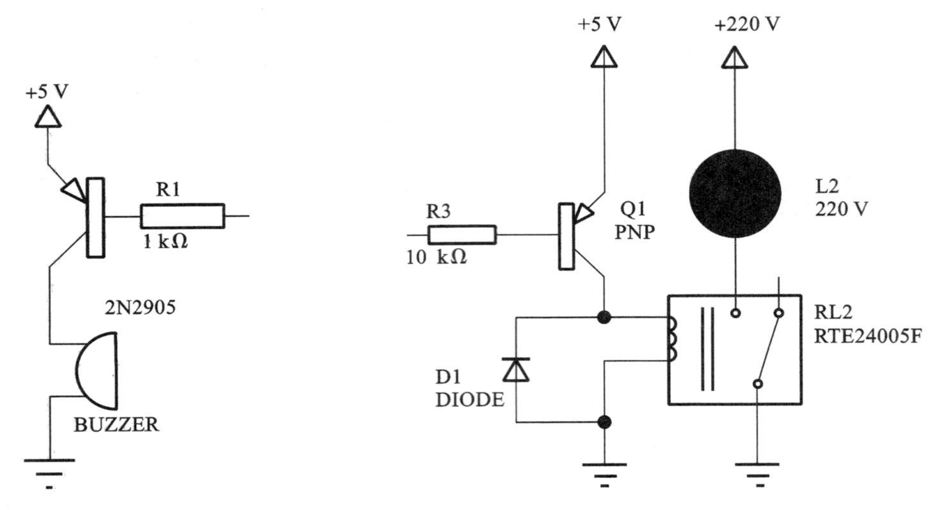

图 6-29　蜂鸣器电路　　　　图 6-30　利用继电器控制照明设备的驱动电路

6-3　通过 LED 模拟交通灯：东西向绿灯亮若干秒后变为黄灯，黄灯闪烁 5 次后红灯亮；东西向红灯亮后，南北向由红灯变为绿灯，若干秒后绿灯变为黄灯；南北向黄灯闪烁 5 次后变红灯，东西向变绿灯。如此重复。电路如图 6-31 所示。

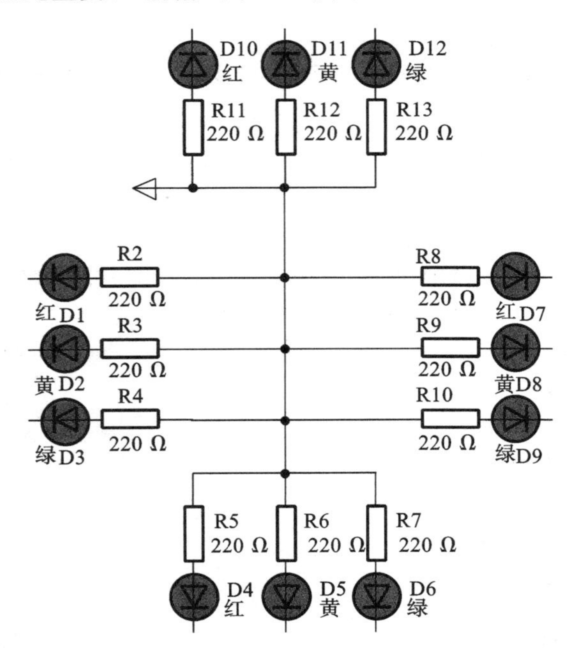

图 6-31　LED 模拟交通灯电路

6-4　LED 数码管是用 LED 条排列成一个或多个 8 字形(见图 6-32,有的外加一个 LED 作为小数点)的器件,引线已在内部连接完成,只需引出各个 LED 条的引线和公共电极。试对图 6-33 所示电路图,采用 7 段共阴极数码管进行编码,使 LED 数码管显示 6。注:7 段共阴极数码管 Keywords 设置为 7SEG-COM-CAT-GRN——Green, 7-Segment Common Cathode; 排阻的 Keywords 设置为 RESPACK-8。未接引线自行选择 7 个引脚。

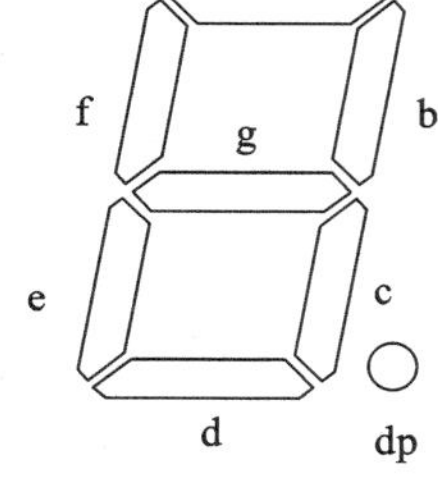

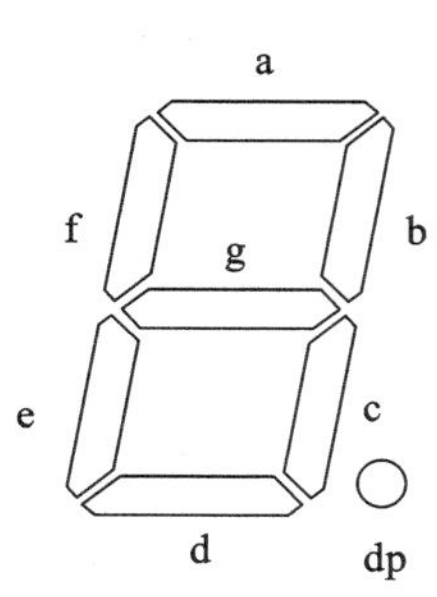

图 6-32　LED 数码管示意图

图 6-33　LED 数码管电路

6-5　设置外部 8 MHz 晶振作为时钟源,配置 APB2 的频率为 72 MHz, 再采用 6.7.1 节中介绍的软件延时程序进行实验,会出现什么结果? 为什么?

6-6　STM32 芯片的 GPIO 的配置模式有哪几种?

6-7　通过 STM32F1 HAL 库使用手册(*UM1850 User manual*)学习 GPIO 相关函数。

第7章　用按键扫描控制LED灯

LED的点亮属于GPIO普通输出，而按键的使用则属于GPIO输入。GPIO输入模式有4种，本章仅涉及GPIO的普通输入模式。

普通按键在很多设备上都是不可或缺的组成部分，利用GPIO的输入功能可以非常方便读取到当前按键状态，当按键状态发生改变时经常会要求微控制器做出对应的动作，如点亮LED灯。

7.1　实例描述及硬件连接图绘制

7.1.1　实例描述

采用STM32F103R6，下载程序后LED灯常亮。按下按键时LED灯灭，再次按下按键时LED灯亮，如此周而复始，实现LED灯的亮灭循环翻转。

7.1.2　硬件连接图绘制

建立文件及硬件连接图绘制过程请参考前面章节，这里不赘述。最终得到的硬件连接图如图7-1所示。其中LED的Keywords设置为LED-BLUE，电阻的Keywords设置为RES，LED串联电阻值修改为100 Ω，按键的Keywords设置为BUTTON。

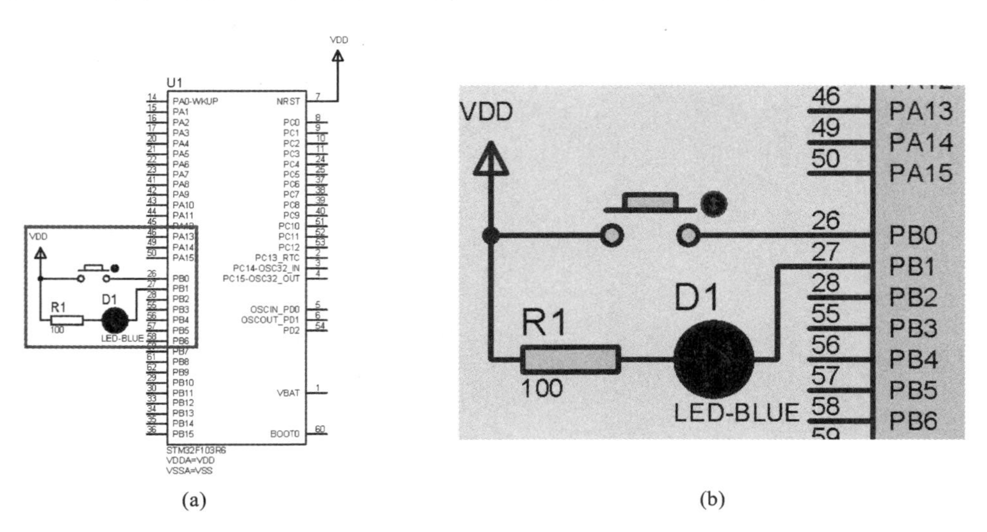

图7-1　最终硬件连接图(2)

(a) 硬件连接图；(b) 局部放大图

7.2　STM32CubeMX 配置工程

7.2.1　工程建立及 MCU 选择

工程建立及 MCU 选择方法与 6.3.1 节相同，这里不赘述。

7.2.2　RCC 及引脚设置

在项目建立与 MCU 选择操作中，双击“STM32F103R6”行之后打开“Pinout”选项卡，因本项目最终是在 Proteus 仿真软件中做模拟，为了节省时间，将 RCC 设置为内部时间源 HIS，故这里 RCC 参数保持默认设置。

观察引脚图直接查找 PB1 引脚或在“Find”搜索框中输入 PB1 定位到对应引脚位置，在 PB1 引脚上单击软件显示该引脚的各种功能，在本实例中选择输出模式(GPIO_Output)。同样，观察引脚图直接查找 PB0 引脚或在工具栏“Find”搜索框中输入 PB0 定位到对应引脚位置，在 PB0 引脚上单击软件显示该引脚的各种功能，本例选择输入模式(GPIO_Input)。PB0/PB1 引脚设置如图 7-2 所示。

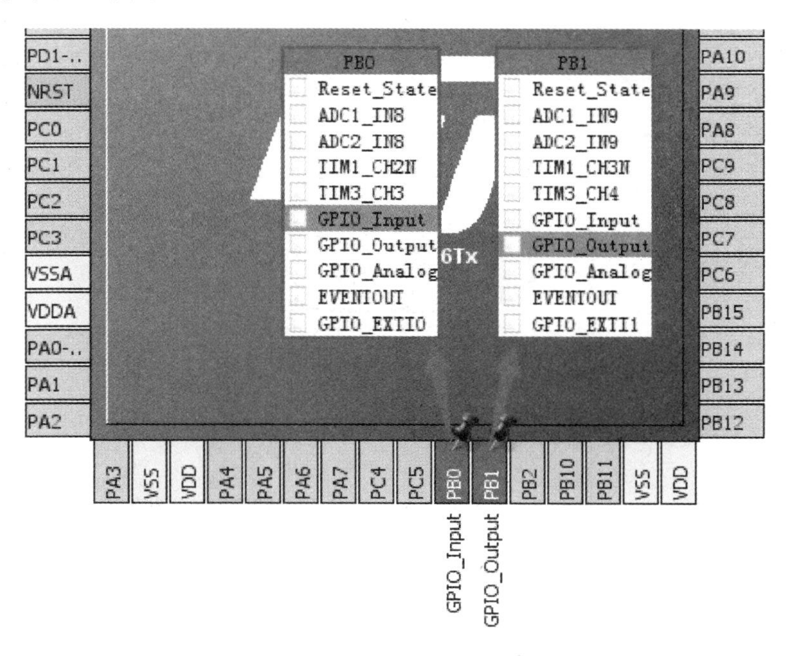

图 7-2　PB0/PB1 引脚设置

7.2.3　时钟配置

本实例还是采用内部时钟源 HSI，但设置较复杂，以充分利用 CM3 内核高频的优势，即提高外设的频率。在时钟配置界面中：PLL Source Mux(锁相源多路复用器)选择 HSI，System Clock Mux 选择 PLLCLK，PLLMul 选择 16 倍频，APB1 Prescaler 选择 2 分频。这样设置后，除 APB2 引脚的频率为 32 MHz 之外，其他外设的频率均为 64 MHz，最终的时钟配置结果如图 7-3 所示。

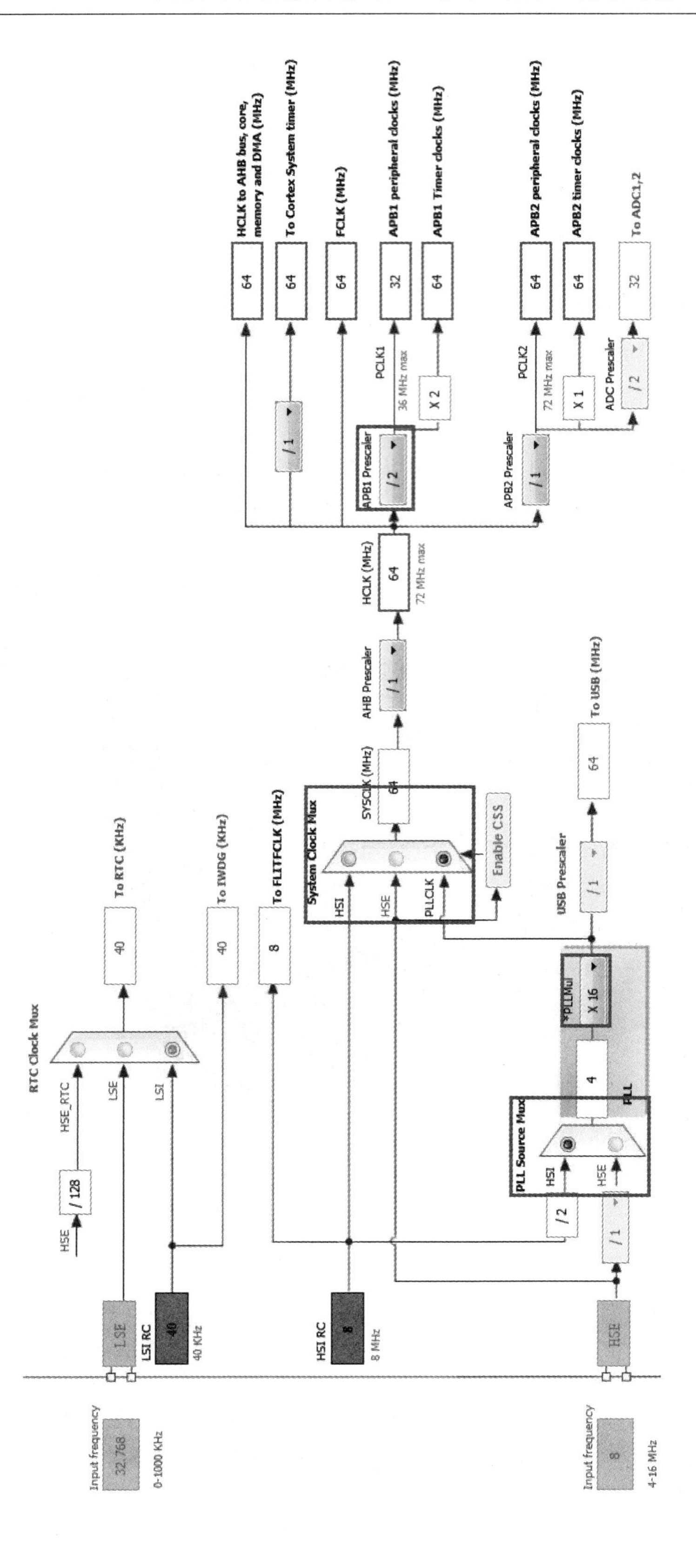

图 7-3　HSI 时钟配置(2)

7.2.4 MCU 外设配置

选择"Configuration"选项卡，单击"GPIO"按钮，打开"Pin Configuration"对话框，如图 7-4 所示。选中 PB1 栏，在显示框下方会显示对应的 I/O 端口详细配置信息。将 GPIO 模式设置为低电平推挽输出，用户标签(User Label)设置为"LED"。同理，将 PB0 引脚的 GPIO 模式设置为下拉输入，用户标签设置为"KEY"。最后单击"Apply"按钮，保存配置。单击"Ok"按钮，退出 GPIO 引脚配置界面。

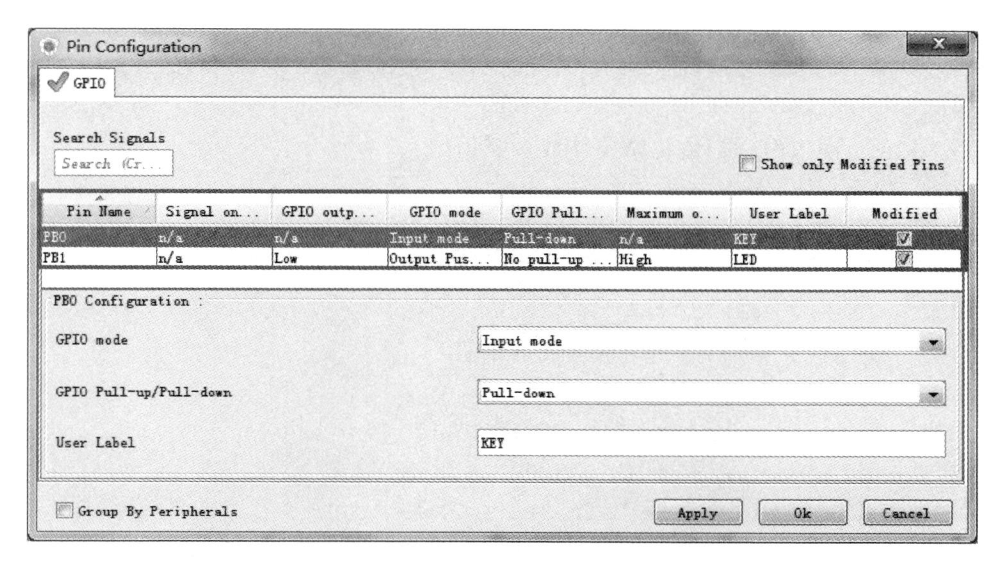

图 7-4 GPIO 引脚配置结果(2)

GPIO 普通输出模式详细配置参数在 6.3.4 节中已经介绍。GPIO 普通输入模式仅有"GPIO Pull-up/Pull-down"选项，其含义与输出模式类似，这里不做过多解释。

设置完成后保存工程并生成源代码。

7.3 代码分析

打开文件夹 MDK-ARM，双击 Key-Led. uvprojx 文件图标，Keil MDK5 加载 Key-Led. uvprojx 文件程序。打开文件后将左侧树结构展开，其结构与图 6-18 中类似，大部分程序内容也类似。

有一点需要说明的就是之前对 PB0 与 PB1 分别设置了标签 LED 和 KEY，打开 main. h 文件，可以找到宏定义：

```
#define KEY_Pin GPIO_PIN_0
#define KEY_GPIO_Port GPIOB
#define LED_Pin GPIO_PIN_1
#define LED_GPIO_Port GPIOB
```

由此可见，标签的作用就是给引脚赋予有实际意义的名称，方便编程与读程序。

除此之外与第 6 章的实例相比较，GPIB 端口在功能上多了 PB0 上拉输入，那么该端口的变化主要集中在 GPIO 初始化方面，代码如下。

代码 7-1

```
void MX_GPIO_Init(void)
{
  GPIO_InitTypeDef GPIO_InitStruct; //声明 GPIO 结构体

  __HAL_RCC_GPIOB_CLK_ENABLE(); //使能 GPIO 端口时钟

  //控制引脚输出低电平,输入不设置
  HAL_GPIO_WritePin(LED_GPIO_Port, LED_Pin, GPIO_PIN_RESET);

  //为 GPIO 输入引脚初始化结构体成员赋值
  GPIO_InitStruct.Pin= KEY_Pin;
  GPIO_InitStruct.Mode= GPIO_MODE_INPUT;
  GPIO_InitStruct.Pull= GPIO_PULLDOWN;

  //为 GPIO 输出引脚初始化结构体成员赋值
  GPIO_InitStruct.Pin= LED_Pin;
  GPIO_InitStruct.Mode= GPIO_MODE_OUTPUT_PP;
  GPIO_InitStruct.Pull= GPIO_NOPULL;
  GPIO_InitStruct.Speed= GPIO_SPEED_FREQ_HIGH;
  HAL_GPIO_Init(LED_GPIO_Port, &GPIO_InitStruct);
  HAL_GPIO_Init(KEY_GPIO_Port, &GPIO_InitStruct); //初始化 GPIO 引脚
}
```

7.4 编写用户代码

打开 Keil MDK 工程,在软件主界面的菜单栏中单击“Project”,在“Application/User”目录下双击“main. c”,会看到如下代码(为节省页面,将注释删除,并附中文注释)。

代码 7-2

```
int main(void)
{
  HAL_Init(); //初始化所有外设、闪存及系统时钟等(采用缺省值)
  SystemClock_Config(); //配置时钟
  MX_GPIO_Init(); //配置 GPIO 初始化参数

  while(1)
  {
    //在此添加用户代码
  }
}
```

在上述代码中 while(1)循环体用于实现用户程序的循环过程，而 KEY(BUTTON)键又属于不带锁键，所以 STM32F103R6 的 PB0 引脚只能检测到电平脉冲。而在 Proteus 硬件连接图中 KEY 键一端接电源，另一端接 PB0，KEY 键导通后 PB0 引脚电平将被拉至高电平，也就是说 PB0 引脚有一个由低到高的变化，则 LED 状态翻转。所以 main()函数的代码如下：

代码 7-3

```
int main(void)
{
  HAL_Init(); //初始化所有外设、闪存及系统时钟等(采用缺省值)
  SystemClock_Config(); //配置时钟
  MX_GPIO_Init(); //配置 GPIO 初始化参数

  while(1)
  {
    //轮询方式
    if(HAL_GPIO_ReadPin(KEY_GPIO_Port, KEY_Pin)==GPIO_PIN_SET)
    {
        while(HAL_GPIO_ReadPin(KEY_GPIO_Port, KEY_Pin)==GPIO_PIN_SET);
        HAL_GPIO_TogglePin(LED_GPIO_Port, LED_Pin); //LED 翻转
    }
  }
}
```

上述代码中语句“if(HAL_GPIO_ReadPin(KEY_GPIO_Port, KEY_Pin)==GPIO_PIN_SET)”用于判断按键是否被按下，如果按下，则需要等待该按键被释放，即由语句“while(HAL_GPIO_ReadPin(KEY_GPIO_Port, KEY_Pin)==GPIO_PIN_SET);”来实现(注意，此句包括分号——空语句)，在按键执行了按下并抬起动作后，LED 灯翻转。

注意：为了方便程序移植，可将上述代码中加粗部分以子函数的形式给出。添加子函数的代码可按以下形式给出。

代码 7-4

```
GPIO_PinState KEY_SCAN(GPIO_TypeDef *GPIOx, uint16_t GPIO_Pin)
{
    if(HAL_GPIO_ReadPin(GPIOx, GPIO_Pin)==GPIO_PIN_SET)
    {
        while(HAL_GPIO_ReadPin(GPIOx, GPIO_Pin)==GPIO_PIN_SET);
        return GPIO_PIN_SET;
    }
    else
        return GPIO_PIN_RESET;
}
```

相应的 main()函数的代码如下。

代码 7-5

```
int main(void)
{
  HAL_Init(); //初始化所有外设、闪存及系统时钟等为缺省值
  SystemClock_Config(); //配置时钟
  MX_GPIO_Init(); //配置 GPIO 初始化参数

  while(1)
  {
    //轮询方式
    if(KEY_SCAN(KEY_GPIO_Port, KEY_Pin)==GPIO_PIN_SET)
        HAL_GPIO_TogglePin(LED_GPIO_Port, LED_Pin);
  }
}
```

7.5 仿真结果

程序运行前后对比如图 7-5 所示(彩图见书末)。显然，按一下按键，LED 灯将由亮变灭，再按一次 LED 灯将由灭变亮，实验成功。

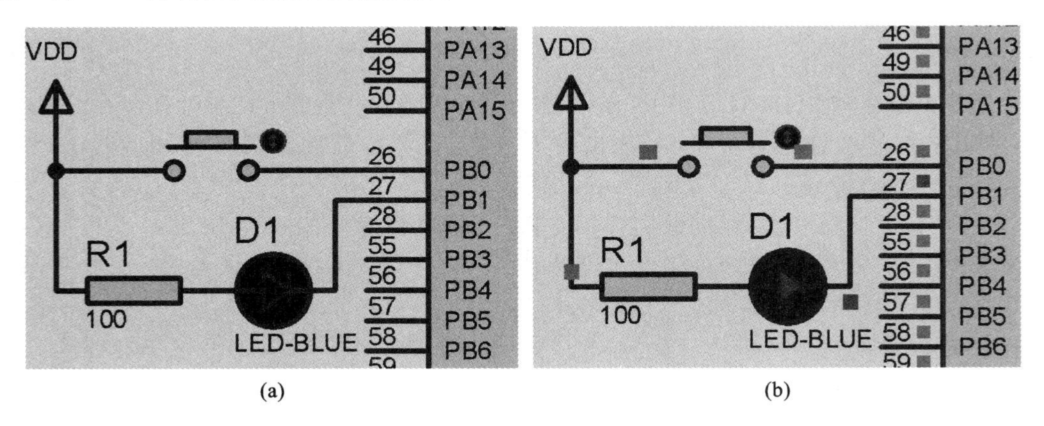

图 7-5　程序运行前后对比图(3)

(a)运行前；(b)运行后

7.6 按键说明

如果采用实物进行实验还需要注意一个问题，即按键的消抖问题。通常按键为机械弹性开关，在机械触点断开、闭合瞬间，电压信号会变形，如图 7-6 所示。由于机械触点的弹性作用，按键在闭合时不会马上稳定地接通，在断开时也不会一下子断开，因而在闭合及断开的瞬间按键会发生一连串的抖动。抖动时间的长短由按键的机械特性决定，一般为 5～10 ms。

按键稳定闭合时间的长短是由操作人员的按键动作决定的，一般为零点几秒至数秒。按

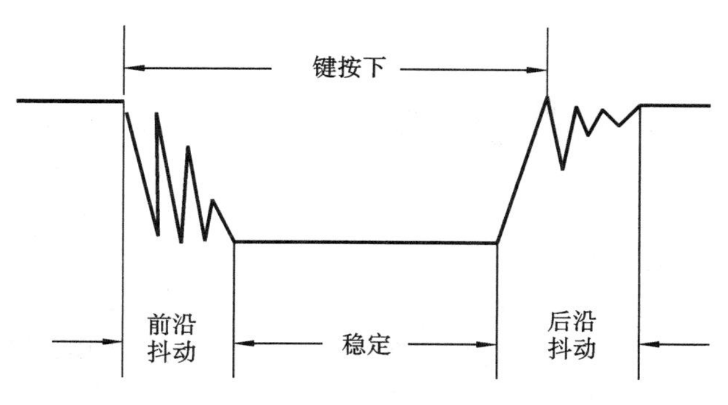

图 7-6　按键抖动电压信号波形

键抖动会引起一次按键操作被误读多次。为确保 CPU 对键的一次闭合仅做一次处理，必须消除按键抖动。按键的抖动可用硬件或软件方法消除。为减小 CPU 的负担，尽量采用硬件方法消除键抖动，特别是按键较少时。硬件实现方法也比较多，最简单的就是并联电容法，即利用电容的放电延时，将按键与电容并联来消除按键抖动。

思考与练习

7-1　通过按键控制蜂鸣器响与停。蜂鸣器驱动电路如图 6-29 所示（也可自行设计）。按键采用扫描方式控制。

7-2　通过按键控制照明设备开关。驱动电路如图 6-30 所示（也可自行设计）。按键采用扫描方式控制。

7-3　按图 7-7 布置按键来控制图 7-8 所示的 LED 灯。输入引脚均由读者自行安排，按键控制采用扫描方式控制。

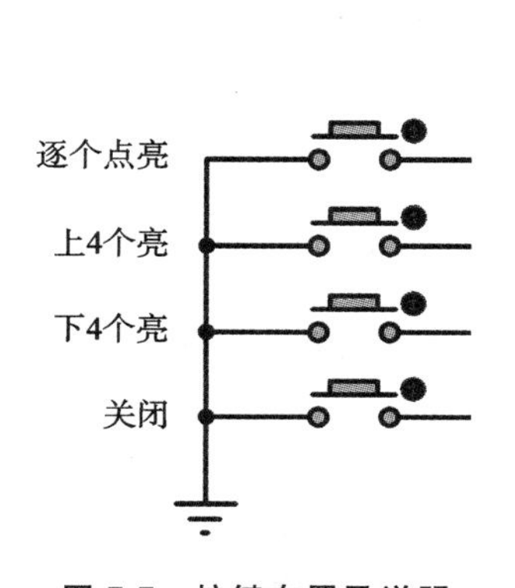

图 7-7　按键布置及说明

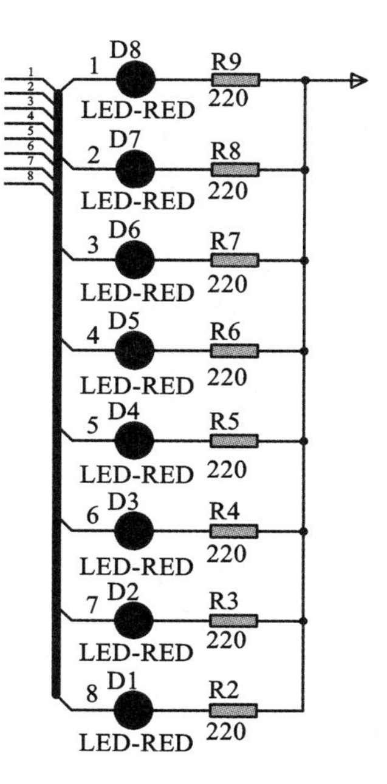

图 7-8　LED 灯布置

第 8 章　用按键中断控制 LED 灯

在 STM32 中，每一个 GPIO 信号都可以触发一个外部中断 EXTI(external interrupt)。外部中断过程为：GPIO 检测输入脉冲引起中断事件，原来的代码执行流程中断，系统开始执行中断服务函数，执行完后，再返回原处执行中断之前的代码。利用这个特性，把按键轮询检测改为由中断处理，可大大提高软件执行的效率。

8.1　中断和异常向量

各种容量 STM32F10xxx 产品的向量(这里的向量指中断处理程序的入口地址)如表 8-1 所示。

表 8-1　STM32F10xxx 产品向量表

位置	优先级	优先级类型	名　称	说　明	地　址
	—	—	—	保留	0x0000_0000
	−3	固定	Reset	复位	0x0000_0004
	−2	固定	NMI	不可屏蔽中断； RCC 时钟安全系统(CSS)连接到 NMI 向量	0x0000_0008
	−1	固定	硬件失效 (HardFault)	所有类型都失效	0x0000_000C
	0	可设置	存储管理 (MemManage)	存储器管理	0x0000_0010
	1	可设置	总线错误 (BusFault)	预取指令失败，存储器访问失败	0x0000_0014
	2	可设置	错误应用 (UsageFault)	未定义的指令或非法状态	0x0000_0018
	—	—	—	保留	0x0000_001C ~0x0000_002B
	3	可设置	SVCall	通过 SWI 指令的系统服务调用	0x0000_002C
	4	可设置	调试监控 (DebugMonitor)	调试监控器	0x0000_0030
	—	—	—	保留	0x0000_0034
	5	可设置	Pend SV	可挂起的系统服务	0x0000_0038
	6	可设置	SysTick	系统滴答定时器	0x0000_003C

续表

位置	优先级	优先级类型	名　　称	说　　明	地　　址
0	7	可设置	WWDG	窗口定时器中断	0x0000_0040
1	8	可设置	PVD	连到EXTI的电源电压检测(PVD)中断	0x0000_0044
2	9	可设置	TAMPER	侵入检测中断	0x0000_0048
3	10	可设置	RTC	实时时钟(RTC)全局中断	0x0000_004C
4	11	可设置	FLASH	闪存全局中断	0x0000_0050
5	12	可设置	RCC	复位和时钟控制(RCC)中断	0x0000_0054
6	13	可设置	EXTI0	EXTI线0中断	0x0000_0058
7	14	可设置	EXTI1	EXTI线1中断	0x0000_005C
8	15	可设置	EXTI2	EXTI线2中断	0x0000_0060
9	16	可设置	EXTI3	EXTI线3中断	0x0000_0064
10	17	可设置	EXTI4	EXTI线4中断	0x0000_0068
11	18	可设置	DMA1通道1	DMA1通道1全局中断	0x0000_006C
12	19	可设置	DMA1通道2	DMA1通道2全局中断	0x0000_0070
13	20	可设置	DMA1通道3	DMA1通道3全局中断	0x0000_0074
14	21	可设置	DMA1通道4	DMA1通道4全局中断	0x0000_0078
15	22	可设置	DMA1通道5	DMA1通道5全局中断	0x0000_007C
16	23	可设置	DMA1通道6	DMA1通道6全局中断	0x0000_0080
17	24	可设置	DMA1通道7	DMA1通道7全局中断	0x0000_0084
18	25	可设置	ADC1_2	ADC1和ADC2的全局中断	0x0000_0088
19	26	可设置	USB_HP_CAN_TX	USB高优先级或CAN发送中断	0x0000_008C
20	27	可设置	USB_LP_CAN_RX0	USB低优先级或CAN接收0中断	0x0000_0090
21	28	可设置	CAN_RX1	CAN接收1中断	0x0000_0094
22	29	可设置	CAN_SCE	CAN SCE中断	0x0000_0098
23	30	可设置	EXTI9_5	EXTI线[9:5]中断	0x0000_009C
24	31	可设置	TIM1_BRK	TIM1刹车中断	0x0000_00A0
25	32	可设置	TIM1_UP	TIM1更新中断	0x0000_00A4
26	33	可设置	TIM1_TRG_COM	TIM1触发和通信中断	0x0000_00A8
27	34	可设置	TIM1_CC	TIM1捕获比较中断	0x0000_00AC
28	35	可设置	TIM2	TIM2全局中断	0x0000_00B0
29	36	可设置	TIM3	TIM3全局中断	0x0000_00B4
30	37	可设置	TIM4	TIM4全局中断	0x0000_00B8
31	38	可设置	I2C1_EV	I2C1事件中断	0x0000_00BC

续表

位置	优先级	优先级类型	名　称	说　明	地　址
32	39	可设置	I2C1_ER	I2C1 错误中断	0x0000_00C0
33	40	可设置	I2C2_EV	I2C2 事件中断	0x0000_00C4
34	41	可设置	I2C2_ER	I2C2 错误中断	0x0000_00C8
35	42	可设置	SPI1	SPI1 全局中断	0x0000_00CC
36	43	可设置	SPI2	SPI2 全局中断	0x0000_00D0
37	44	可设置	USART1	USART1 全局中断	0x0000_00D4
38	45	可设置	USART2	USART2 全局中断	0x0000_00D8
39	46	可设置	USART3	USART3 全局中断	0x0000_00DC
40	47	可设置	EXTI15_10	EXTI 线[15:10]中断	0x0000_00E0
41	48	可设置	RTCAlarm	连到 EXTI 的 RTC 闹钟中断	0x0000_00E4
42	49	可设置	USB 唤醒	连到 EXTI 的从 USB 待机唤醒中断	0x0000_00E8
43	50	可设置	TIM8_BRK	TIM8 刹车中断	0x0000_00EC
44	51	可设置	TIM8_UP	TIM8 更新中断	0x0000_00F0
45	52	可设置	TIM8_TRG_COM	TIM8 触发和通信中断	0x0000_00F4
46	53	可设置	TIM8_CC	TIM8 捕获比较中断	0x0000_00F8
47	54	可设置	ADC3	ADC3 全局中断	0x0000_00FC
48	55	可设置	FSMC	FSMC 全局中断	0x0000_0100
49	56	可设置	SDIO	SDIO 全局中断	0x0000_0104
50	57	可设置	TIM5	TIM5 全局中断	0x0000_0108
51	58	可设置	SPI3	SPI3 全局中断	0x0000_010C
52	59	可设置	UART4	UART4 全局中断	0x0000_0110
53	60	可设置	UART5	UART5 全局中断	0x0000_0114
54	61	可设置	TIM6	TIM6 全局中断	0x0000_0118
55	62	可设置	TIM7	TIM7 全局中断	0x0000_011C
56	63	可设置	DMA2 通道 1	DMA2 通道 1 全局中断	0x0000_0120
57	64	可设置	DMA2 通道 2	DMA2 通道 2 全局中断	0x0000_0124
58	65	可设置	DMA2 通道 3	DMA2 通道 3 全局中断	0x0000_0128
59	66	可设置	DMA2 通道 4_5	DMA2 通道 4 和 DMA2 通道 5 全局中断	0x0000_012C

外部中断/事件控制器有19个能产生事件/中断请求的边沿检测器。每条输入线可以独立地配置输入类型(脉冲或挂起)和对应的触发事件(包括上升沿、下降沿和双边沿触发中断)。每条输入线都可以独立地被屏蔽。挂起寄存器保存状态线的中断请求。

STM32采用内嵌向量中断控制器(NVIC)来管理中断,中断的使能、挂起、优先级、活动等都是由NVIC管理的。

8.2　NVIC 优先级分组

NVIC 是属于 Cortex-M3 内核的器件，不可屏蔽中断(NMI)和外部中断(EXTI)都由它来处理(但 SysTick 不是由 NVIC 来控制的)。HAL 库已经把 NVIC 封装成库函数了。在 core_cm3.h 文件中，可以查找到结构体 NVIC_Type，如代码 8-1 所示。

代码 8-1

```
typedef struct
{
  __IOM uint32_t ISER[8U];               /* 中断使能寄存器* /
        uint32_t RESERVED0[24U];
  __IOM uint32_t ICER[8U];               /* 中断清除寄存器* /
        uint32_t RSERVED1[24U];
  __IOM uint32_t ISPR[8U];               /* 中断挂起使能寄存器* /
        uint32_t RESERVED2[24U];
  __IOM uint32_t ICPR[8U];               /* 中断挂起清除寄存器* /
        uint32_t RESERVED3[24U];
  __IOM uint32_t IABR[8U];               /* 中断标志位激活位寄存器* /
        uint32_t RESERVED4[56U];
  __IOM uint8_t  IP[240U];               /* 中断优先级寄存器(8 位宽)* /
        uint32_t RESERVED5[644U];
  __OM  uint32_t STIR;                   /* 软件触发中断寄存器* /
}NVIC_Type;
```

中断的配置中最重要的是优先级配置。中断优先级寄存器共有 8 位宽，但只用了高 4 位，即有 16 种中断向量的优先级。STM32 中有两种优先级，即抢占优先级和响应优先级(也称子优先级)，每个中断源都需要指定优先级。抢占优先级和响应优先级的数量由一个 4 位数字来决定，把该 4 位数字的位数分配成抢占优先级部分和响应优先级部分。有以下 5 组分配方式。

第 1 组：所有位都用来配置抢占优先级，即 NVIC 配置的 $2^4=16$ 种中断向量都只有抢占属性，没有响应属性。

第 2 组：最高位用来配置抢占优先级，低 3 位用来配置响应优先级。因此在 16 种中断向量之中，有 $2^1=2$ 种级别的抢占优先级(0 级，1 级)，有 $2^3=8$ 种级别的响应优先级，即有 8 种中断向量的抢占优先级都为 0 级，而它们的响应优先级分别为 0～7 级，其余 8 种中断向量的抢占优先级都为 1 级，响应优先级分别为 0～7 级。

第 3 组：2 位用来配置抢占优先级，2 位用来配置响应优先级。即中断向量中有 $2^2=4$ 种级别的抢占优先级，$2^2=4$ 种级别的响应优先级。

第 4 组：高 3 位用来配置抢占优先级，最低位用来配置响应优先级。即有 8 种级别的抢占优先级，2 种级别的响应优先级。

第 5 组：所有位都用来配置响应优先级，即 16 种中断向量具有各不相同的响应优先级。

具有高抢占优先级的中断可以在具有低抢占优先级的中断处理过程中被响应，即高抢占优先级的中断可以嵌套在低抢占优先级的中断中。当两个中断的抢占优先级相同时，如果一个中断到来时，系统正在处理另一个中断，那么后到来的中断就要等到前一个中断处理完之后才能被处理。如果两个中断同时到达，则中断控制器将根据它们的响应优先级高低来决定先处理哪一个；如果两个中断的抢占式优先级和响应优先级都相同，则根据它们在中断组中的排位顺序决定先处理哪一个。

8.3 外部中断

STM2 的所有 I/O 端口都可以配置为外部中断(包括下降沿中断、上升沿中断和上升下降沿中断)端口，用来捕捉外部信号。GPIO 中断端口以图 8-1 所示的方式连接到 16 个外部中断/事件线上。

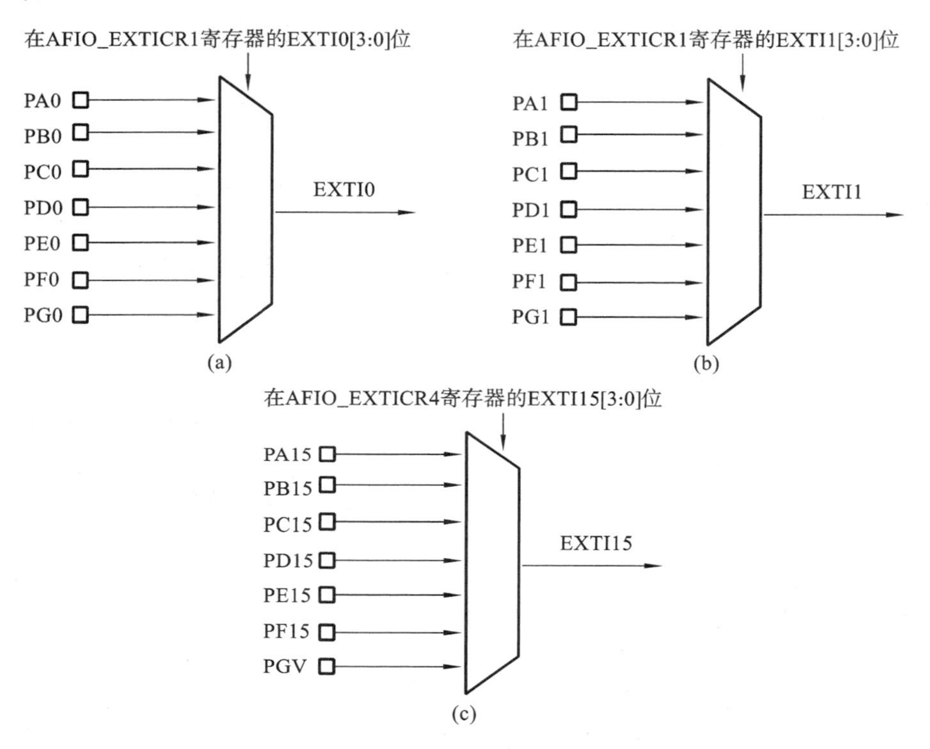

图 8-1　GPIO 和中断线的映射关系图

GPIO 的中断源是以组为单位的，同组内的外部中断源同一时间只能使用一个。例如，PA0、PB0、PC0、PD0、PE0、PF0、PG0 为一组，如果使用 PA0 作为外部中断源，那么 PB0～PG0 就不能够再同时使用了(但可分时使用)，在此情况下，我们只能使用类似于 PB1、PC2 这种末端序号不同的外部中断源。外部中断源最普通的应用就是接上一个 GPIO 按键，设置为下降沿触发，用中断来检测按键。

每一组中断使用一个中断标志 EXTIx。EXTI0～EXTI4 这 5 个外部中断有单独的中断响应函数，EXTI5～EXEI9 共用一个中断响应函数，EXTI10～EXTI15 共用一个中断响应函数。

8.4 实例描述及硬件连接图绘制

本章中实例描述与硬件连接图绘制均与第 7 章中实例相同，在此不赘述。

8.5　STM32CubeMX 配置工程

8.5.1　工程建立及 MCU 选择

工程建立及 MCU 选择方法与 6.3.1 节相同，这里不赘述。

8.5.2　RCC 及引脚设置

打开“Pinout”选项卡，设置晶振为外置晶振，设置方式为：打开 RCC 配置目录，在“High Speed Clock(HSE)”下拉列表中选择“Crystal/Ceramic Resonator”。详细设置方式可参考 6.3.2节。

观察引脚图直接查找 PB1 引脚，或在“Find”搜索框中输入“PB1”定位到对应引脚位置。在 PB1 引脚上单击，系统将显示该引脚的各种功能，在本实例中选择输出模式（GPIO_Output）。同样，观察引脚图直接查找 PB0，或在“Find”搜索框中输入“PB0”定位到对应引脚位置。在 PB0 引脚上单击，系统将显示该引脚的各种功能，在本实例中选择外部中断模式（GPIO_EXTI0）。操作结果如图 8-2 所示。

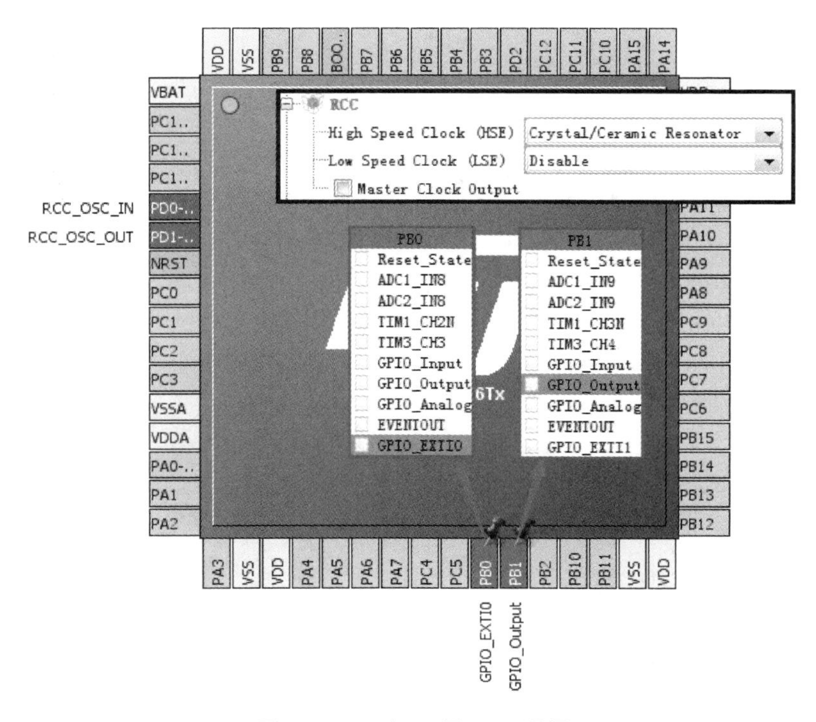

图 8-2　PB0/PB1 及 RCC 设置

8.5.3　时钟配置

在本实例中采用外部时钟源 HSE，时钟配置方法为：将 Input frequency 设置为 8 MHz，PLL Source Mux 选择 HSE，System Clock Mux 选择 PLLCLK，PLLMul 选择 9 倍频，APB1 Prescaler 选择 2 分频，最终配置结果如图 8-3 所示。

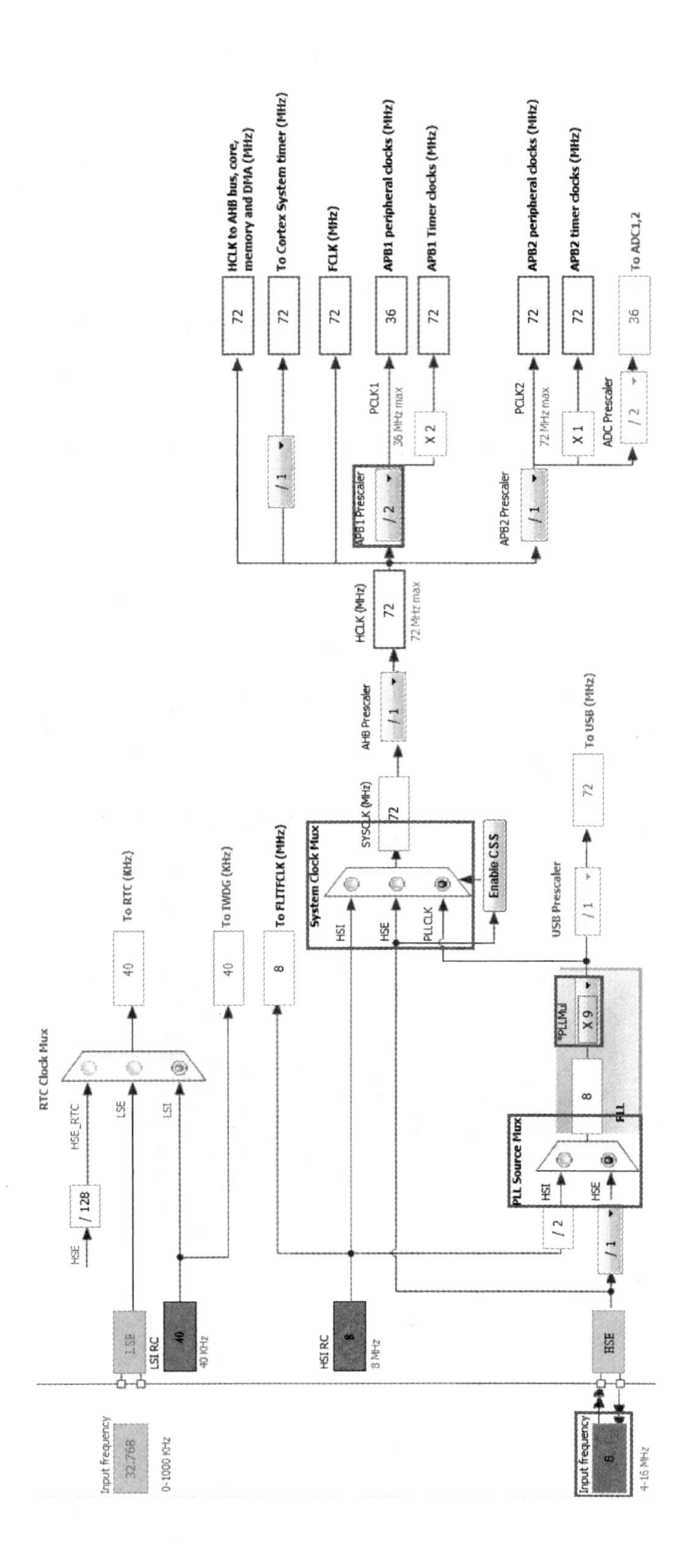

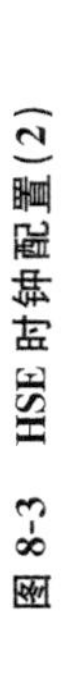
图 8-3　HSE 时钟配置(2)

8.5.4　MCU 外设配置

选择“Configuration”选项卡，单击“GPIO”按钮，打开“Pin Configuration”对话框，如图 8-4 所示。

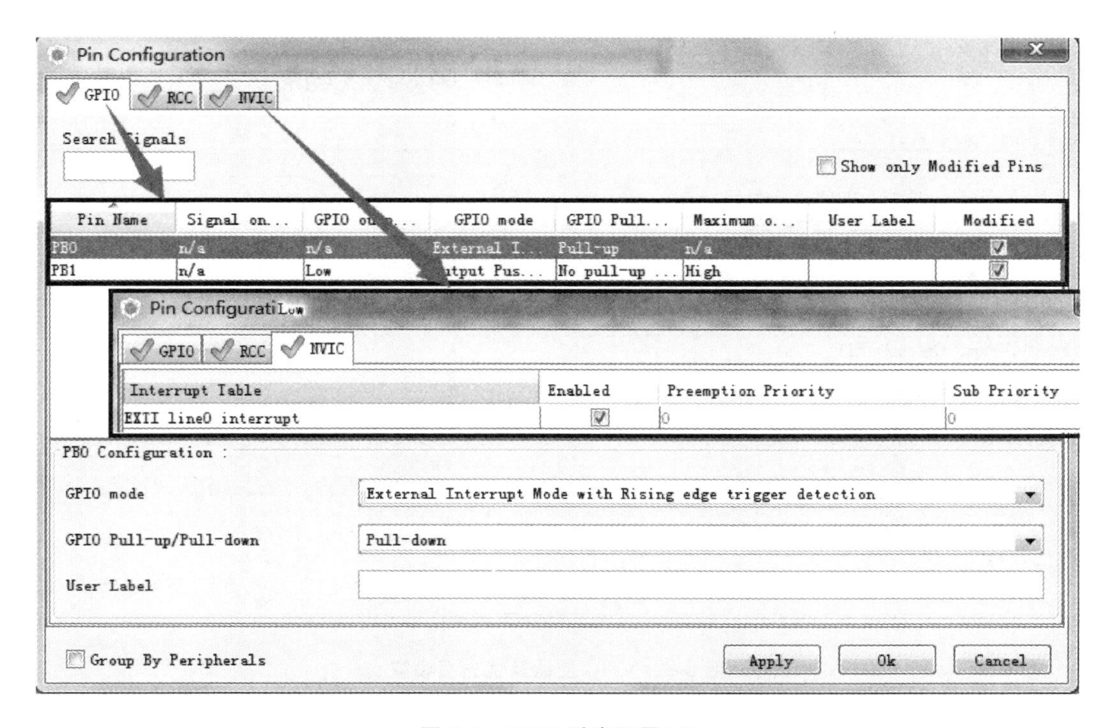

图 8-4　GPIO 引脚配置(3)

选择“GPIO”选项卡，选中“PB1”栏，在显示框下方会显示对应的 I/O 端口详细配置信息。在“GPIO output level”下拉列表框中选择“Low”，在“GPIO mode”下拉列表框中选择“Output Push Pull”，即设置 PB1 输出低电平，且输出模式为推挽输出。然后，在“GPIO”选项卡中选中“PB0”栏，在“GPIO Pull-up/Pull-down”下拉列表框中选择“Pull-down”，在“GPIO mode”下拉列表框中选择“External Interrupt Mode with Rising edge trigger detection”，即设置 PB0 下拉输出，且输出模式为上升沿触发外部中断。

再选择“NVIC”选项卡，将“EXTI line0 interrupt”的“Enabled”(使能)项选中(也可点击“Configuration”→“NVIC”进行设置，该界面还可以设置优先级，因本项目只有一个按键，故不需设置优先级)，如图 8-5 所示。

配置完成后单击“Apply”按钮保存配置，然后单击“Ok”按钮退出界面。

保存设置后生成源代码。

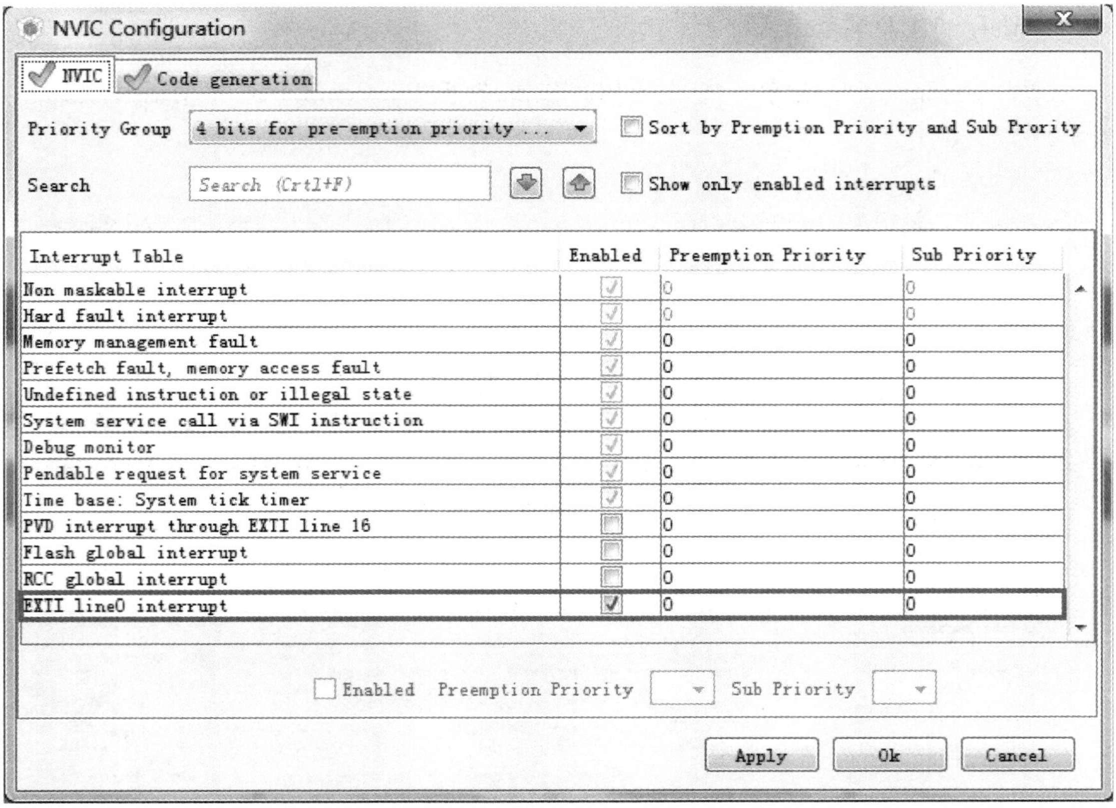

图 8-5　NVIC 使能及优先级设置

8.6　代码分析

打开生成的源代码，查看使用 HAL 库配置外部中断的一般步骤。在 main()函数中同样进入 MX_GPIO_Init()函数查看。现列举与第 7 章自动生成的代码不同的部分代码如下。

代码 8-2

```
…
  //使能 I/O 端口时钟
  __HAL_RCC_GPIOD_CLK_ENABLE();
…
  //配置 I/O 端口为中断模式
  GPIO_InitStruct.Pin= GPIO_PIN_0;
  GPIO_InitStruct.Mode= GPIO_MODE_IT_FALLING;
  GPIO_InitStruct.Pull= GPIO_PULLUP;
  HAL_GPIO_Init(GPIOB, &GPIO_InitStruct);
…
  //设置中断优先级(NVIC)
  HAL_NVIC_SetPriority(EXTI0_IRQn, 0,0);
```

```
    //使能中断
    HAL_NVIC_EnableIRQ(EXTI0_IRQn);
```

总结上述代码可知，HAL库配置外部中断的步骤可归结为：

(1) 使能I/O端口时钟；

(2) 配置I/O端口模式为中断模式；

(3) 设置中断优先级(即配置NVIC)；

(4) 使能中断。

通过上述步骤只能实现初始化配置，如果想实现具体的中断过程还需要手工编写代码。下面就中断服务程序编写做一说明。

中断服务函数在HAL库中已有定义。STM32F1的I/O端口外部中断函数只有7个，分别为：

```
void EXTI0_IRQHandler();
void EXTI1_IRQHandler();
void EXTI2_IRQHandler();
void EXTI3_IRQHandler();
void EXTI4_IRQHandler();
void EXTI9_5_IRQHandler();
void EXTI15_10_IRQHandler();
```

中断线0～4分别对应中断函数EXTI0_IRQHandler()～EXTI4_IRQHandler()，中断线5～9共用中断函数EXTI9_5_IRQHandler()，中断线10～15共用中断函数EXTI15_10_IRQHandler()。一般情况下，我们可以把中断控制逻辑直接反映在中断服务函数中，但是HAL库对中断处理过程进行了简单封装。stm32f1xx_it.c包括void EXTI0_IRQHandler()函数，该函数又调用了stm32f1xx_hal_gpio.c文件内的HAL_GPIO_EXTI_IRQHandler(GPIO_PIN_0)函数，跟踪此函数发现其又调用了HAL_GPIO_EXTI_Callback(GPIO_Pin)函数，再跟踪下去发现此函数为__weak申明的回调函数，且该回调函数相当于什么也没有做(实际执行UNUSED(GPIO_Pin)，且有定义#define UNUSED(X)(void)X)。因此，在回调函数中判断中断来自哪个I/O端口并编写相应的中断服务控制逻辑即可。

实际上，所有的中断服务函数内部都只调用了同样一个函数HAL_GPIO_EXTI_Callback(GPIO_Pin)，并且函数内部会进行中断标志位清零。

8.7 编写用户代码

由8.6节可知，中断处理函数在HAL库中相当于回调函数，此处要注意回调函数与普通函数的不同：普通函数的调用是直接或者间接由main()函数发起的；回调函数的调用则是由系统发起的，与main()函数无关。在STM32的HAL库中，回调函数的调用由中断发起，实际上它们就是中断处理函数。本实例要实现的是按键后LED的亮灭翻转效果，而按键信号则是由中断处理的，所以用户代码应在回调函数HAL_GPIO_EXTI_Callback(GPIO_Pin)内实现。在main.c文件中重新建立HAL_GPIO_EXTI_Callback(GPIO_Pin)函数，写入中断处理语句，如代码8-3所示。

代码 8-3

```
//中断服务程序中需要做的事情
//在 HAL 库中所有外部中断服务函数都会调用此回调函数
//GPIO_Pin:中断引脚序号
void HAL_GPIO_EXTI_Callback(uint16_t GPIO_Pin)
{
    if(GPIO_Pin==GPIO_PIN_0)
      if(HAL_GPIO_ReadPin(GPIOB, GPIO_PIN_0)==GPIO_PIN_SET)//再次确认按
键被按下
        HAL_GPIO_TogglePin(GPIOB, GPIO_PIN_1);
}
```

8.8 仿真结果

本实例仿真结果与第 7 章中实例完全一样，在此不赘述。

思考与练习

8-1　通过按键控制蜂鸣器响与停。蜂鸣器驱动电路如图 6-29 所示（也可自行设计）。采用中断方式控制按键。

8-2　通过按键控制照明设备开关。驱动电路如图 6-30 所示（也可自行设计）。采用中断控制方式控制按键。

8-3　通过对图 7-7 所示按键布置及说明来控制图 7-8 中的 LED 灯。采用中断控制方式控制按键。

8-4　对按键次数进行计算，并用数码管显示计数结果。采用中断控制方式控制按键。

8-5　通过 STM32F1 HAL 库使用手册（*UM1850 User manual*）学习外部中断相关函数。

第9章　仿真器端口电平——基本定时器

9.1　定时器功能简介

STM32F1系列共有11个定时器，其中包括2个高级定时器、4个通用定时器、2个基本定时器、2个看门狗定时器和1个系统滴答定时器。前8个定时器均为16位定时器。其中TIM6、TIM7是基本定时器，时钟由APB1输出产生；TIM2、TIM3、TIM4、TIM5是通用定时器，时钟由APB1输出产生；TIM1和TIM8是高级定时器，时钟由APB2输出产生。这些定时器使STM32具有定时、信号的频率测量、信号的PWM测量、PWM输出、三相异步电动机控制及编码器监测等功能，这些功能都是专门为工控领域的应用量身定做的。本实例需要用到的是基本定时器。

9.2　基本定时器工作分析

基本定时器TIM6和TIM7只具备最基本的定时功能：当累加的时钟脉冲数超过预定值时，触发中断或触发DMA请求。由于TIM6和TIM7在芯片内部与DAC外设相连，可通过触发控制器输出驱动DAC，也可以作为其他通用定时器的时钟基准。图9-1所示为基本定时器框图。根据控制位的设定，发生事件U时预装载寄存器（即图9-1中的自动重载寄存器）的值将被传送至实际寄存器。

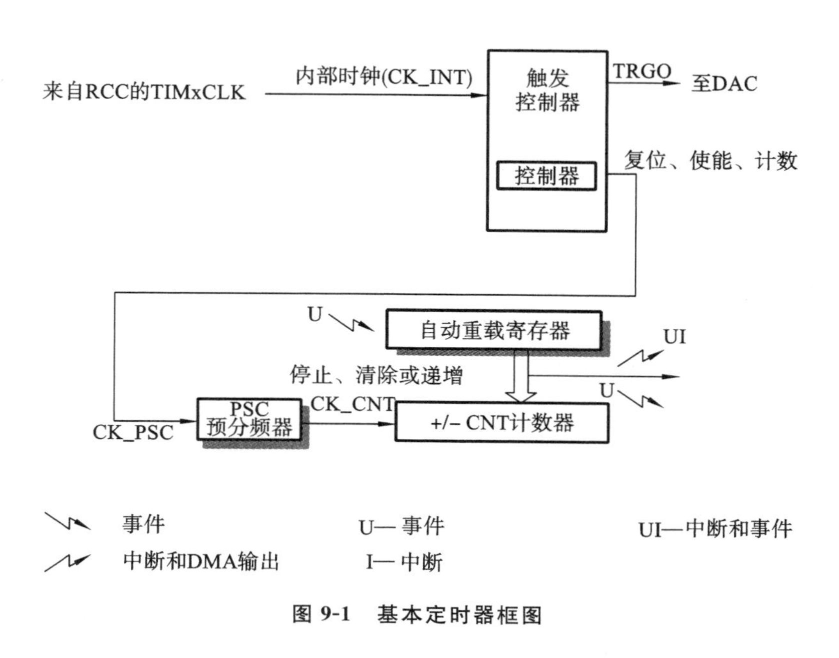

图9-1　基本定时器框图

基本定时器 TIM6 和 TIM7 使用的时钟源都是 TIMxCLK，时钟源经过 PSC 预分频器被输送至脉冲计数器 TIMx_CNT。基本定时器只能工作在向上计数模式下，在自动重载寄存器 TIMx_ARR 中保存的是定时器的溢出值。工作时，脉冲计数器 TIMx_CNT 由时钟触发进行计数，当 TIMx_CNT 的计数值 X 等于自动重载寄存器 TIMx_ARR 中保存的数值 N 时，产生溢出事件，可触发中断或 DMA 请求。然后 TIMx_CNT 的值重新被置为 0，重新向上计数。

9.3　基本定时器时钟源

定时器要实现定时，首先需要时钟源。基本定时器的时钟源只能是内部时钟源，由 CK_INK 提供。定时器的时钟源不是 APB1 或 APB2，而是输入为 APB1 或 APB2 的一个倍频器。对于基本定时器和通用定时器，当 APB1 的预分频系数为 1 时，这个倍频器不起作用，定时器的时钟频率等于 APB1 的输出频率；当 APB1 的预分频系数为其他数值（如 2）时，这个倍频器起作用，定时器的时钟频率等于 APB1 输出频率的 2 倍。

9.4　基本定时器周期

定时器的周期关系到 3 个寄存器：计数器寄存器（TIMx_CNT）、预分频寄存器（TIMx_PSC）、自动重载寄存器（TIMx_ARR）。这 3 个寄存器的地址都是 16 位有效数字，可设置的值为 0～65535。在图 9-1 中，可以看到 PSC 预分频器有一个输入时钟 CK_PSC 和一个输出时钟 CK_CNT。输入时钟来源于控制器部分，通过设置预分频数，可以得到不同的 CK_CNT 值，其计算式为：CK_CNT＝FCK_PSC/（TIMx_PSC[15:0]＋1）。因为预分频器具有缓冲功能，可以在运行过程中改变它的分频数，新的预分频数将在下一个更新事件发生时起作用。

在定时器使能后，计数器 COUNTER 根据 CK_CNT 频率向上计数，即每来一个 CK_CNT 脉冲，TIMx_CNT 值就加 1，当 TIMx_CNT 值与 TIMx_ARR 的设定值相等时就自动生成事件（产生 DMA 请求、产生中断信号或者触发 DAC），同时 TIMx_CNT 自动清零，然后重新开始计数。因此，只要设定 CK_PSC 和 TIMx_ARR 这两个寄存器的值，即进行定时器预分频设置和设定定时器周期，就可以控制事件生成时间。

9.5　实例描述及硬件连接图绘制

9.5.1　实例描述

采用 STM32F103R6，实现 PB1 端口电平由高→低→高→低→……循环的功能。

9.5.2　硬件连接图绘制

本例采用 Keil MDK5 软件进行仿真来实现相关功能，故不需绘制硬件连接图。

9.6 STM32CubeMX 配置工程

9.6.1 工程建立及 MCU 选择

工程建立及 MCU 选择参见 6.3.1 小节，这里不赘述。

9.6.2 RCC 及引脚设置

打开“Pinout”选项卡，将晶振设置为外置晶振，设置方式为：打开 RCC 配置目录，在“High Speed Clock(HSE)”下拉列表中选择“Crystal/Ceramic Resonator”。

观察引脚图直接查找 PB1 引脚或在“Find”搜索框中输入“PB1”定位到 PB1 引脚位置。在 PB1 引脚上单击，系统将显示出该引脚的各种功能，本实例选择输出模式(GPIO_Output)。因 STM32F103R6 没有基本定时器 TIM6 和 TIM7，而通用定时器 TIM2～TIM5 也具有基本定时器功能，故利用 TIM2 定时。在“Pinout”选项卡左侧配置目录中单击“Peripherals”→“TIM2”→“Clock Source”→“Internal Clock”。操作结果如图 9-2 所示。

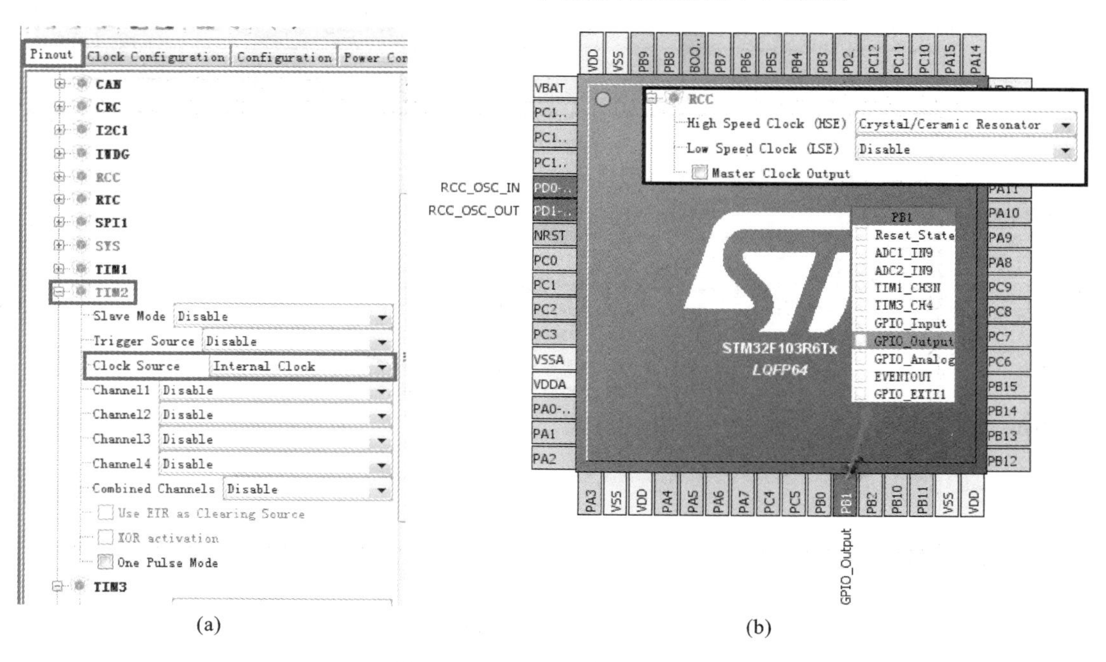

图 9-2 PB1、RCC 及 TIM2 设置

9.6.3 时钟配置

本实例采用外部时钟源 HSE，时钟配置方法参见 8.5.3 小节。

9.6.4 MCU 外设配置

选择“Configuration”选项卡，单击“GPIO”按钮，打开“Pin Configuration”对话框。在“Pin Configuration”对话框中选择 GPIO 选项卡，选中 PB1 栏，在显示框下方会显示对应的 I/O 端口详细配置信息。将 GPIO 模式设置为高电平推挽输出。配置完成后单击“Apply”按钮保存设置，然后单击“Ok”按钮退出界面。

在“Configuration”选项卡中单击“TIM2”按钮，弹出 TIM2 详细配置界面，该界面列出了所有会使用到的 TIM2 参数配置项。

在“TIM2”详细配置界面中选择“Parameter Settings”选项卡，对“Counter Settings”配置栏下面的前三个选项进行设置：预分频器的值(Prescaler)设置为“35999”(因其为 16 位二进制无符号数，故不可超过 65535，即不可设置为 71999)，计数器模式(Counter Mode)设置为“Up”，计数器计数周期(Counter Period)设置为 1999，其他项保持默认设置。

选择“NVIC Settings”选项卡，将“Interrupt Table”中的“TIM2 global interrupt”的“Enabled”项选中(也可在“Configuration”选项卡中打开“NVIC”界面进行设置。在该界面还可以设置抢占优先级和响应优先级，本项目优先级均保持默认设置)。配置完成后单击“Apply”按钮保存配置，然后单击“Ok”按钮退出界面。如图 9-3 所示。

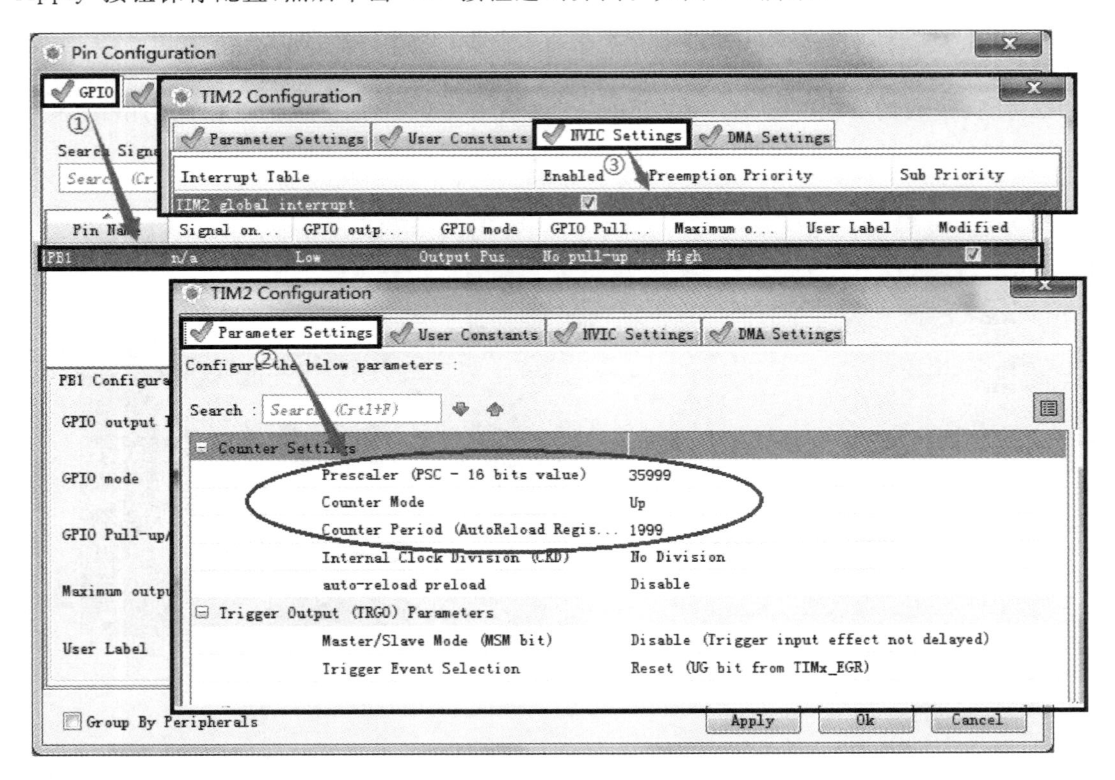

图 9-3 GPIO 及 TIM 引脚配置

定时器定时时间计算式为

$$t = \text{time} \cdot (\text{Period}+1) \cdot (\text{Prescaler}+1)/\text{CK\_CLK}$$

式中：CK_CLK 为定时器时钟(晶振频率)；Prescaler 为预分频器的值；Period 为自动重载值(即计数器周期)，time 为进入中断的次数。

根据上式可知，如果指定预分频数为 36000，那么 APB1(信号频率为 72 MHz)经分频后工作频率就是 2000 Hz，如果再指定计数值为 2000，那么计数时间间隔恰好就是 1 s。而设置 STM32CubeMX 时预分频器的值为 36000－1，计数器周期为 2000－1，这是因为不论预分频器还是计数器均是从 0 开始计数的。

保存配置并生成源代码。

9.7　外设结构体分析

打开生成的源代码，查看使用 HAL 库配置基本定时器的一般步骤。main()函数中的 MX_GPIO_Init()函数和前面实例中类似，在此不赘述。这里重点分析 MX_TIM2_Init()函数，现摘录关于 MX_TIM2_Init()的部分代码如下(保留 STM32CubeMX 的设置值)：

代码 9-1

```
TIM_HandleTypeDef htim2; //TIM的时基句柄结构体定义
void MX_TIM2_Init(void)
{
…
  htim2.Instance=TIM2; //通用定时器 2
  htim2.Init.Prescaler=35999; //预分频
  htim2.Init.CounterMode= TIM_COUNTERMODE_UP; //向上计数
  htim2.Init.Period= 1999; //定时周期
…
  if(HAL_TIM_Base_Init(&htim2)! =HAL_OK)
{
    _Error_Handler(_FILE_,_LINE_);
  }
…
}
```

TIM_HandleTypeDef 为 TIM 的时基句柄结构体，位于 stm32f1xx_hal_tim. h 文件，其原型如下：

```
typedef struct
{
  TIM_TypeDef                 *Instance;
  TIM_Base_InitTypeDef        Init;
  HAL_TIM_ActiveChannel       Channel;
  DMA_HandleTypeDef           *hdma[7U];
  HAL_LockTypeDef             Lock;
  __IO HAL_TIM_StateTypeDef   State;
}TIM_HandleTypeDef;
```

对以上结构体中的成员介绍如下。

Instance：TIM 寄存器基地址。

Init：基本定时器相关参数设定(见下面 TIM_Base_InitTypeDef 结构体说明)。

Channel：定时器通道的选择，有 4 个捕获/比较通道和 1 个“清理”通道。

hdma[7U]：定时器 DMA 相关参数，后面的“7”表示 hdma 参数只能设置为 TIM DMA_Handle_Index 封装的参数。

State：定时器操作的状态。

结构体 TIM_HandleTypeDef 中的 TIM_Base_InitTypeDef 结构体如下。

```
typedef struct
{
  uint32_t          Prescaler;
  uint32_t          CounterMode;
  uint32_t          Period;
  uint32_t          ClockDivision;
  uint32_t          RepetitionCounter;
  uint32_t          AutoReloadPreload;
}TIM_Base_InitTypeDef;
```

对结构体 TIM_Base_InitTypeDef 中的成员介绍如下。

Prescaler:定时器预分频数,时钟源经过分频后才能成为定时器时钟。通过 Prescaler 设定 TIMx_PSC 寄存器的值。Prescaler 值可设置范围为 0～65535,实现 1～65536 分频,在本实例中设置为 71,这样分频后的时钟频率是 1 MHz。

CounterMode:定时器计数方式。基本定时器只能向上计数,即 TIMx_CNT 只能从 0 开始递增,无须初始化。

Period:定时周期,可设置其值为 0～65535。在定时器预分频时得到分频后的时钟频率为 1MHz,Period 的值设置为 1000,这样,定时器产生中断的频率为 1 MHz/1000＝1 kHz, 即为 1 ms 的定时周期。将定时周期值存储到自动重载寄存器 TIMx_ARR。

ClockDivision:定时器时钟 CK_INT 频率与数字滤波器采样时钟频率分频比,基本定时器则没有分频功能。

RepetitionCounter:重复计数器,属于高级控制寄存器专用寄存器位,利用它可以非常轻松地控制输出 PWM 的个数。在本实例中不用设置。

AutoReloadPreload:自动重载寄存器。

通过对 TIM 的时基句柄结构体成员的设定,即通过函数 HAL_TIM_Base_Init (&htim2),来达到配置定时器工作环境的目的。用鼠标右键单击“HAL_TIM_Base_Init (&htim2)”,在右键菜单中选择“Go To Definition Of…”跳转到该函数原型处,发现此函数又调用了 HAL_TIM_Base_MspInit(htim)函数,同理再跳转到 HAL_TIM_Base_MspInit (htim)函数原型处,可以看到如下代码:

代码 9-2

```
void HAL_TIM_Base_MspInit(TIM_HandleTypeDef *tim_baseHandle)
{
  if(tim_baseHandle->Instance==TIM2)
  {
    __HAL_RCC_TIM2_CLK_ENABLE(); //TIM2 时钟使能
    HAL_NVIC_SetPriority(TIM2_IRQn, 0,0); //中断优先级设置
    HAL_NVIC_EnableIRQ(TIM2_IRQn); //TIM2 中断使能
  }
}
```

查看 stm32f1xx_it.c 内的 void TIM2_IRQHandler(void)函数,该函数调用了 stm32f1xx _hal_tim.c 文件内的 HAL_TIM_IRQHandler(&htim2)函数，跟踪此函数发现其又调用了 HAL_TIM_PeriodElapsedCallback(htim)函数，再跟踪下去发现 HAL_TIM_PeriodElapsedCallback(htim)函数为__weak 申明的回调函数，因此，在此改写该回调函数来实现用户相应的中断服务控制逻辑即可。

通过跟踪可以发现，在 void HAL_TIM_IRQHandler(TIM_HandleTypeDef * htim)函数内，除了函数 HAL_TIM_PeriodElapsedCallback(htim)外，还调用了其他一些回调函数，这里仅列出几组常用回调函数：

```
void HAL_TIM_PeriodElapsedCallback(TIM_HandleTypeDef *htim); //更新中断
void HAL_TIM_OC_DelayElapsedCallback(TIM_HandleTypeDef *htim); //输出比较
void HAL_TIM_IC_CaptureCallback(TIM_HandleTypeDef *htim); //输入捕获
void HAL_TIM_TriggerCallback(TIM_HandleTypeDef *htim); //触发中断
```

编写完回调函数后，还要补充一条很重要的语句，以开启定时器中断：

```
HAL_TIM_Base_Start_IT(&htim2);
```

9.8　编写用户代码

本实例实现定时 PB1 端口出现翻转效果，而定时则是由通用定时器的基本定时中断处理的，所以用户代码编写应在回调函数 HAL_TIM_PeriodElapsedCallback(htim)内完成。在 main.c 文件中重新建立 HAL_TIM_PeriodElapsedCallback(htim)函数，写入中断处理语句，如代码 9-3 所示。

代码 9-3

```
//htim:TIM_HandleTypeDef 定义句柄的地址
void HAL_TIM_PeriodElapsedCallback(TIM_HandleTypeDef *htim)
{
  if(htim==&htim2)
    HAL_GPIO_TogglePin(GPIOB, GPIO_PIN_1); //端口翻转
}
```

同时还需在 main.c 文件的 while(1)语句之前添加如下代码：

```
HAL_TIM_Base_Start_IT(&htim2);
```

9.9　查看运行结果

定时器最大的特点就是计时准确。本实例采用 Keil MDK5 软件仿真器来查看定时器运行状态及波形。

9.9.1　仿真器设置

如图 9-4 所示，对 Keil MDK5 的设置过程如下：单击工具栏中的图标按钮，弹出“Options for Target ‘1 led’”对话框。选择“Device”选项卡，查看芯片是否为 STM32CubeMX 所用的芯片 STM32F103R6。

选择“Target”选项卡，确认“Xtal(MHz)”项的值为 8.0。选择“Debug”选项卡，点选“Use Simulator”。在选项卡下方左侧：将“CPU DLL”设置为“SARMCM3. DLL”，对应参数“Parameter”为空；将“Dialog DLL”设置为“DARMSTM. DLL”，对应参数“Parameter”为“-pSTM32F103R6”(此处所用芯片与“Device”选项卡中的记录要一致)。在选项卡下方右侧：将“Driver DLL”设置为“SARMCM3. DLL”，对应参数“Parameter”为空，将“Dialog DLL”设置为“TARMSTM. DLL”，对应参数“Parameter”为“-pSTM32F103R6”(此处所用芯片与“Device”选项卡中的记录要一致)。

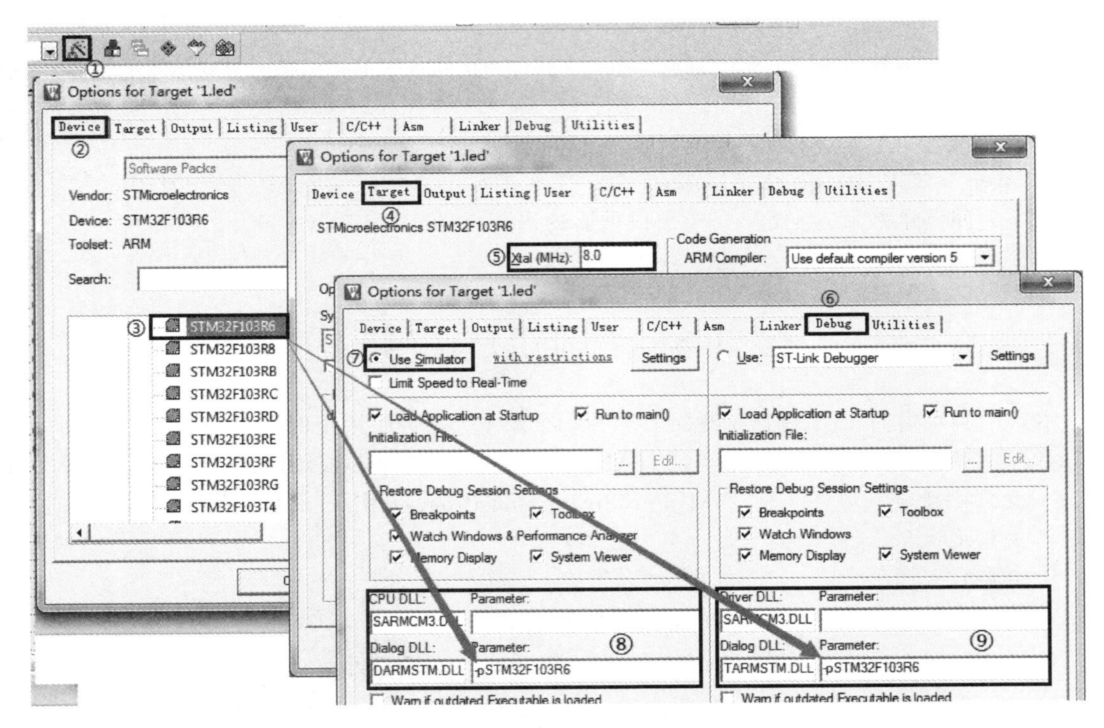

图 9-4　Keil MDK5 调试设置

9.9.2　端口状态翻转查看

如图 9-5 所示，单击工具栏中的图标按钮，则程序运行到 HAL_Init()函数时停止。在 Keil MDK5 软件操作界面的菜单栏中单击“Peripherals”→“General Purpose I/O”→“GPIOB”，调出 GPIOB 状态检控窗口。在该窗口中点击节点 ODR 前面的加号，展开 ODR 节点，其中的“ODR1”即为要检控的端口 PB1。选中“ODR1”，单击工具栏中的图标按钮，使程序开始运行，可观察到 ODR1 项被反复勾选和取消勾选，即 ODR1 端口循环工作。单击图标按钮即可退出调试。注意：整个代码没有设置断点，如果设置了断点，调试将在断点处停止。

9.9.3　波形查看

如图 9-6 所示，单击工具栏中的图标按钮，此时程序运行到 HAL_Init()函数时停止。在 Keil MDK5 操作界面的工具栏中单击图标按钮，调出“Logic Analyzer”(逻辑分析)窗

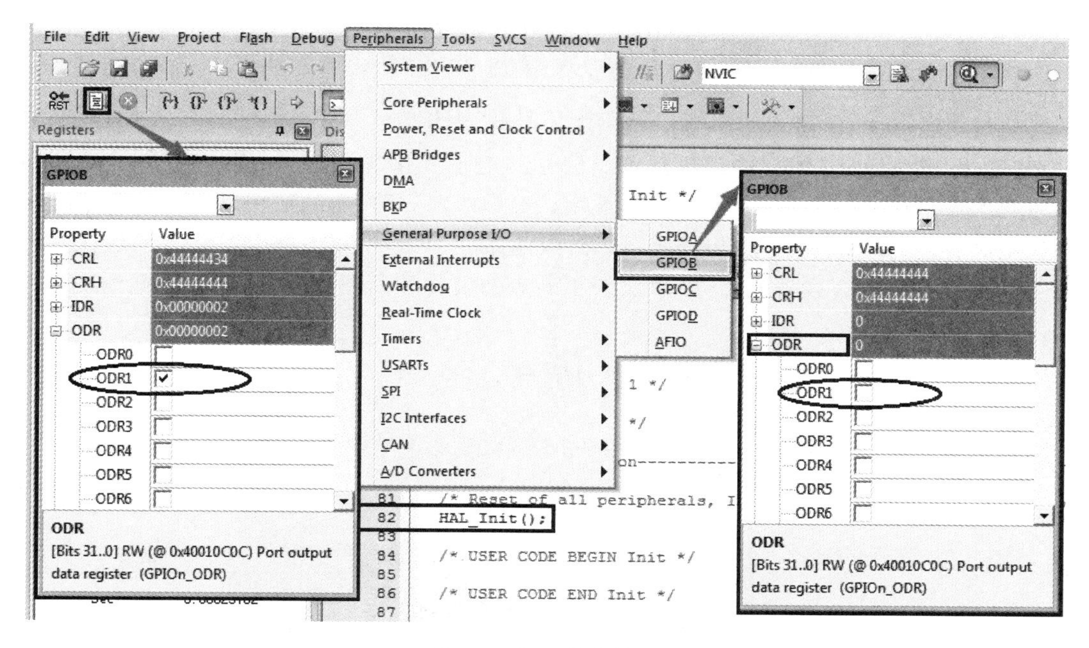

图 9-5　端口状态检测

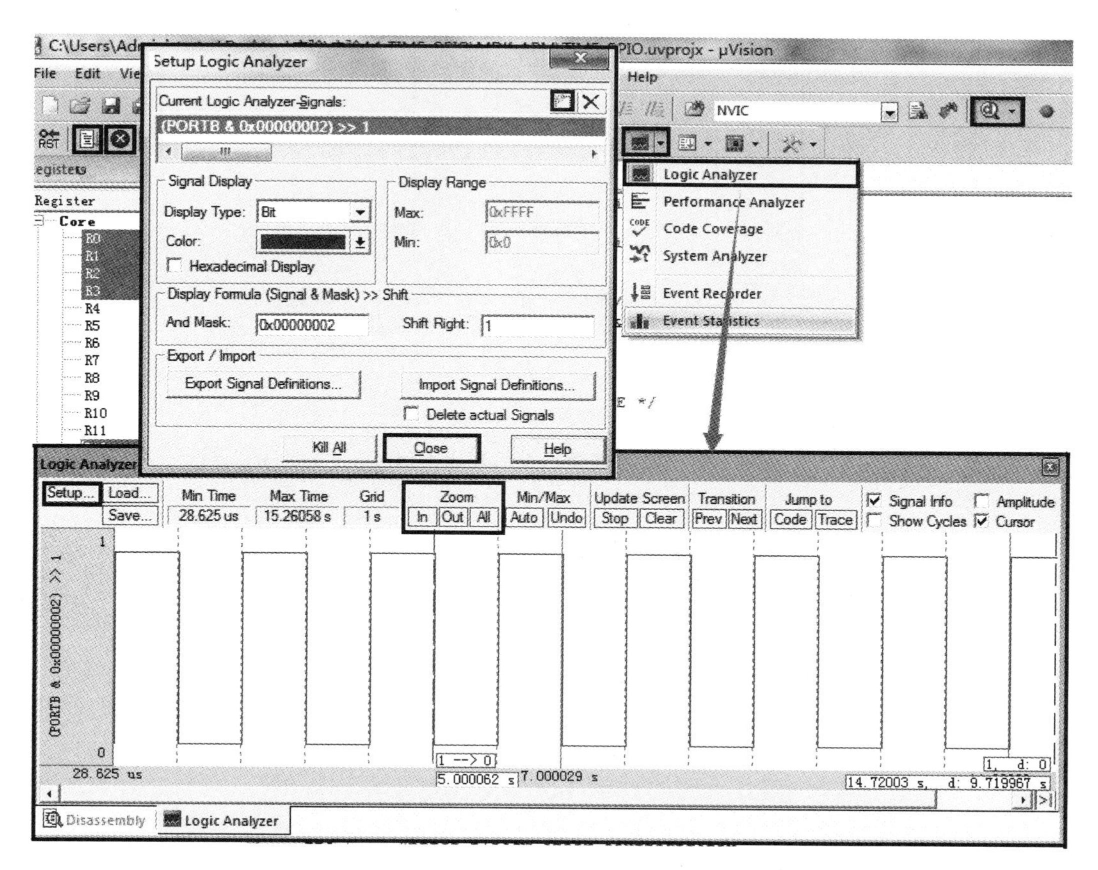

图 9-6　查看波形

口。点击“Logic Analyzer”窗口左上角的“Setup…”按钮，弹出“Setup Logic Analyzer”窗口。在该窗口右上角单击图标按钮，添加测量信号 PORTB. 1，将“Display Type”设置为“Bit”，添加完后单击“Close”按钮关闭该窗口。单击工具栏中的图标按钮，使程序开始运行，这时候可在“Logic Analyzer”窗口中观察到仿真信号的电平变化。注意：如果在“Logic Analyzer”窗口中观察不到仿真信号电平的变化，可使用该窗口“Zoom”栏内的按钮“In”“Out”“All”来将波形调整到合适大小；可通过“Transition”栏内的按钮“Prev”和“Next”查看电平跳变过程的时间点。整个代码没有设置断点，如果设置了断点仿真将在断点处停止。

9.10 仿真结果

仿真前后两个相邻跳变电平对比如图 9-7 所示，显然电平跳变前后时间差为(3.000062−2.000062)s=1 s，精确定时成功。

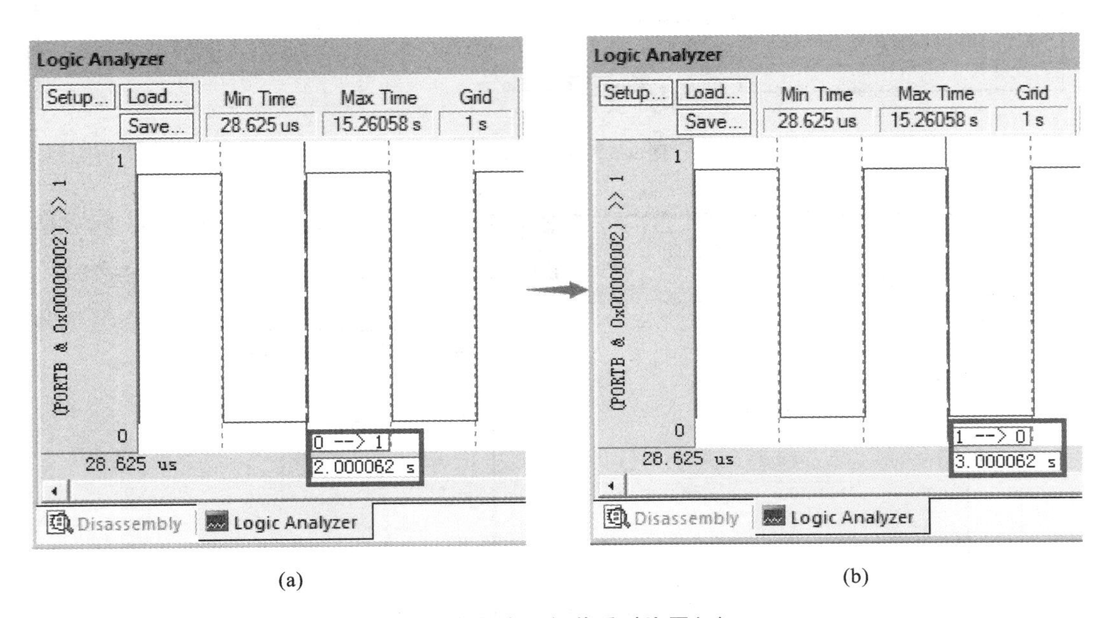

(a) (b)

图 9-7 程序运行前后对比图(4)

(a) 运行前；(b) 运行后

本实例如果采用 Proteus 仿真则要注意，需要先使能定时器 1(Proteus 软件本身的问题，实物实验时不需要)，否则 Proteus 运行会非常缓慢，导致看不到仿真效果 Proteus 就卡死。即需要在 TIM. c 文件的 void HAL_TIM_Base_MspInit(TIM_HandleTypeDef *tim_baseHandle)函数内的“__HAL_RCC_TIM2_CLK_ENABLE()；”语句前加一行代码“__HAL_RCC_TIM1_CLK_ENABLE()；”使能 TIM1 时钟。当然，也可以加到 mian()函数的“MX_TIM2_Init()；”语句之前的任意位置，因为主程序从 MX_TIM2_Init()函数处才开始启用“__HAL_RCC_TIM2_CLK_ENABLE()”语句。

思考与练习

9-1　填空题。

(1) TIM1 具备____________________，时钟频率的分频系数为__________之间的任意数值。

(2) STM32 通用定时器 TIM 的 16 位计数器可以以三种模式工作，分别为__________模式、__________模式和__________模式。

(3) STM32 的通用定时器 TIM 是一个通过____________________驱动的__________位自动重载计数器。

9-2　通过定时器精确延时实现蜂鸣器间隔 1 s 响一次，一次时长 3 s。蜂鸣器驱动电路如图 6-29 所示(也可自行设计。)

9-3　利用定时器模拟交通灯：东西向绿灯亮 5 s 后黄灯闪烁，黄灯闪烁 5 次后红灯亮；红灯亮后，南北向由红灯变成绿灯；5 s 后南北向黄灯闪烁，闪烁 5 次后红灯亮，东西向绿灯亮。如此循环。交通灯电路如图 9-8 所示。注：交通灯 Keywords 设置为 TRAFFIC LIGHTS。图中引线所连接 I/O 端口请自行选择。

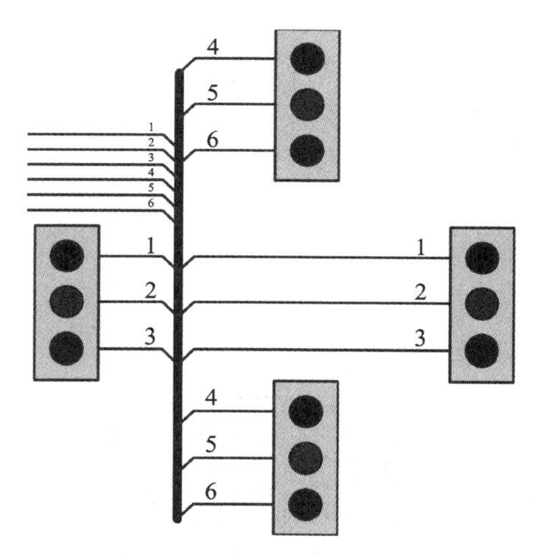

图 9-8　交通灯电路

9-4　设置 5 s 定时器，由按键控制定时器启动计时，数码管显示时间，5 s 时间到蜂鸣器报警，按下按键蜂鸣器停止报警且数码管显示为 0。电路请自行设计。

9-5　通过 STM32F1 HAL 库使用手册(*UM1850 User manual*)学习基本定时器相关函数。

第 10 章　仿真器端口电平——PWM 输出

脉冲宽度调制(PWM)，简称脉宽调制，是利用微处理器的数字输出来对模拟电路进行控制的一种非常有效的技术，广泛应用在从测量、通信到功率控制与变换的许多领域中。

例如，图 10-1(b)所示是微处理输出的数字信号，实际上该数字信号接到电动机等功率设备上时，会被调制成图 10-1(b)所示的模拟信号。这就是 PWM 调制。例如输出占空比为 30%(占空比指高电平保持的时间占 PWM 调制周期的百分比，例如：PWM 输出信号的频率是 1000 Hz，即 PWM 控制器调制周期是 1 ms，如果高电平出现的时间是 200 μs，那么低电平出现的时间肯定是 800 μs，输出占空比为$\frac{200}{1000}\times 100\%=20\%$)、频率为 10 Hz 的脉冲，高电平为 3.3 V，则其经过调制后相当于一个 0.99 V 的高电平。PWM 控制器有两个重要的参数：第一个是输出频率，输出频率越高，则调制效果越好。第二个是占空比，改变占空比就会改变输出模拟信号的电压大小。占空比越大，则模拟信号的电压越大。

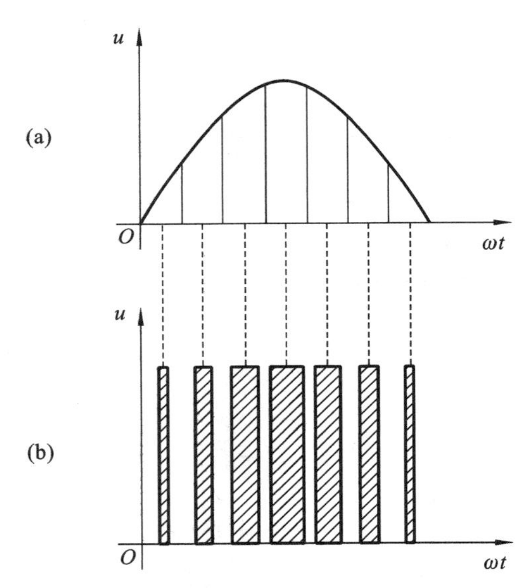

图 10-1　PWM 数字信号转模拟信号示意图

10.1　通用定时器工作分析

通用定时器 TIM2～TIM5 比基本定时器复杂得多。除了用于定时，它主要还用来测量输入脉冲的频率、脉冲宽度与输出 PWM 脉冲，同时它具有编码器端口。图 10-2 所示为通用定时器框图。

10.1.1　捕获/比较寄存器

通用定时器的基本计时功能与基本定时器的是一样的，同样是把时钟源经过预分频器输

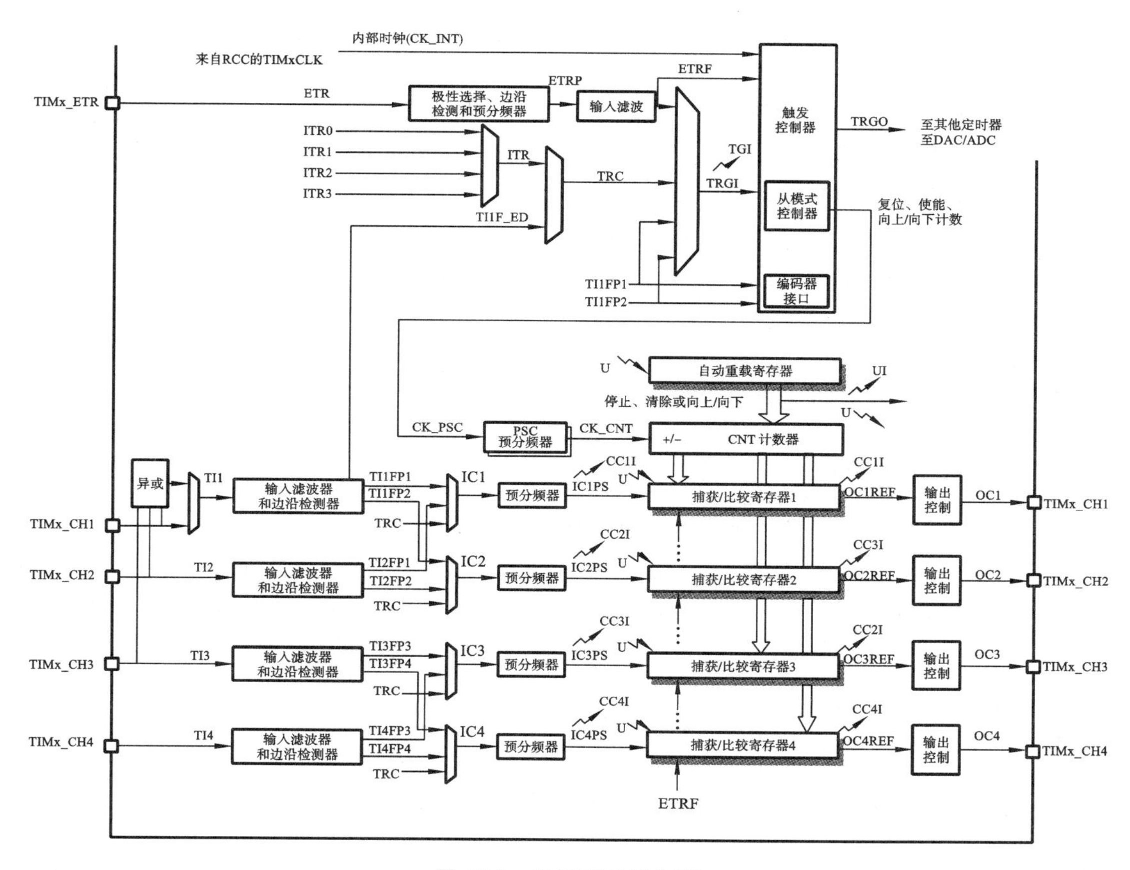

图10-2 通用定时器框图

出到脉冲计数器 TIMx_CNT 累加，溢出时就产生中断或 DMA 请求。

通用定时器比基本定时器的功能强大，是因为通用定时器多出了一种寄存器——捕获/比较寄存器(capture/compare register)TIMx_CCR。用作输入端时，该寄存器用于捕获(存储)输入脉冲电平发生翻转时，脉冲计数器 TIMx_CNT 的当前计数值，从而实现脉冲的频率测量；用作输出端时，该寄存器用于存储一个脉冲数值，并将这个数值与脉冲计数器 TIMx_CNT 的当前计数值进行比较，根据比较结果进行不同的电平输出。

10.1.2 PWM输出过程分析

通用定时器可以利用 GPIO 引脚进行脉冲输出，在配置比较输出、PWM 输出功能时，TIMx_CCR 用作比较寄存器。

这里直接举例说明定时器的 PWM 输出工作过程：若脉冲计数器 TIMx_CNT 配置为向上计数，而自动重载寄存器的重载值 TIMx_ARR 被配置为 N，即 TIMx_CNT 的当前计数值 X 在 TIMxCLK 时钟源的驱动下不断累加，当 TIMx_CNT 的数值 X 大于 N 时，TIMx_CNT 数值会被重置为 0，脉冲计数器重新计数。

而在 TIMx_CNT 计数的同时，TIMx_CNT 的计数值 X 会与比较寄存器 TIMx_CCR 预先存储的数值 A 进行比较。当 X 小于 A 时，输出高电平(或低电平)；相反，X 大于或等于 A 时，输出低电平(或高电平)。

如此循环，得到的输出脉冲周期就为自动重载寄存器 TIMx_ARR 存储的数值$(N+1)$乘以触发脉冲的时钟周期，其脉冲宽度则为比较寄存器 TIMx_CCR 的值 A 乘以触发脉冲的时钟周期，即输出 PWM 的占空比为 $A/(N+1)$。

图 10-3 所示为自动重载寄存器 TIMx_ARR 的重载值 $N=8$，向上计数，比较寄存器 TIMx_CCR 预先存储不同数值时的输出时序图。图中 OCxREF 即为 GPIO 引脚的输出时序，CCxIF 为触发中断的时序。

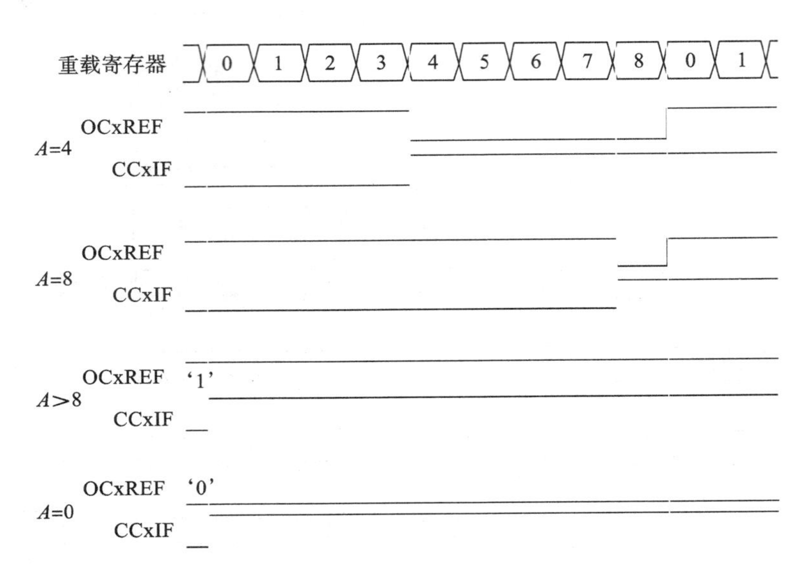

图 10-3　定时器 PWM 输出时序图

10.1.3　测量 PWM 输入过程分析

当通用定时器用作输入端时，可以用于检测输入 GPIO 引脚的信号（频率检测、输入 PWM 检测），此时 TIMx_CCR 用作捕获寄存器。

图 10-4 为定时器 PWM 输入脉宽检测时序图（图示为 PWM 输入捕获的一个特例）。

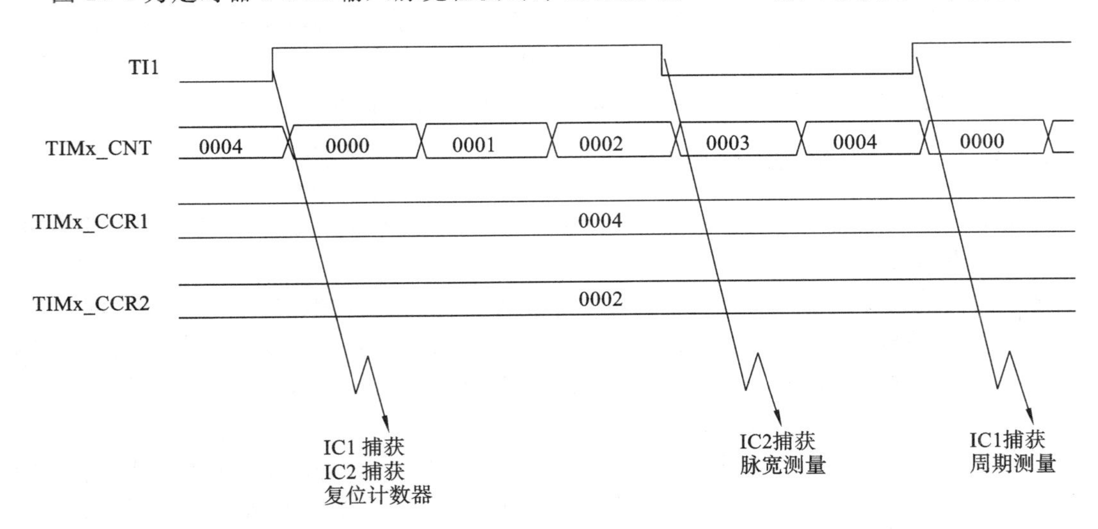

图 10-4　定时器 PWM 输入脉宽检测时序图

按照上面的时序图来分析PWM输入脉宽检测的工作过程：要测量的PWM脉冲通过GPIO引脚输入定时器的脉冲检测通道，其时序为图中的TI1。把脉冲计数器TIMx_CNT配置为向上计数，自动重载寄存器TIMx_ARR的N值配置得足够大。

在输入脉冲TI1的上升沿到达时，触发IC1和IC2输入捕获中断，这时把脉冲计数器TIMx_CNT的计数值复位为0，于是TIMx_CNT的计数值X在TIMx_CLK的驱动下从0开始不断累加，直到TI1出现下降沿，触发IC2捕获事件，此时捕获寄存器TIMx_CCR2把脉冲计数器TIMx_CNT的当前值2存储起来，而TIMx_CNT继续累加，直到TI1出现第二个上升沿，触发IC1捕获事件，此时TIMx_CNT的当前计数值4被保存到TIMx_CCR1。

很明显，TIMx_CCR1＋1的值乘以TIMx_CLK的周期即为待检测的PWM输入脉冲周期，TIMx_CCR2＋1的值乘以TIMx_CLK的周期即为待检测的PWM输入脉冲的高电平出现的时间。有了周期和时间，就可以计算出PWM脉冲的频率、占空比了。

10.2 定时器的时钟源

从时钟源来说，通用定时器比基本定时器多一个选择，它可以使用外部脉冲作为时钟源。选择外部时钟源时，要使用寄存器进行触发边沿、滤波器带宽的配置。如果选择内部时钟源，则与基本定时器一样采用TIMxCLK时钟源。但要注意的是，选择内部时钟源时，所有定时器(包括基本、通用、高级定时器)的时钟源都被称为TIMxCLK，但这些时钟源并不是完全一样的。图10-5所示为时钟树中的TIMxCLK部分。

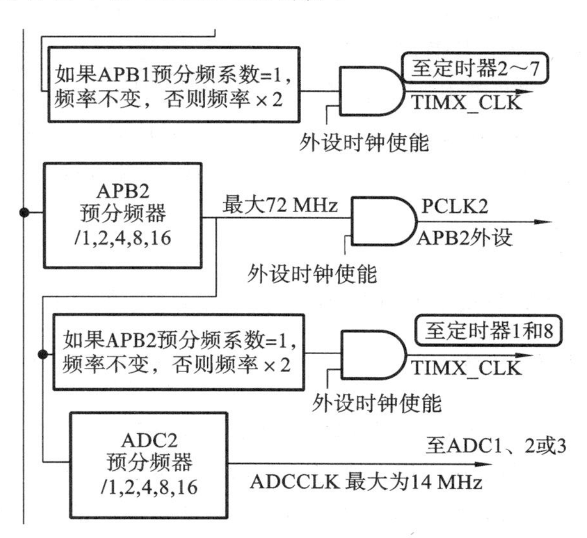

图10-5 时钟树中的TIMxCLK部分

定时器TIM2～7的TIMxCLK时钟来源于APB1预分频器的输出。当APB1的分频系数为1时，TIM2～7的TIMxCLK为该APB1预分频器的输出。当APB1的分频系数不为1时，TIM2～7的TIMxCLK则为APB1预分频器输出的2倍。

如通常AHB引脚的频率为72 MHz，而APB1预分频器的分频系数被配置为2，则PCK1刚好达到最大值36 MHz，而此时APB1的分频系数不为1，则TIM2～TIM7的时钟频率TIMxCLK＝(AHB/2)×2＝72 MHz。

10.3　实例描述及硬件连接图绘制

10.3.1　实例描述

采用STM32F103R6,实现对PB1产生PMW脉冲的输出。

10.3.2　硬件连接图绘制

本例采用Keil MDK5软件进行仿真来实现相关功能,故不需绘制硬件连接图。

10.4　STM32CubeMX配置工程

10.4.1　工程建立及MCU选择

工程建立及MCU选择参见6.3.1小节,这里不赘述。

10.4.2　RCC及引脚设置

打开"Pinout"选项卡,将晶振设置为外置晶振,设置方式为:打开RCC配置目录,在"High Speed Clock(HSE)"下拉列表中选择"Crystal/Ceramic Resonator"。

观察引脚图直接查找PB1引脚,或在"Find"搜索栏中输入PB1定位到对应引脚位置。在PB1引脚上单击,系统将列出该引脚的各种的功能,本实例选择TIM3_CH4,并在界面左侧TIM3节点下的"Channel4"项中选择"PWM Generation CH4"(如果先进行此操作,则在右侧引脚图中,PB1的TIM3_CH4功能将自动被选中)。操作结果如图10-6所示。

10.4.3　时钟配置

本实例采用外部时钟源HSE,具体时钟配置同8.5.3小节所述。

10.4.4　MCU外设配置

选择"Configuration"选项卡,单击"TIM3"按钮,打开"TIM3 Configuration"对话框,在"TIM3 Configuration"对话框中列出了所有的TIM3参数配置项,如图10-7所示。选择"Parameter Settings"选项卡,对"Counter Settings"配置栏下面的前三个选项进行配置:将定时器的预分频值(Prescaler)设置为"35999"(因其为16位二进制无符号数值,故不可超过65535,即不可设置为71999),计数器模式(Counter Mode)设置为"Up",计数器周期(Counter Period)设置为"1999",其他项保持默认设置。再将"PWM Generation Channel 4"配置栏内的脉冲数(Pulse)设置为"1000",这样设置后占空比为1000/(1999+1)。完成以上步骤后单击"Apply"按钮保存设置,然后单击"Ok"按钮退出界面。

保存配置并生成源代码。

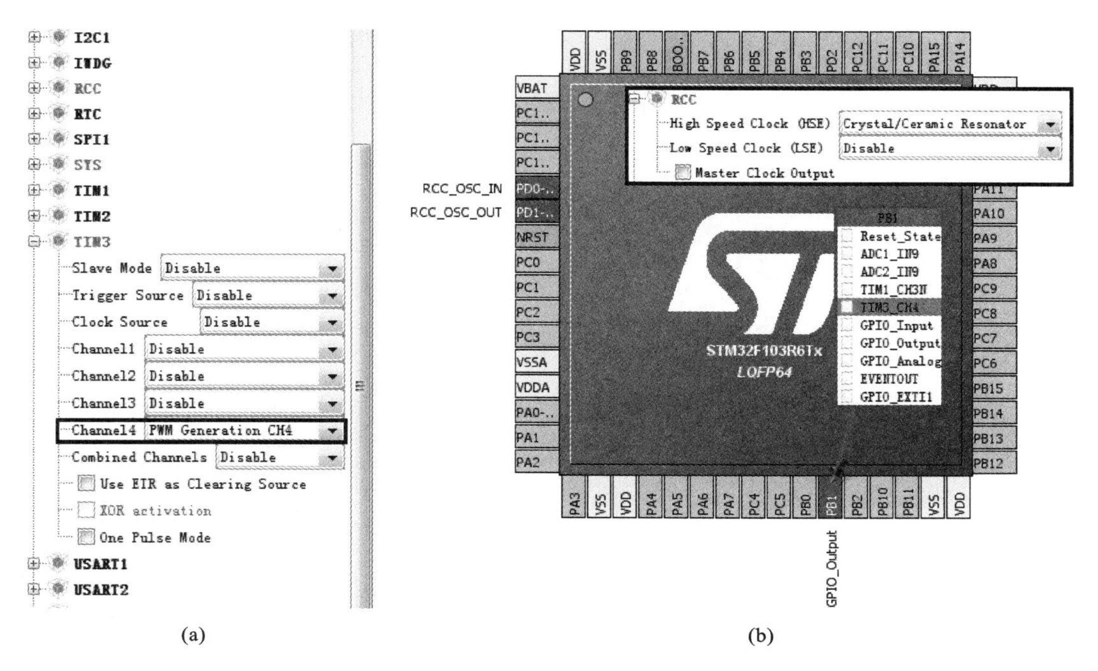

(a)　　　　(b)

图 10-6　RCC 及 PWM 设置

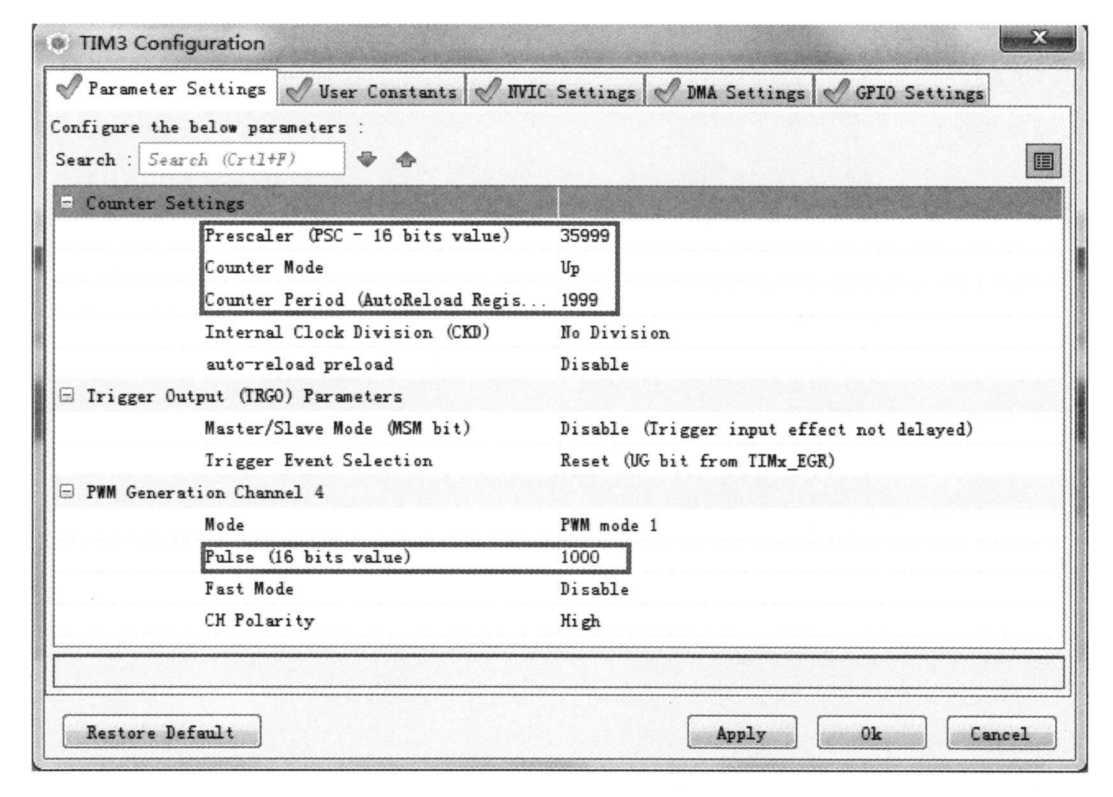

图 10-7　TIM3 引脚配置(1)

10.5　外设结构体分析

打开生成的源代码，查看使用 HAL 库中基本定时器配置。在 main()函数中 MX_GPIO_Init()函数和前面实例中的类似，在此不做介绍。这里重点查看 MX_TIM3_Init()函数，其代码如下。

代码 10-1

```
void MX_TIM3_Init(void)
{
…
  TIM_OC_InitTypeDef sConfigOC;
…
  sConfigOC.OCMode=TIM_OCMODE_PWM1;
  sConfigOC.Pulse=1000;
  sConfigOC.OCPolarity= TIM_OCPOLARITY_LOW;
  sConfigOC.OCFastMode= TIM_OCFAST_DISABLE;
  if(HAL_TIM_PWM_ConfigChannel(&htim3,&sConfigOC, TIM_CHANNEL_4)!=HAL_
OK)
  {
    _Error_Handler(_FILE_, _LINE_);
  }
…
}
```

TIM_OC_InitTypeDef 结构体位于 stm32f1xx_hal_tim.h 文件，其原型为：

```
typedef struct
{
  uint32_t          OCMode;
  uint32_t          Pulse;
  uint32_t          OCPolarity;
  uint32_t          OCNPolarity;
  uint32_t          OCFastMode;
  uint32_t          OCIdleState;
  uint32_t          OCNIdleState;
}TIM_OC_InitTypeDef;
```

该结构体中各成员的含义如下。

OCMode：输出比较模式，具体可以参考《STM32F10xxxCortex-M3 编程手册》关于高级控制定时器的寄存器的介绍，对应的是 TIMx_CCMR1 寄存器的 OC1M 位。

Pulse：设置电平跳变值，此值加载到比较寄存器中，当脉冲计数器 TIMx_CNT 与 TIMx_CCR 的比较结果发生变化时，输出脉冲将发生跳变。

OCPolarity：设置输出比较极性。

OCNPolarity：设置互补输出比较极性。

OCFastMode：输出比较快速使能和失能。

OCIdleState：选择空闲状态下的非工作状态(OC1 输出)。

OCNIdleState：设置空闲状态下的非工作状态(OC1N 输出)。

除了 STM32CubeMX 自动生成的初始化代码外，如果想输出 PWM 还需启动定时器 PWM，相应代码为：

```
HAL_TIM_PWM_Start(&htim3,TIM_CHANNEL_4);
```

10.6　编写用户代码

在 main.c 文件中的 while(1)语句之前添加如下代码：

```
HAL_TIM_PWM_Start(&htim3,TIM_CHANNEL_4);
```

10.7　仿真结果

此例采用 Keil MDK5 软件仿真器来查看波形及分析占空比。要想对 STM32 元器件仿真还得对 Keil MDK5 进行仿真器设置，设置过程同 9.9.1 小节所述。波形查看过程同 9.9.3 小节所述。

通过“Logic Analyzer”窗口中的“Prev”和“Next”按钮调整程序运行前后两个相邻跳变电平，如图 10-8 所示。显然，时间差(5.500059－5.000059)s＝0.5 s，(5.000059－4.500059)s＝0.5 s，信号的占空比为 50％。

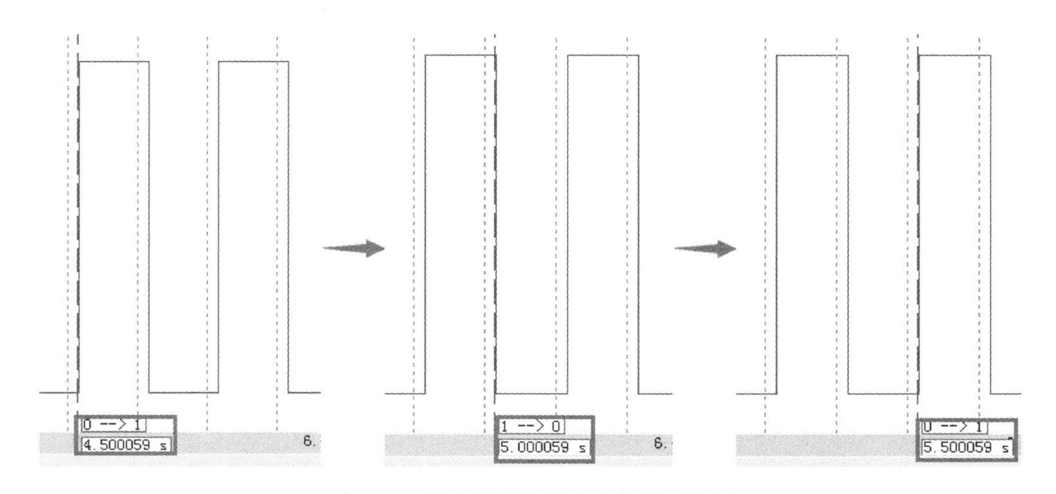

图 10-8　程序运行前后跳变电平对比图

本实例如果采用 Proteus 仿真，同样需要先使能定时器 1(Proteus 软件本身的问题，实物实验时不需要)，否则 Proteus 运行会非常缓慢，导致未看到效果 Proteus 就已卡死。使能定时器 1 的操作可参考 9.6 节(只需将 TIM2 变成 TIM3 即可)。

思考与练习

10-1 通过 STM32F1 HAL 库使用手册(*UM1850 User manual*)学习通用定时器相关函数。

10-2 通用定时器有哪些?

10-3 定时器的计数模式有哪几种?各有什么特点?

10-4 采用 STM32F103R6 输出占空比为 75%的方波。

第 11 章　呼吸灯——PWM 输出再应用

呼吸灯的亮度可随着时间由暗到亮逐渐增强，再由亮到暗逐渐衰减，一起一伏很有节奏感，就像人是在呼吸一样，因而被广泛用作手机、计算机等电子设备的指示灯。

本章介绍如何使用 STM32 定时器的 PWM 输出功能实现呼吸灯。

11.1　呼吸灯控制原理

使用数字器件控制灯光的强弱，可以通过 PWM 技术来实现。以 LED 作为灯光设备，用控制器输出的 PWM 信号直接驱动 LED，PWM 信号中的低电平可点亮 LED 灯。当 LED 以较高的频率进行开关（亮灭）切换时，由于视觉暂留效应，人眼是观察不到 LED 灯的闪烁现象的，反映到人眼中的是亮度的差别。即以一定的时间长度为周期，LED 灯亮的平均时间越长，亮度就越高，反之越暗。因此，我们可以使用高频率的 PWM 信号，通过调制信号的占空比，控制 LED 灯的亮度。

亮度随着时间逐渐变强再衰减，可以用两种常见的数学函数表示，分别是正弦函数（半个周期）与指数函数（上升曲线及与其对称的下降曲线），如图 11-1 所示。相对来说，使用下凹函数时灯光处于暗的状态时间更长，所以指数函数更符合呼吸灯的亮度变化要求。

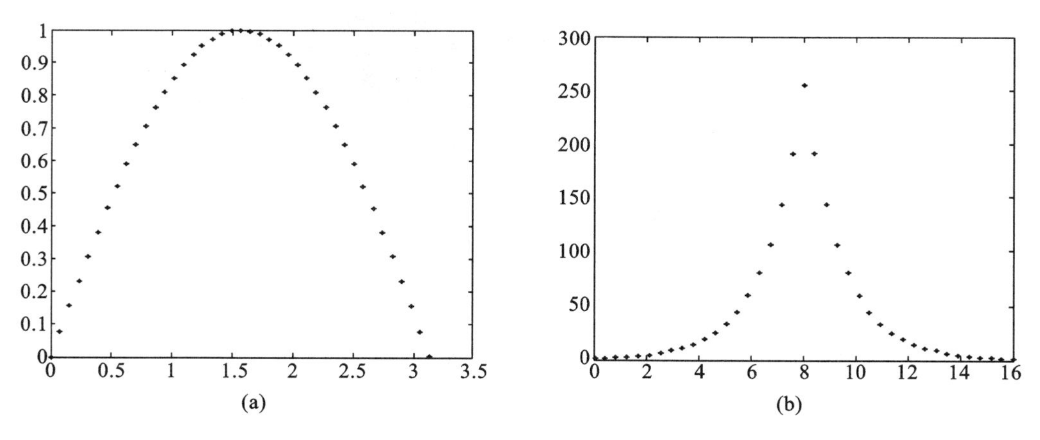

图 11-1　正弦曲线和指数曲线

接下来就要确定呼吸灯的呼吸频率（即一个亮度起伏过程）。据统计，成人的一个呼吸周期为 3 s，即吸气时间（亮度上升时间）为 1.5 s，呼气时间（亮度衰减时间）为 1.5 s。使用定时器即可精确控制呼吸灯的呼吸周期为 3 s，当然，如果要把呼吸灯的呼吸周期调长或短一点也都是可以的，3 s 只是一个参考值。由于本章所介绍实例采用的是软件仿真模拟，特别是 Proteus 的仿真速度较慢，故将呼吸周期调整为 1 s，读者可以自行设计呼吸周期为 3 s 的呼吸灯。

11.2　实例描述及硬件连接图绘制

11.2.1　实例描述

采用 STM32F103R6,实现 PMW 脉冲对 PB1 的控制,PWM 采用图 11-1(b)所示的指数曲线。

指数曲线离散点纵坐标(取整):1、1、2、2、3、4、6、8、10、14、19、25、33、44、59、80、107、143、191、255、255、191、143、107、80、59、44、33、25、19、14、10、8、6、4、3、2、2、1、1。

11.2.2　硬件连接图绘制

因硬件连接图绘制比较简单,这里不赘述,最终结果如图 11-2 所示。注:LED 的 Keywords 设置为 LED-BLUE;电阻的 Keywords 设置为 RES,将其参数修改为 100 Ω。

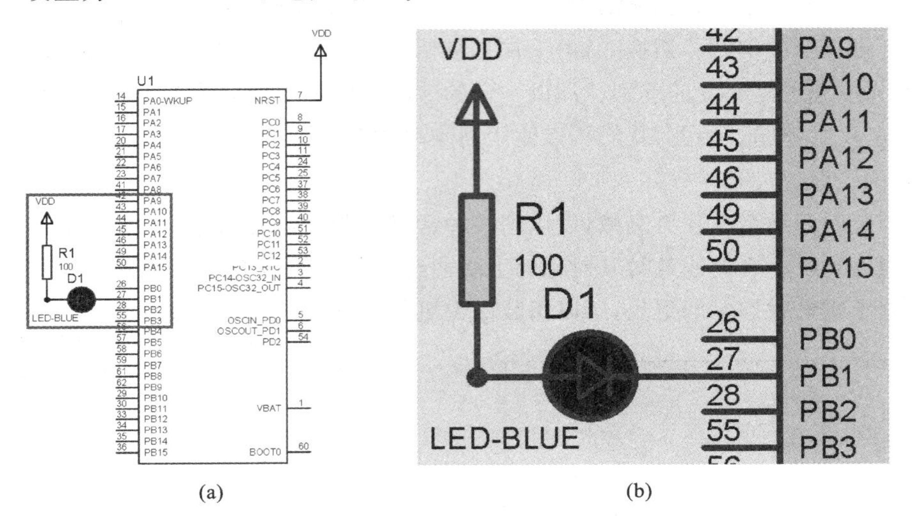

(a)　　(b)

图 11-2　最终硬件连接图(3)

(a)硬件连接图;(b)局部放大图

11.3　STM32CubeMX 配置工程

11.3.1　工程建立及 MCU 选择

工程建立及 MCU 选择与 6.3.1 小节中相同,这里不赘述。

11.3.2　RCC 及引脚设置

本实例同样采外置晶振,具体设置方式可参考 6.3.2 小节。PB1 引脚功能设置为 TIM3_CH4(PWM Generation CH4),具体设置方式可参考 10.4.2 小节,在此不赘述。

11.3.3　时钟配置

本实例采用外部时钟源 HSE，时钟配置参考 8.5.3 小节。

11.3.4　MCU 外设配置

选择“Configuration”选项卡，单击“TIM3”按钮，打开“TIM3 Configuration”对话框，如图 11-3 所示。该对话框列出了所有使用到的 TIM3 参数配置项。在该界面中选择“Parameter Settings”选项卡，对“Counter Settings”配置栏下面的前三个选项进行配置：将定时器的预分频值(Prescaler)设置为 899(因其为 16 位二进制无符号数值，故不可超过 65535，即不可设置为 71999)，计数器模式(Counter Mode)设置为 Up，计数器周期(Counter Period)设置为 1999，其他项保持默认设置。注意：此处设置为 1/40 s 启动一次中断，请读者自行计算。将“PWM Generation Channel 4”配置栏内的脉冲数(Pulse)设置为 0。再选择“NVIC Settings”选项卡，将“TIM3 global interrupt”的使能选项(Enabled)选中，即设置 TIM3 使能中断，在中断函数内调整占空比。最后选择“GPIO Settings”选项卡，将 GPIO 模式(GPIO mode)设置为“Alternate Function Push Pull”(复用推挽输出)。完成以上步骤后点击“Apply”按钮保存设置，然后单击“Ok”按钮退出界面。如图 11-3 所示。

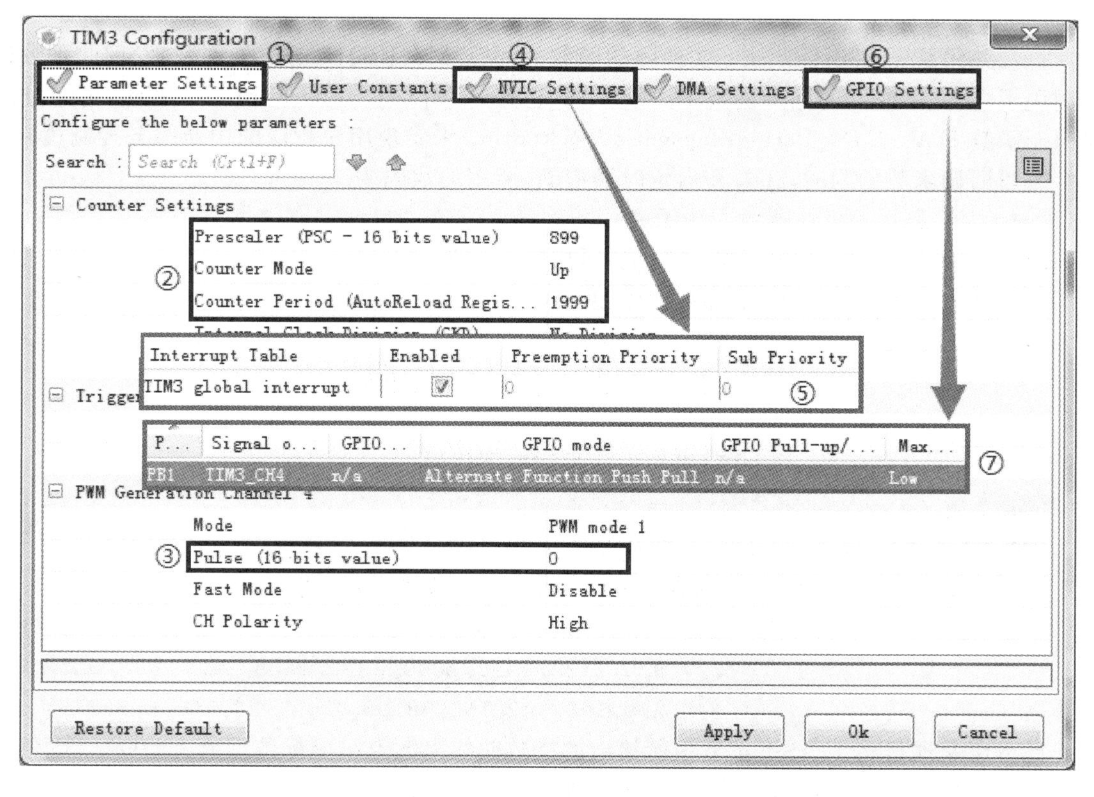

图 11-3　TIM3 引脚配置(2)

保存配置并生成源代码。

11.4　中断函数分析

此实例与第 10 章中实例系统初始化后唯一不同的就是要使能 TIM3 中断，因此不可避免地要采用中断服务函数，即相对第 10 章实例的初始代码，本实例代码中，在 stm32f1xx_it.c 文件最底部要多出以下代码。

代码 11-1

```
void TIM3_IRQHandler(void)
{
  /* USER CODE BEGIN TIM3_IRQn 0* /

  /* USER CODE END TIM3_IRQn 0* /
  HAL_TIM_IRQHandler(&htim3);
  /* USER CODE BEGIN TIM3_IRQn 1* /

  /* USER CODE END TIM3_IRQn 1* /
}
```

查看并跟踪 stm32f1xx_it.c 文件内的函数 void TIM3_IRQHandler(void)，发现此函数最后调用了__weak 修饰的回调函数 HAL_TIM_PeriodElapsedCallback(htim)，因此，可通过改写回调函数 HAL_TIM_PeriodElapsedCallback(htim)来实现用户相应的中断服务控制逻辑。

编写回调函数的同时，还要开启定时器中断，所用的代码为

```
HAL_TIM_Base_Start_IT(&htim3);
```

同理，还要开启 TIM3 的 PWM 功能，所用的代码为

```
HAL_TIM_PWM_Start(&htim3,TIM_CHANNEL_4);
```

11.5　编写用户代码

在 main.c 文件中的 while(1)语句之前添加如下代码：

```
HAL_TIM_Base_Start_IT(&htim3);
HAL_TIM_PWM_Start(&htim3,TIM_CHANNEL_4);
```

在 main.c 文件中的 main()函数之前添加全局变量数组 indexWave[]：

```
uint16_t indexWave[]= {8,8,16,16,24,31,47,63,78,110,149,196,259,345,463,
                       627,839,1122,1498,2000,2000,1498,1122,839,627,463,
                       345,259,196,149,110,78,63,47,31,24,16,16,8,8};
```

此数组是通过将 11.2.1 小节中所给出的指数曲线离散点纵坐标数据放大 2000/255 倍并取整而得到的，放大数据的目的是为了达到满量程的占空比。

重写回调函数代码如下。

代码 11-2

```
void HAL_TIM_PeriodElapsedCallback(TIM_HandleTypeDef  *htim)
{
```

```
    if(htim==&htim3)
    {
      static uint8_t pwm_index=0; //用于 PWM 查表索引
      htim3.Instance->CCR4=indexWave[pwm_index];
      //TIM3->CCR4=indexWave[pwm_index]; //或将上一行写成此行
      pwm_index++;
      if(pwm_index==40)
        pwm_index=0;
    }
  }
```

11.6 仿真结果

在本实例中先采用 Keil MDK5 软件仿真器来查看输出电压波形及分析占空比。在仿真前同样需对 Keil MDK5 进行仿真器设置，设置过程参考 9.9.1 小节。波形查看过程同 9.9.3 小节所述。

仿真结果如图 11-4 所示，显然在一个周期(1 s)内占空比逐渐发生着由小到大再由大到小的变化，可实现呼吸灯的效果。

本实例如果采用 Proteus 仿真同样需要先使能定时器 1(Proteus 软件本身的问题，实物实验时不需要)，否则 Proteus 运行非常缓慢，导致未看到效果 Proteus 就已卡死。使能定时器的操作可参考 9.6 节(只需将 TIM2 变成 TIM3 即可)。由仿真结果可见，LED 灯亮、灭程度时刻发生着渐变，并以秒为周期循环。

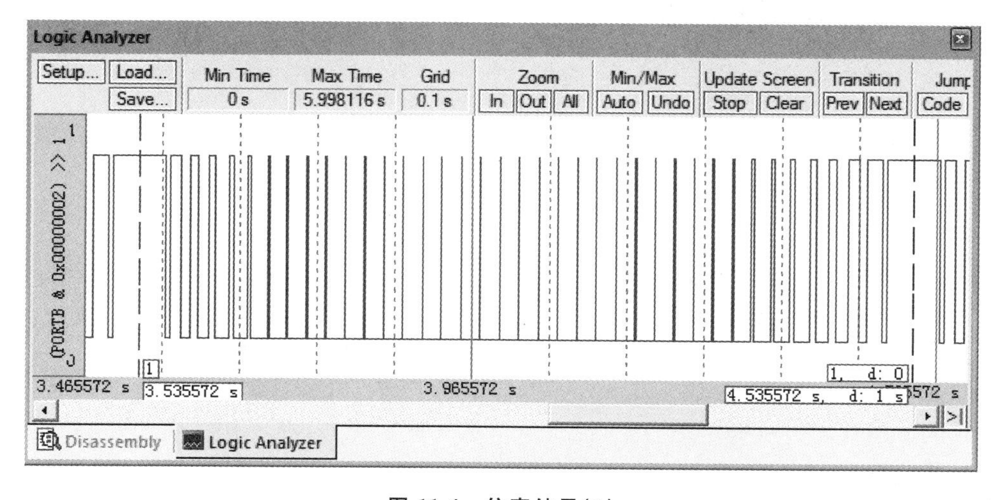

图 11-4 仿真结果(1)

11.7 重写回调函数

在 11.5 节回调函数中 htim3. Instance－＞CCR4 或 TIM3－＞CCR4(“4”表示 TIM3 的第 4 通道，由硬件决定)均与 MCU 外设配置中的“PWM Generation Channel 4”配置栏下的参

数 Pulse 为同一变量，即捕获/比较寄存器中的 TIMx_CCR，也即 TIM_OC_InitTypeDef 结构体成员 Pulse。HALL 库也提供了相关函数，可以直接用来修改寄存器 TIMx_CCR 的值，如：

```
__HAL_TIM_SET_COMPARE()      //用于设置捕获/比较寄存器的 CCRx 值，一般是用在
PWM 输出中，控制 PWM 占空比
__HAL_TIM_GET_COMPARE()      //用来读取捕获/比较寄存器的 CCRx 值，一般用于捕获
处理
```

这两个函数的原型均为宏定义函数，如设置 CCRx 值的函数原型为：

```
#define __HAL_TIM_SET_COMPARE(_HANDLE_, _CHANNEL_, _COMPARE_)
\(*(_IO uint32_t*)(&((_HANDLE_)->Instance-> CCR1)+((_CHANNEL_)> >
2U))= (_COMPARE_))
```

可知__HAL_TIM_SET_COMPARE()函数共有三个参数，分别为

```
_HANDLE_:TIM_HandleTypeDef 类型的指针(地址);
_CHANNEL_:TIM 对应的通道，可选 TIM_CHANNEL_x(此处 x 为 1、2、3 或 4)
_COMPARE_:对 CCRx 赋的新值。
```

读取 CCRx 值的函数原型为：

```
#define __HAL_TIM_GET_COMPARE(_HANDLE_, _CHANNEL_)\
(* (_IO uint32_t*)(&((_HANDLE_)->Instance->CCR1)+ ((_CHANNEL_)>>2U)))
```

共有两个参数：_HANDLE_和_CHANNEL_，意义同设置 CCRx 函数。

所以，可以重写回调函数，见代码 11-3。

代码 11-3

```
void HAL_TIM_PeriodElapsedCallback(TIM_HandleTypeDef *htim)
{
  if(htim==&htim3)
  {
    static uint8_t pwm_index=0; //用于 PWM 查表索引
    __HAL_TIM_SET_COMPARE(&htim3,TIM_CHANNEL_4,indexWave[pwm_index]);
//设置 Pulse
    pwm_index++;
    if(pwm_index==40)
      pwm_index=0;
  }
}
```

本实例虽然代码量没有增加多少，但有一个最大的优点，就是不用设置寄存器，这也是使用库函数的优势。

思考与练习

11-1　L298 是一款单片集成的高电压、高电流、双路全桥式电动机驱动 IC 芯片，用于连接标准 TTL 逻辑电平信号和驱动电感负载(如继电器、线圈、直流电动机和步进电动机等)。其具体参数请查阅网络相关文档。图 11-5 为驱动直流电动机的电路图，其中端口 A、B、

PWM1 分别与微处理器连接，端口 A 与 B 控制转动方向，端口 PWM1 控制转速（占空比大小与转速直接相关），端口 A、B、PWM1 的信号的逻辑关系如表 11-1 所示。试编写相关程序使直流电动机按慢→快→慢→快的方式开始运行。注：二极管的 Keywords 设置为 1N4007；L298 的 Keywords 设置为 L298；电容的 Keywords 设置为 CAP；直流电动机的 Keywords 设置为 MOTOR-DC；电阻的 Keywords 设置为 RES。对应图示修改相应参数。

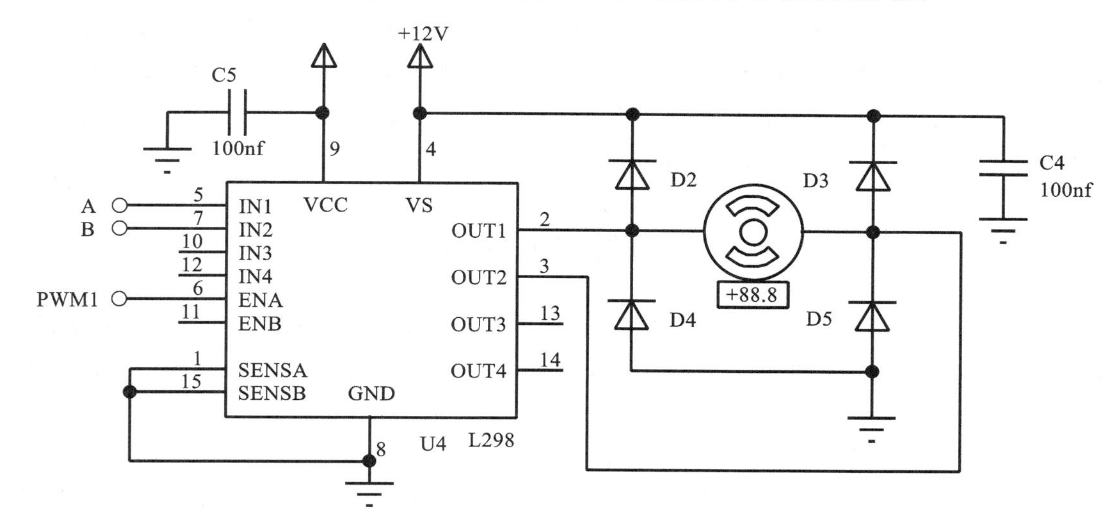

图 11-5　L298 驱动直流电动机电路图

表 11-1　端口 A、B 及 PWM1 的信号的对应逻辑关系

A	B	PWM1	电动机状态
X	X	0	停止
1	0	1	顺时针
0	1	1	逆时针
0	0	0	停止
1	1	0	停止

11-2　定时器可选时钟基准有哪几类？

11-3　举例说明 PWM 输出可用在什么场合。

11-4　通过网络或相关参考书籍、手册了解直流、步进电动机开环控制方式。

第12章　脉冲测量——PWM捕获

STM32F103的定时器中，除了TIM6和TIM7以外，其他定时器都有输入捕获功能。STM32F103的定时器的输入捕获，简单来说就是通过检测TIMx_CHx上的边沿信号，在边沿信号发生跳变（比如由上升沿跳至下降沿）时，将当前定时器的值（TIMx_CNT）存放到对应通道的捕获/比较寄存器（TIMx_CCRx）中。

12.1　捕获的再理解

总的来讲，STM32各个系列的定时器外设基本框架和功能是类似的。高级定时器和部分通用定时器都可以产生四对中间信号，分别是TI1FP1与TI1FP2、TI2FP1与TI2FP2、TI3FP3与TI3FP4、TI4FP3与TI4FP4，即每个输入通道可以产生一对信号。这里以STM32F103系列为例介绍这四对中间信号（见图10-2）。

这四对信号可以统一表示为TImFPn，其中m代表滤波和边沿检测器前的输入捕捉通道号，n代表经过滤波和边沿检测器后将要接入或者说要映射到的捕捉通道号。其中：

TI1FP1，来自于通道TI1，经过滤波器后将接入捕捉通道IC1；

TI1FP2，来自于通道TI1，经过滤波器后将接入捕捉通道IC2；

TI2FP1，来自于通道TI2，经过滤波器后将接入捕捉通道IC1；

TI2FP2，来自于通道TI2，经过滤波器后将接入捕捉通道IC2；

TI3FP3，来自于通道TI3，经过滤波器后将接入捕捉通道IC3；

TI3FP4，来自于通道TI3，经过滤波器后将接入捕捉通道IC4；

TI4FP3，来自于通道TI4，经过滤波器后将接入捕捉通道IC3；

TI4FP4，来自于通道TI4，经过滤波器后将接入捕捉通道IC4。

每一对信号都来自同一输入通道（如TI1FP1和TI1FP2都来自输入通道TI1），经过输入滤波和边沿检测后产生具有相同特征的信号，然后映射到不同的输入捕捉通道，二者本质上还是同一路信号。如TI1信号经过滤波和边沿检测后产生的TI1FP1和TI1FP2具有相同特征，分别映射到捕捉通道IC1和IC2。

同理，TI2信号经过滤波和边沿检测后产生TI2FP1与TI2FP2两路滤波信号，二者也是具有相同特征的信号，只是TI2FP1映射到捕捉通道IC1，TI2FP2映射到捕捉通道IC2。

TI3、TI4信号经过滤波和边沿检测后，分别产生滤波信号TI3FP3与TI3FP4、TI4FP3与TI4FP4，TI3FP3、TI4FP3映射到捕捉通道IC3，TI3FP4、TI4FP4映射到捕捉通道IC4。

在实际工程中，可应用STM32定时器的PWM输入模式测量某一路外部输入信号的频率和占空比，这正是因为TI1FP1与TI1FP2来自于同一通道TI1且TI1FP1可以作为从模式触发源。由此不难理解，TI1FP1与TI1FP2实质上就是同一个信号（在不做过滤和反相处理的前提下，TI1＝TIF1P1＝TI1FP2）。

图 12-1 所示是利用 PWM 输入模式对 TI1 输入信号的周期和占空比进行测试的大致过程。

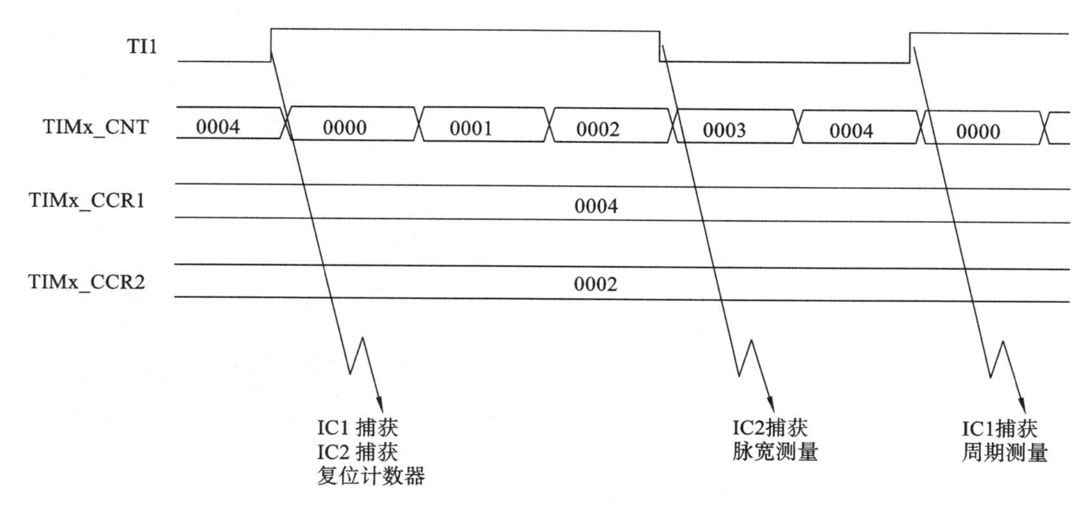

图 12-1　捕获示例

显然，这里的 PWM 输入模式是利用两个捕捉通道来对同一个信号进行捕捉的，只是分别对上升沿和下降沿进行捕捉。

要注意的是，利用 PWM 输入模式测量外部输入信号的频率和占空比的方法仅能用于 TI1 或 TI2 通道，因为只有 TI1FP1 和 TI2FP2 才会接到从模式控制器上。

12.2　实例描述及硬件连接图绘制

采用 STM32F103R6，实现对按键触发时长的检测。本实例采用 Keil MDK5 做仿真实验，不涉及硬件电路的问题。

12.3　STM32CubeMX 配置工程

12.3.1　工程建立及 MCU 选择

工程建立及 MCU 选择可参考 6.3.1 小节，这里不赘述。

12.3.2　RCC 及引脚设置

本实例仍采用外置晶振，设置方式为：打开 RCC 配置目录，在“High Speed Clock(HSE)”下拉列表中选择“Crystal/Ceramic Resonator”。PB1 引脚模式设置为推挽输出。

打开“Pinout”选项卡，依次单击“Peripherals”→“TIM3”→“Channel3”→“Input Capture direct mode”，将 PB0 引脚输出模式设置为“TIM3_CH3”。PB1 设置(包括 MCU 外设设置)略。操作结果如图 12-2 所示。

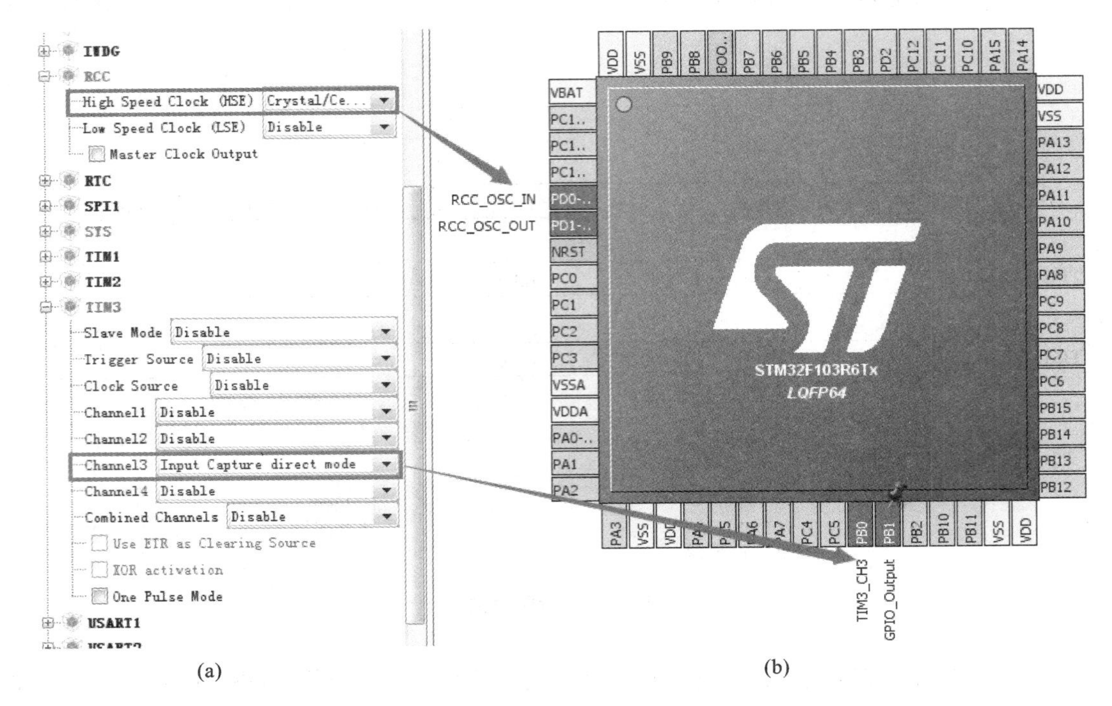

图 12-2　端口、RCC 及 TIM 设置

12.3.3　时钟配置

本实例将采用外部时钟源 HSE，具体设置方法可参考 8.5.3 小节。

12.3.4　MCU 外设配置

选择“Configuration”选项卡，单击“TIM3”按钮，弹出“TIM3 Configuration”对话框，如图 12-3 所示。在该对话框中选择“Parameter Settings”选项卡，对“Counter Settings”配置栏下面的前三个选项进行配置：定时器的预分频值（Prescaler）设置为 719（因其为 16 位二进制无符号数值，故不可超过 65535）；将计数器模式（Counter Mode）设置为 Up；将计数器周期（Counter Period）设置为最大值，其为 16 位二进制数，故十六进制数全部数位均为 F，即 0xFFFF。其他项保持默认设置，包括“Input Capture Channel 3”设置栏中的“Polarity Selection”项保持为“Rising Edge”（上升沿）。再选择“NVIC Settings”选项卡，在“TIM3 global interrupt”设置栏将“Enabled”（使能）项选中，即设置 TIM3 使能中断。在中断函数内再调整 TIM3 的极性，以使 TIM3 内的寄存器既能捕捉上升沿，也能捕捉下降沿。最后选择“GPIO Settings”选项卡，设置 PB0 引脚的 GPIO 模式为下拉输入。完成以上步骤后点击“Apply”按钮保存设置，然后单击“Ok”按钮退出界面。如图 12-3 所示。

保存配置并生成源代码。

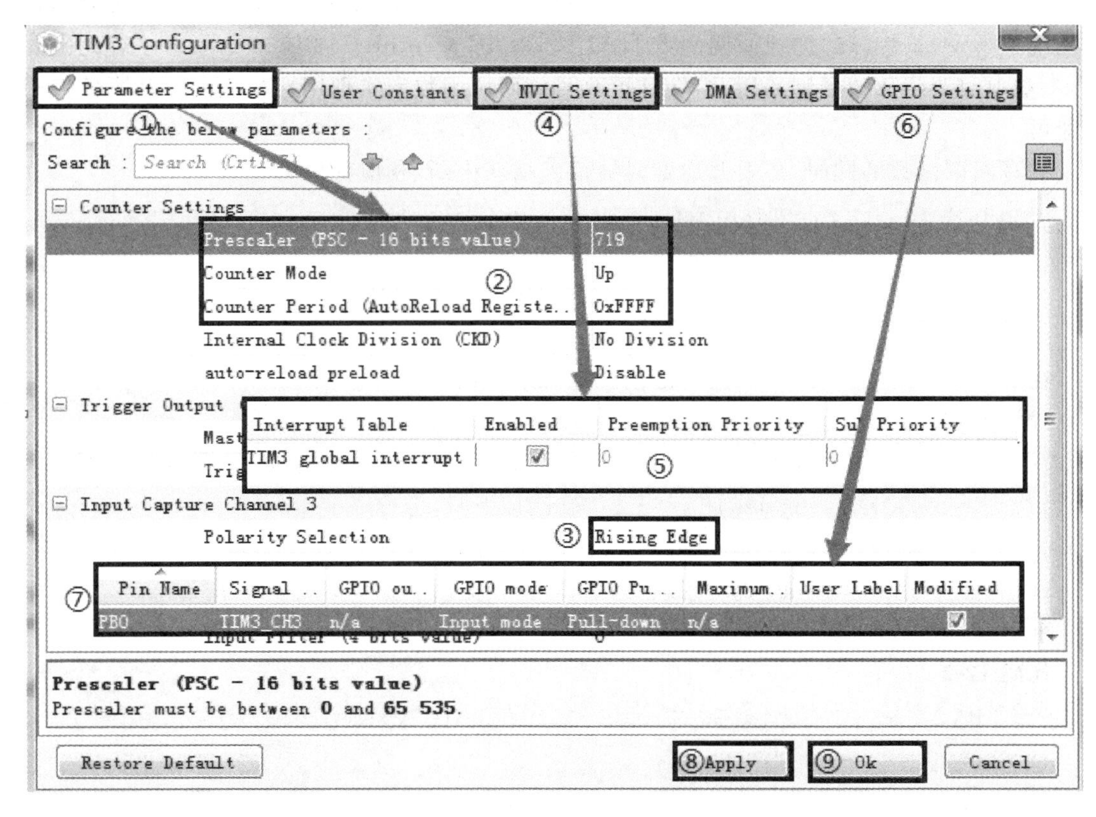

图 12-3　TIM3 引脚配置(3)

12.4　中断函数分析

本实例与第 11 章实例初始化后代码类似，也同样有中断服务函数，即在 stm32f1xx_it.c 文件最底部多出如下代码。

代码 12-1

```
void TIM3_IRQHandler(void)
{
  /* USER CODE BEGIN TIM3_IRQn 0* /

  /* USER CODE END TIM3_IRQn 0* /
  HAL_TIM_IRQHandler(&htim3);
  /* USER CODE BEGIN TIM3_IRQn 1* /

  /* USER CODE END TIM3_IRQn 1* /
}
```

查看并跟踪stm32f1xx_it.c文件内的函数void TIM3_IRQHandler(void)，发现此函数最后调用了__weak修饰的捕捉回调函数HAL_TIM_IC_CaptureCallback(htim)(注意此函数与第11章中回调函数的区别)，因此，在这里改写该回调函数来实现用户相应的中断服务控制逻辑即可。

编写回调函数的同时，还要开启定时器输入捕获中断，相应代码为：

```
HAL_TIM_IC_Start_IT(&htim3,TIM_CHANNEL_3);
```

12.5 编写用户代码

在main.c文件的while(1)语句之前添加如下代码：

```
HAL_TIM_IC_Start_IT(&htim3,TIM_CHANNEL_3);
```

在main.c文件的main()函数之前添加全局变量，用以记录按键按下与松开时的值：

```
uint32_t u32ICRisingValue=0; .//按键按下时,上电
uint32_t u32ICFallingValue=0; //按键松开时,断开
uint32_t u32ICValue=0; //按下时长
```

重写回调函数代码：

代码12-2

```
void HAL_TIM_IC_CaptureCallback(TIM_HandleTypeDef *htim)
{
  if(htim->Channel==HAL_TIM_ACTIVE_CHANNEL_3)
  {
    static uint8_t bRising=1;

    if(bRising)
    {
      u32ICRisingValue=HAL_TIM_ReadCapturedValue(&htim3,TIM_CHANNEL_
3);
     //清除捕获的极性
     TIM_RESET_CAPTUREPOLARITY(&htim3,TIM_CHANNEL_3);
     //设置为上升沿触发
     TIM_SET_CAPTUREPOLARITY(&htim3,TIM_CHANNEL_3,
                                            TIM_INPUTCHANNELPOLARITY_FALLING);
     HAL_GPIO_TogglePin(GPIOB, GPIO_PIN_1); //PB1端口翻转,调试用
    }
    else
    {
```

```
        u32ICFallingValue=HAL_TIM_ReadCapturedValue(&htim3,TIM_CHANNEL_
  3);
        //频率为 72 M,分频系数为 720,所以触发时长为 0.01 ms
        u32ICValue=(u32ICFallingValue-u32ICRisingValue)* 0.01;
        //清除捕获的极性
        TIM_RESET_CAPTUREPOLARITY(&htim3,TIM_CHANNEL_3);
        //设置为上升沿触发
        TIM_SET_CAPTUREPOLARITY(&htim3,TIM_CHANNEL_3,
                                            TIM_INPUTCHANNELPOLARITY_RISING);
        HAL_GPIO_TogglePin(GPIOB, GPIO_PIN_1); //PB1 端口翻转,调试用
      }
      bRising=bRising? 0:1;
    }
  }
```

上述代码仅是一个按键脉宽测量的示例代码。因晶振频率设置为 72 MHz，经过分频后得到$\frac{72}{719+1}$MHz＝100000 Hz，每次脉冲持续时长即为 1/100000 s＝0.01 ms，则一次计数溢出总时长＝0.01×(0xFFFF＋1)＝0.01×(65535＋1)＝655.36 ms，而按键触发时长一般在这个时间之内，所以，在本实例中代码是没有问题的。如果要实现其他功能，建议在程序中添加计数器溢出判断代码，并将计数器溢出的次数统计到实际程序中。

以上代码中：TIM_RESET_CAPTUREPOLARITY()函数用于清除捕获信号的极性，以改变信号极性，即由上升沿→下降沿→上升沿→……循环往复；TIM_SET_CAPTUREPOLARITY()函数用于设置通道的极性。

12.6 仿真结果

在本实例中，采用 Keil MDK5 软件仿真器来查看波形及分析采集到脉宽的正确性。在仿真前要进行仿真器设置，设置过程参见 9.9.1 小节。波形查看过程参见 9.9.3 小节。

在程序运行前增加一项监控变量窗口的步骤。在操作界面的工具栏中单击图标按钮，再单击图标按钮，弹出“Watch 1”窗口。如图 12-4 所示，在“Name”项下面的“＜Enter expression＞”行内输入要检控的变量(u32ICRisingValue、u32ICFallingValue 及 u32ICValue)，此时 Value 的值按十六进制显示。若不方便查看可在其值上单击右键，在弹出的快捷菜单上单击“Hexadecimal Display”，即可将“Value”项设置为按十进制显示。

仿真器仿真结果如图 12-5 所示。由仿真结果可知，按键开关信号上升沿对应时刻为 0.21409 s，下降沿对应时刻为 0.266355 s，时差为(0.266355－0.21409) s＝0.052265 s＝52.265 ms，而“Watch 1”检控窗口显示 u32ICValue 的值为 52 ms，结果合理。注意：在“Logic Analyzer”窗口中的测量均是通过鼠标手动点击进行的，所以存在误差。

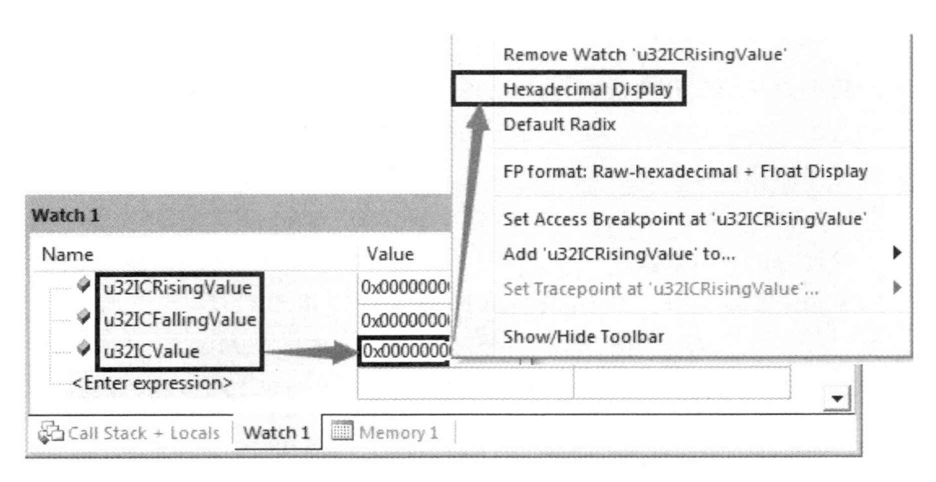

图 12-4　调出检控窗口

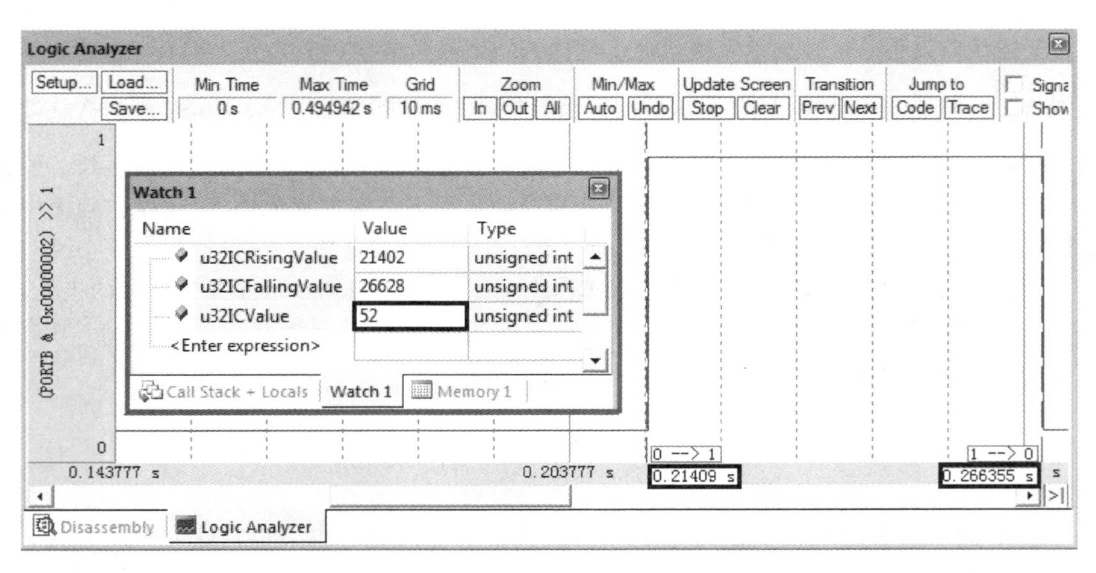

图 12-5　仿真结果(2)

12.7　PWM输入捕获特例设置

本实例项目采用的是单端口，单通道采集脉冲的上升沿及下降沿对应的时间(计数值)。而在12.1节已介绍过，STM32可以使用一个端口以双通道的形式采集信号，并且双通道可以一个捕获上升沿，另一个捕获下降沿，而不需要在捕获中断内执行变换极性的操作，这就保证了捕获的实时性(变换极性需要耗费一定时间，且对于高频率的信号不一定能及时捕获)。下面对单端口、单通道采集脉冲和单端口、双通道采集脉冲两种方法进行简要介绍。

1. 配置要求

配置要求(配置参数为二进制数)如下：

①选择TIMx_CCR1的有效输入，将TIMx_CCMR1寄存器的CC1S设置为“01”(选择TI1)。

②选择TI1FP1的有效极性(用来捕获数据到TIMx_CCR1中和清除计数器)，将CC1P设置为“0”(上升沿有效)。

③选择TIMx_CCR2的有效输入，将TIMx_CCMR1寄存器的CC2S设置为“10”(选择TI1)。

④选择TI1FP2的有效极性(捕获数据到TIMx_CCR2)，将CC2P设置为“1”(下降沿有效)。

⑤选择有效的触发输入信号，将TIMx_SMCR寄存器的TS设置为“101”(选择TI1FP1)。

⑥配置从模式控制器为复位模式，将TIMx_SMCR的SMS设置为“100”。

⑦设置使能捕获(或启动中断或启动DMA)功能，使TIMx_CCER寄存器中CC1E=1且CC2E=1(CC1IE=1且CC2IE=1或CC1DE=1且CC2DE=1)。

其中第①～⑥项在STM32Cube软件中可以设置完成，第⑦项需要用户自行编写代码(类似while(1)语句前面的启动中断代码)来实现。具体寄存器是否配置合适，可利用Keil MDK5仿真来查看。可在全速运行仿真过程中，在菜单栏单击“Peripherals”→“Timers”→“TimerX”来查看。图12-6所示为TIM1的配置窗口。

当两通道分别采集上升沿、下降沿时，引脚设置如图12-7所示，MCU外设配置如图12-8所示。

当两通道共同采集脉冲信号时，引脚设置如图12-9所示，MCU外设配置如图12-8所示。

2. 代码

上述两种方法中用户编写代码时可能会用到以下函数。

1) 使能/失能TIM捕获函数

```
HAL_StatusTypeDef HAL_TIM_IC_Start(TIM_HandleTypeDef *htim, uint32_t Channel)
HAL_StatusTypeDef HAL_TIM_IC_Stop(TIM_HandleTypeDef *htim, uint32_t Channel)
```

2) 启动/停止TIM捕获DMA中断函数

```
HAL_StatusTypeDef HAL_TIM_IC_Start_DMA(TIM_HandleTypeDef *htim, uint32_t Channel, uint32_t  *pData, uint16_t Length)
HAL_StatusTypeDef HAL_TIM_IC_Stop_DMA(TIM_HandleTypeDef *htim, uint32_t Channel)
```

3) 启动/停止TIM捕获中断函数

```
HAL_StatusTypeDef HAL_TIM_IC_Start_IT(TIM_HandleTypeDef *htim, uint32_t Channel)
//停止(失能)TIM捕获中断函数
HAL_StatusTypeDef HAL_TIM_IC_Stop_IT(TIM_HandleTypeDef *htim, uint32_t Channel)
```

4) 捕获中断回调函数

```
void HAL_TIM_IC_CaptureCallback(TIM_HandleTypeDef *htim)
```

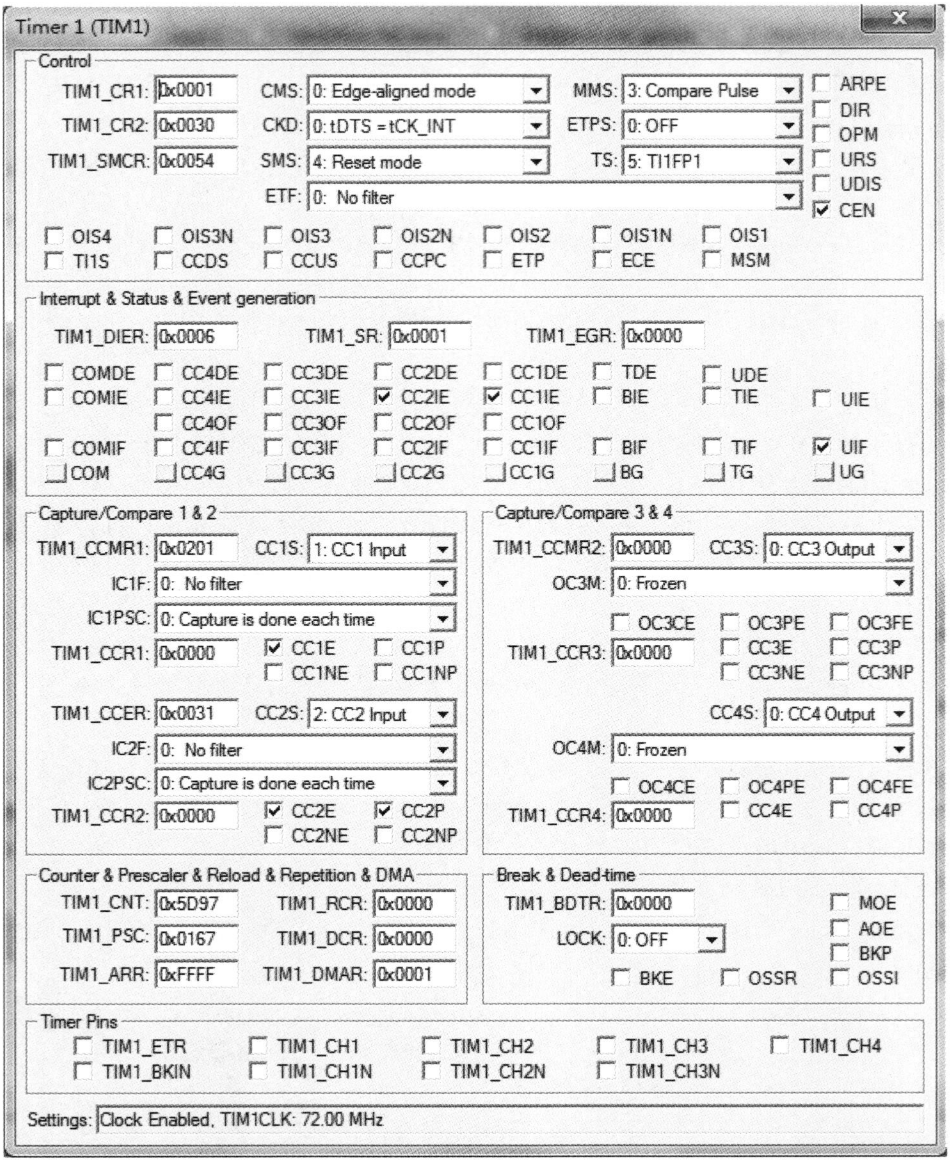

Timer 1 (TIM1)

Control

TIM1_CR1: 0x0001　CMS: 0: Edge-aligned mode　MMS: 3: Compare Pulse　ARPE

TIM1_CR2: 0x0030　CKD: 0: tDTS = tCK_INT　ETPS: 0: OFF　DIR

TIM1_SMCR: 0x0054　SMS: 4: Reset mode　TS: 5: TI1FP1　OPM　URS

ETF: 0: No filter　UDIS　CEN

OIS4　OIS3N　OIS3　OIS2N　OIS2　OIS1N　OIS1

TI1S　CCDS　CCUS　CCPC　ETP　ECE　MSM

Interrupt & Status & Event generation

TIM1_DIER: 0x0006　TIM1_SR: 0x0001　TIM1_EGR: 0x0000

COMDE　CC4DE　CC3DE　CC2DE　CC1DE　TDE　UDE

COMIE　CC4IE　CC3IE　CC2IE　CC1IE　BIE　TIE　UIE

CC4OF　CC3OF　CC2OF　CC1OF

COMIF　CC4IF　CC3IF　CC2IF　CC1IF　BIF　TIF　UIF

COM　CC4G　CC3G　CC2G　CC1G　BG　TG　UG

Capture/Compare 1 & 2

TIM1_CCMR1: 0x0201　CC1S: 1: CC1 Input

IC1F: 0: No filter

IC1PSC: 0: Capture is done each time

TIM1_CCR1: 0x0000　CC1E　CC1P　CC1NE　CC1NP

TIM1_CCER: 0x0031　CC2S: 2: CC2 Input

IC2F: 0: No filter

IC2PSC: 0: Capture is done each time

TIM1_CCR2: 0x0000　CC2E　CC2P　CC2NE　CC2NP

Capture/Compare 3 & 4

TIM1_CCMR2: 0x0000　CC3S: 0: CC3 Output

OC3M: 0: Frozen

OC3CE　OC3PE　OC3FE

TIM1_CCR3: 0x0000　CC3E　CC3P　CC3NE　CC3NP

CC4S: 0: CC4 Output

OC4M: 0: Frozen

OC4CE　OC4PE　OC4FE

TIM1_CCR4: 0x0000　CC4E　CC4P

Counter & Prescaler & Reload & Repetition & DMA

TIM1_CNT: 0x5D97　TIM1_RCR: 0x0000

TIM1_PSC: 0x0167　TIM1_DCR: 0x0000

TIM1_ARR: 0xFFFF　TIM1_DMAR: 0x0001

Break & Dead-time

TIM1_BDTR: 0x0000　MOE　AOE

LOCK: 0: OFF　BKP

BKE　OSSR　OSSI

Timer Pins

TIM1_ETR　TIM1_CH1　TIM1_CH2　TIM1_CH3　TIM1_CH4

TIM1_BKIN　TIM1_CH1N　TIM1_CH2N　TIM1_CH3N

Settings: Clock Enabled, TIM1CLK: 72.00 MHz

图 12-6　寄存器查看

以上函数中：

htim 表示 TIM 输入捕获句柄。

Channel 表示通道共 4 个：TIM_CHANNEL_1、TIM_CHANNEL_2、……、TIM_CHANNEL_4。

pData 表示数据缓冲区地址。

Length 表示从 Tim 外设传输到内存的数据长度。

后续程序不再编写，读者自行验证，最好在开发板的硬件上执行。

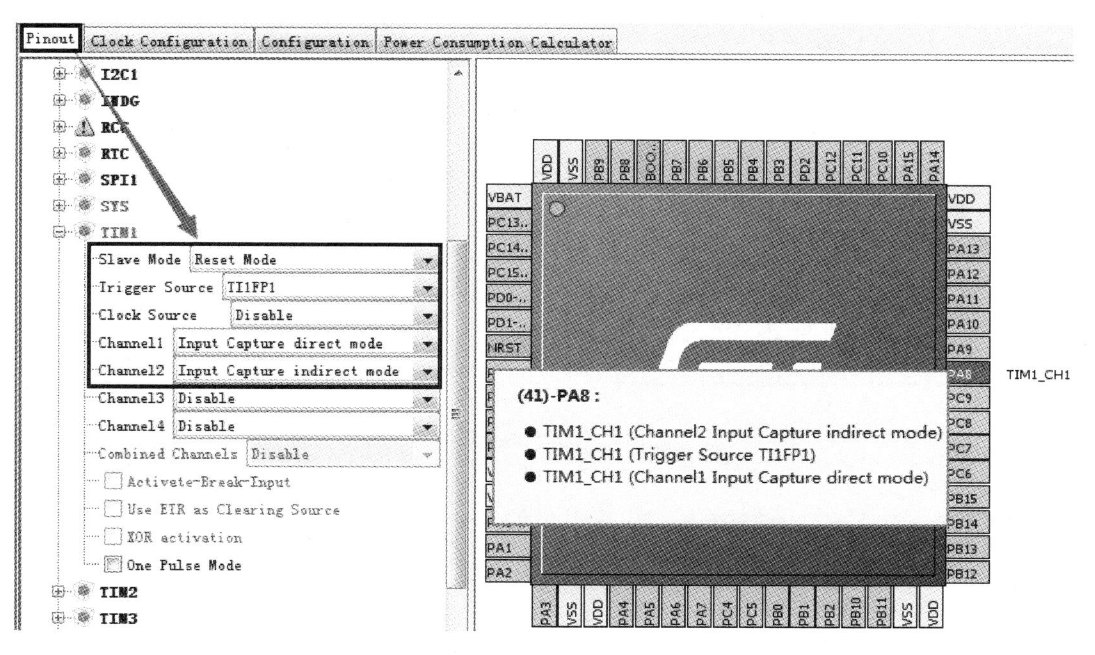

图 12-7　采用方法一时的引脚设置

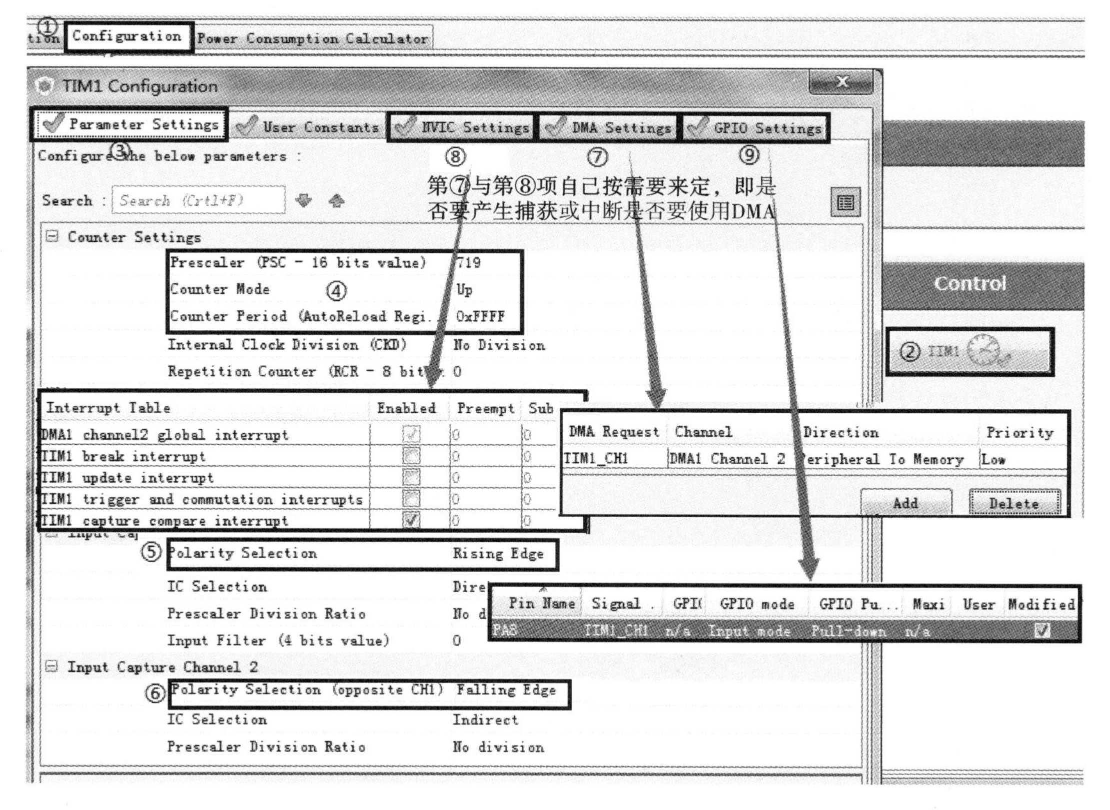

图 12-8　MCU 外设配置

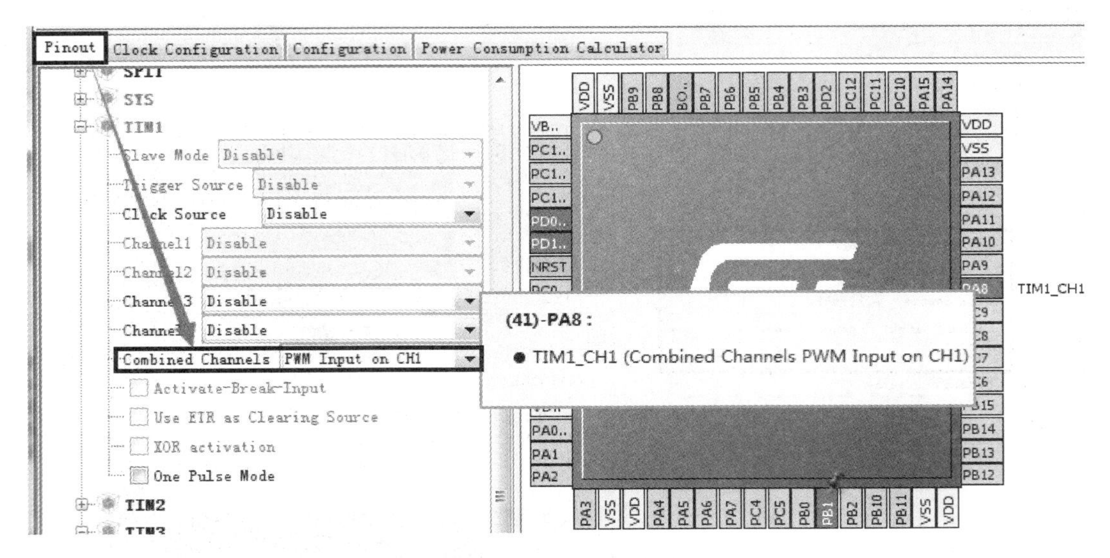

图 12-9　采用方法二时的引脚配置

思考与练习

12-1　通过 STM32F1 HAL 库使用手册(*UM1850 User manual*)学习捕获函数。

12-2　PWM 输入模式与输入捕获模式有什么区别?

12-3　通过网络或相关参考书籍、手册了解直流、步进电动机闭环控制方式。

第 13 章　向串口发送数据

最早的串口没有同步串行通信功能，只有异步串行通信功能，称为 USRT（universal synchronous receiver transmitter，即通用同步接收/发送器）。随着科技的发展，串口增加了同步串行通信功能，就由 USRT 变成了 USART（universal synchronous/asynchronous receiver/transmitter，即通用同步/异步接收/发送器。在 8 位单片机盛行的时代，嵌入式设备与个人计算机(PC)、手持器通信几乎就靠串口(在 PC 端是 RS-232 端口)。但近些年并口和串口在 PC 的主板上已经逐渐被 USB 口、RJ-45 口(网上端口)等取代了。不过在嵌入式领域，USART 还是主要的串行通信端口。本章将针对 STM32 的 USART 口进行实例演示。

13.1　串口基础知识

串口是串行端口(serial port)的简称，也称为串行通信端口或 COM 端口。

串口通信是指采用串行通信协议(serial communication)在一条信号线上对数据进行逐位传输的通信模式。

串口按电气标准及协议来划分，包括 RS-232-C 接口、RS-422 接口、RS485 接口等。

串口通信中有以下几个基本概念。

(1) 发送时钟：发送数据时，首先将要发送的数据送入移位寄存器，然后在发送时钟的控制下，将该并行数据逐次移位输出。

(2) 接收时钟：在接收串行数据时，接收时钟的上升沿对接收数据采样，进行数据位检测，并将其移入接收器的移位寄存器，最后组成并行数据输出。

(3) 波特率因子：波特率因子是指发送或接收一个数据位所需要的时钟脉冲个数。

13.1.1　串行通信

在串行通信中，数据在 1 b 宽的单条线路上进行传输，一个字节的数据要分为 8 次，由低位到高位按顺序一位一位地进行传送。发送方是按固定的时间间隔逐位传输数据的，接收方也按照同样的时间间隔来接收每一位数据。不仅如此，接收方还必须能够确定一个信息帧的开始和结束标志。

常用的两种基本串行通信方式包括串行同步通信和串行异步通信。

13.1.2　串行同步通信

同步通信(synchronous communication，SYNC)是指在约定的通信速率下，发送端和接收端的时钟信号频率和相位始终保持一致(同步)，这样就保证了通信双方在发送和接收数据时具有完全一致的定时关系。

同步通信把许多字符组成一个信息帧，每一帧的开始用同步字符来指示，一次通信只传送一帧信息。在传输数据的同时还需要传输时钟信号，以便接收方用时钟信号来确定每个信息位。

同步通信的优点是传送信息的位数几乎不受限制，一次通信传输的数据有几十到几千个字节，通信效率较高。同步通信的缺点是要求在通信中始终保持精确的同步时钟，即发送时钟和接收时钟要严格同步(常用的方法是两个设备使用同一个时钟源)。

在后续的串口通信与编程中将只讨论异步通信方式，所以在这里不对同步通信做过多的介绍。

13.1.3 串行异步通信

异步通信(asynchronous communication, ASYNC)又称为起止式异步通信，是以字符为单位进行传输的，字符之间没有固定的时间间隔要求，而每个字符中的各位数据则以固定的时间传送。

在异步通信中，收发双方是通过在字符格式中设置起始位和停止位的方法来实现同步的。具体来说就是在一个有效字符正式发送之前，发送器先发送一个起始位(start bit)，然后发送有效字符位，在字符结束时再发送一个停止位，起始位至停止位(stop bit)构成一帧。停止位与下一个起始位之间是不定长的空闲位，并且规定起始位为低电平(逻辑值为0)，停止位和空闲位都是高电平(逻辑值为1)，这样就保证了起始位开始处一定会有一个下跳沿，由此就可以确定字符传输的起始位。而根据起始位和停止位也就很容易实现字符的界定和同步。

显然，异步通信时，发送端和接收端可以由各自的时钟来控制数据的发送和接收，这两个时钟源彼此独立，可以互不同步。

13.1.3.1 异步通信的数据格式

在介绍异步通信的数据发送和接收过程之前，有必要先弄清楚异步通信的数据格式。

以异步通信方式传输的数据一般由起始位、数据位(data bit)、奇偶校验位(parity bit)和停止位组成，如图13-1所示(该图中未画出奇偶校验位，因为奇偶检验位不是必须有的。如果有奇偶检验位，则奇偶检验位应该在数据位之后，停止位之前)。

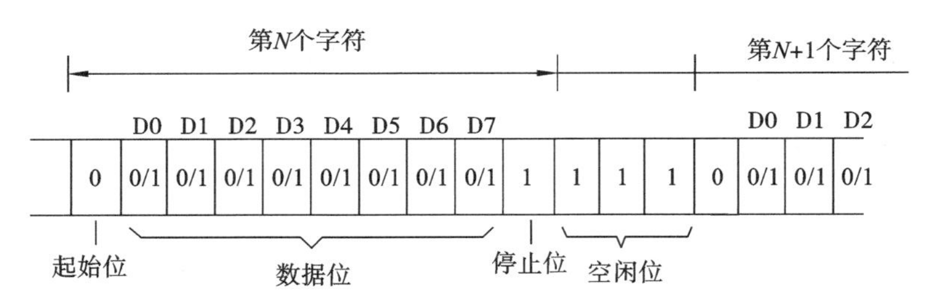

图13-1 异步通信数据格式

(1) 起始位：起始位必须是持续1 b时间的低电平(逻辑0)，标志字符传输开始，接收方可利用起始位使自己的接收时钟与发送方的数据同步。

(2) 数据位：数据位紧跟在起始位之后，是通信中真正有效的信息。数据位的位数可以由通信双方共同约定，一般可以是5位、7位或8位。标准的ASCII码是0～127(7位)，扩展的ASCII码是0～255(8位)。传输数据时先传送字符的低位，后传送字符的高位。

(3) 奇偶校验位：奇偶校验位仅占一位，用于进行奇校验或偶校验。如果是奇校验，需要保证传输的数据总共有奇数个逻辑高位；如果是偶校验，需要保证传输的数据总共有偶数个逻辑高位。

假设传输的数据为0100110：如果是奇校验，则奇校验位(低位)增设0(要确保总共有奇数个 1)，数据变成 01001100；如果是偶校验，则偶校验位(低位)增设 1(要确保总共有偶数个 1)，数据变成 01001101。

由此可见，奇偶校验仅是对数据进行简单的置逻辑高位或逻辑低位，这样可便于接收设备确定数据位的状态，以及判断通信中是否有噪声干扰以及数据传输是否同步。

(4) 停止位：停止位可以有 1 位、1.5 位或 2 位，具体位数可以由软件设定。停止位一定是高电平(逻辑 1)，标志着传输一个字符结束。

(5) 空闲位：空闲位是指从一个字符的停止位结束到下一个字符的起始位开始的部分，表示线路处于空闲状态，必须由高电平来填充。

13.1.3.2　异步通信的数据发送过程

在异步通信中，发送数据的具体过程如下：

(1) 初始化后(或者没有数据需要发送时)，发送端输出逻辑 1，可以有任意数量的空闲位。

(2) 当需要发送数据时，发送端首先输出逻辑 0，作为起始位。

(3) 开始输出数据位，发送端首先输出数据的最低位 D0，然后输出 D1、D2……最后输出数据的最高位。

(4) 如果设有奇偶校验位，发送端输出校验位。

(5) 发送端输出停止位(逻辑 1)。

(6) 如果没有信息需要发送，发送端输出逻辑 1(空闲位)，如果有信息需要发送，则转入步骤(2)。

13.1.3.3　异步通信的数据接收过程

在异步通信中，接收端以接收时钟和波特率因子决定每一位的时间长度。下面以波特率因子等于 16(接收时钟每 16 个时钟周期使接收移位寄存器移位一次)的情况为例来说明异步通信的数据接收过程。

(1) 开始通信，信号线处于空闲状态(逻辑 1)，当检测到由 1 到 0 的跳变时，开始对接收时钟计数。

(2) 当计到第 8 个时钟的时候，对输入信号进行检测，若仍然为低电平，则确认该信号是起始位信号，而不是干扰信号。

(3) 接收端检测到起始位后，隔 16 个接收时钟对输入信号进行一次检测，把对应的值作为 D0 位数据。

(4) 再隔 16 个接收时钟检测一次输入信号，把对应的值作为 D1 位数据，直到全部数据位都输入完毕。

(5) 检验奇偶校验位。

(6) 接收到规定的数据位个数和校验位之后，通信端口电路等待接收停止位信号(逻辑 1)。若此时未收到停止位信号，说明出现了错误，在状态寄存器中置“帧错误”标志；若没有错误，对全部数据位进行奇偶校验，经校验未发现错误时，把数据位从移位寄存器中取出送至数据输入寄存器，若经校验发现错误，在状态寄存器中置“奇偶错”标志。

(7) 本帧信息全部接收完后，把线路上出现的高电平作为空闲位。

(8) 当信号再次变为低电平信号时，开始进入下一帧的检测。

13.1.4　串口接头

常用的串口接头有两种，一种是 9 针串口(简称 DB-9)，一种是 25 针串口(简称 DB-25)。

每种接头都有公头和母头之分，其中带针状的接头是公头，而带孔状的接头是母头。9针串口的外观如图13-2所示。

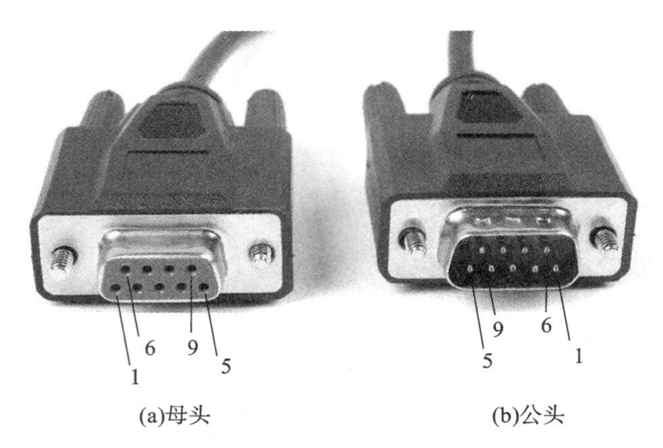

(a)母头　　(b)公头

图13-2　DB-9外观

由图13-2可以看出，在9针串口接头中，公头和母头的引脚定义顺序是不一样，这一点需要特别注意。9针串口和25针串口常用引脚的功能如表13-1所示。

表13-1　9针串口和25针串口常用管脚功能说明

9针串口(DB9)			25针串口(DB25)		
针号	功能说明	缩写	针号	功能说明	缩写
1	数据载波检测	DCD	8	数据载波检测	DCD
2	接收数据	RXD	3	接收数据	RXD
3	发送数据	TXD	2	发送数据	TXD
4	数据终端准备	DTR	20	数据终端准备	DTR
5	信号地	GND	7	信号地	GND
6	数据设备就绪	DSR	6	数据设备就绪	DSR
7	请求发送	RTS	4	请求发送	RTS
8	清除发送	CTS	5	清除发送	CTS
9	振铃指示	DELL	22	振铃指示	DELL

13.1.5　UART和USART

通用异步收发传输器(universal asynchronous receiver/transmitter, UART)是计算机硬件的一部分，用于将并行输入信号转成串行输出信号。

UART通常做成独立的模块化芯片，或集成在微处理器的周边设备中。一般是RS-232C规格的，与类似Maxim公司的MAX232之类的标准串口电平转换芯片进行搭配，作为连接外部设备的端口。USART是在UART的基础上增加同步序列信号变换电路而形成的。USART用于异步通信时，它与UART没有区别。

STM32对USART引脚做了特殊配置，如表13-2所示。

表 13-2　STM32 的 USART 引脚配置表

USART 引脚	模式配置	GPIO 设置
USARTxTX	全双工模式	复用推挽输出
	半双工同步模式	复用推挽输出
USARTx_RX	全双工模式	浮空输入或带上拉输入
	半双工同步模式	未用，可作为通用 I/O 端口
USARTx_CK	同步模式	复用推挽输出
USARTx_RTS	硬件流量控制	复用推挽输出
USARTx_CTS	硬件流量控制	浮空输入或带上拉输入

13.2　实例描述及硬件连接图绘制

13.2.1　实例描述

采用 STM32F103R6，实现 STM32 向串口发送固定数据。

13.2.2　硬件连接图绘制

在本实例中硬件连接图的绘制比较简单，这里仅给出查找虚拟终端（VIRTUAL TERMINAL）的方法，如图 13-3 所示。最终的硬件连接图如图 13-4 所示。注意：虚拟终端的 TXD 口接 STM32 的 USART1_RX 口，RXD 口接 STM32 的 USART1_TX 口。线路连接完成后双击 VIRTUAL TERMINAL 图形，将波特率设置为 115200 b/s，其他项采用默认设置。

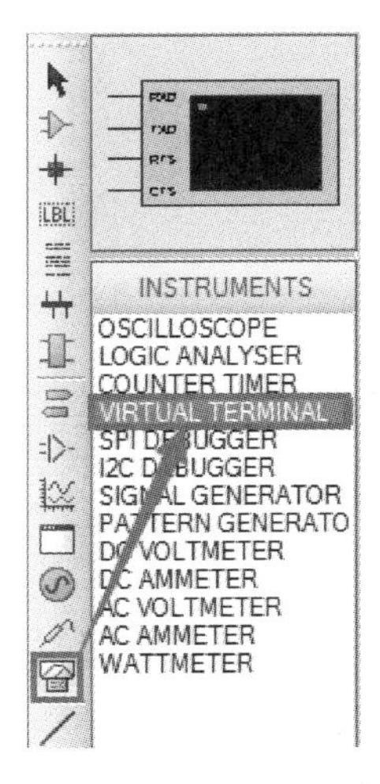

图 13-3　查找虚拟终端

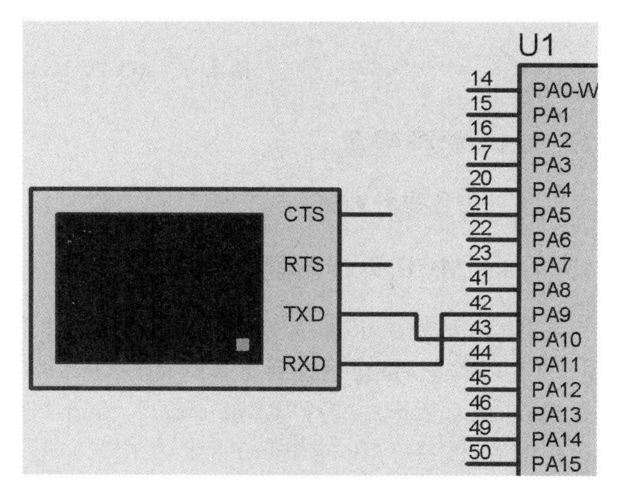

图 13-4　最终硬件连接图(4)

13.3　STM32CubeMX 配置工程

13.3.1　工程建立及 MCU 选择

工程建立及 MCU 选择参见 6.3.1 小节，这里不赘述。

13.3.2　RCC 及引脚设置

本例仍采用外置晶振，具体设置方式参见 6.3.3 小节。

打开“Pinout”选项卡，在界面左侧配置目录中单击“Peripherals”→“USART1”，在“Mode”项的下拉列表中选择“Asynchronous”（异步通信），在“Hardware Flow Control (RS232)”项的下拉列表中选择“Disable”（不使用硬件流控制），如图 13-5(a)所示。设置结果如图 13-5(b)所示。

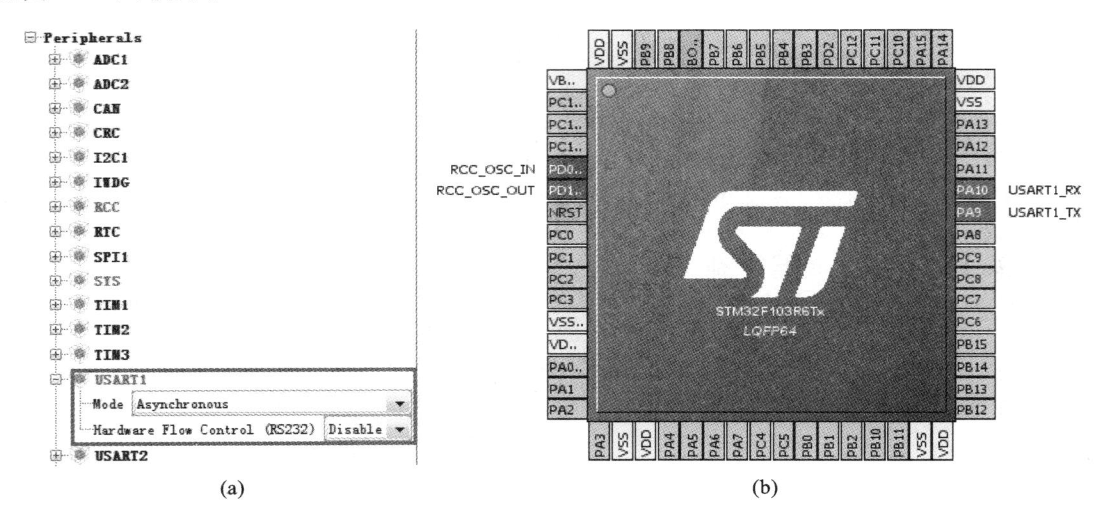

图 13-5　RCC 及 USART1 设置

13.3.3　时钟配置

本例将采用外部时钟源 HSE，时钟配置同 8.5.3 小节所述。

13.3.4　MCU 外设配置

打开“Configuration”选项卡，单击“USART1”按钮，打开“USART1 Configuration”对话框，如图 13-6 所示。该对话框列出了所有的 USART1 参数配置项。

首先，在该对话框中选择“Parameter Settings”选项卡，对“Basic Parameters”配置栏下的项目进行配置：波特率(Baud Rate)设置为 115200 b/s，字长(Word Length)设置为 8 位，校验位(Parity)设置为无(None)，停止位(Stop Bits)设置为 1，其他项保持默认设置。

然后，选择“GPIO Settings”选项卡，将 PA9 的 GPIO 模式设置为复用推挽输出(Alternate Function Push Pull)，PA10 的 GPIO 模式设置为浮空输入(可对照表 13-2 配置)。

以上步骤完成后单击“Apply”按钮保存设置，然后单击“Ok”按钮退出界面。

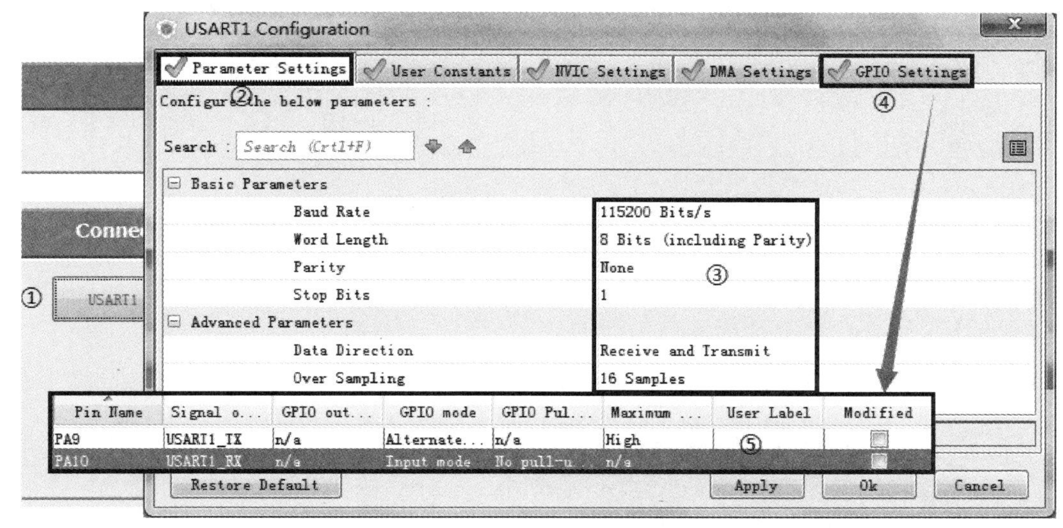

图 13-6　USART1 引脚配置

保存配置并生成源代码。

13.4　外设结构体分析

在本实例中 main()函数调用了一个初始化函数 MX_USART1_UART_Init()，经跟踪发现该函数位于文件 USART.c，列出相关代码如下。

代码 13-1

```
UART_HandleTypeDef huart1;
void MX_USART1_UART_Init(void)
{
  huart1.Instance=USART1;
  huart1.Init.BaudRate=115200;
  huart1.Init.WordLength=UART_WORDLENGTH_8B;
  huart1.Init.StopBits=UART_STOPBITS_1;
  huart1.Init.Parity=UART_PARITY_NONE;
  huart1.Init.Mode=UART_MODE_TX_RX;
  huart1.Init.HwFlowCtl=UART_HWCONTROL_NONE;
  huart1.Init.OverSampling=UART_OVERSAMPLING_16;
  if(HAL_UART_Init(&huart1)!=HAL_OK)
…
}
```

该段代码首先定义了 UART_HandleTypeDef 类型的全局变量 huart1，跟踪 UART_HandleTypeDef 结构体发现其与其他初始化函数一样采用的是结构体。

1. UART_HandleTypeDef 结构体

UART_HandleTypeDef 结构体的代码如下：

```
typedef struct
{
  USART_TypeDef  *Instance;   /* UART寄存器基地址 sters* /
  UART_InitTypeDef  Init;   /* UART通信参数* /
  uint8_t  *pTxBuffPtr;   /* UART发送缓冲* /
  uint16_t  TxXferSize;   /* UART发送数据大小* /
  __IO uint16_t  TxXferCount;   /* UART发送计数器* /
  uint8_t  *pRxBuffPtr;   /* UART接收缓冲* /
  uint16_t  RxXferSize;   /* UART接收数据大小* /
  __IO uint16_t  RxXferCount;   /* UART接收计数器* /
  DMA_HandleTypeDef  *hdmatx;   /* UART发送DMA句柄参数* /
  DMA_HandleTypeDef  *hdmarx;   /* UART接收DMA句柄参数* /
  HAL_LockTypeDef  Lock;   /* 锁定对象* /
  __IO HAL_UART_StateTypeDef  gState;   /* 与发送相关通信状态* /
  __IO HAL_UART_StateTypeDef  RxState;   /* 与接收相关通信状态* /
  __IO uint32_t  ErrorCode;   /* 错误代码* /
}UART_HandleTypeDef;
```

其中：

从 * pTxBuffPtr 开始到 RxXferCount 的 6 个变量用于接收 UART 发送缓冲区的指针，服务于 HAL 库内封装函数。

hdmatx/hdmarx 使用 DMA，用于接收发送数据或接收数据的句柄。

Instance 表示 UART 寄存器基地址，按 F12(在代码中对 F12 进行定义之后才有效)查看 USART_TypeDef 结构体的定义，可以发现，该结构体定义了 CR1、CR2 等与 USART 功能有关的寄存器。

Lock 用于对资源性操作增加操作锁的保护。

gState/RxState 表示 UART 通信状态，有 RESET、READY、BUSY、BUSY_TX、BUSY_RX、BUSY_TX_RX、TIMEOUT、ERROR 等多种。根据不同的状态，控制 UART 的发送和接收。

Init 表示 UART 通信参数，为 UART_InitTypeDef 结构体。

2. UART_InitTypeDef 结构体

UART_InitTypeDef 结构体的代码如下：

```
typedef struct
{
  uint32_t  BaudRate;   /* 波特率* /
  uint32_t  WordLength;   /* 字长* /
  uint32_t  StopBits;   /* 停止位* /
  uint32_t  Parity;   /* 校验位* /
  uint32_t  Mode;   /* USART模式* /
  uint32_t  HwFlowCtl;   /* 硬件流控制* /
```

```
    uint32_t  OverSampling;    /* 过采样* /
}UART_InitTypeDef;
```

其中：

BaudRate 表示波特率，一般设置为 9600 b/s、19200 b/s 或 115200 b/s。利用 HAL 库可以直接配置波特率。

WordLength 表示数据帧字长，可选 8 位或 9 位。它用于设定 USART_CR1 寄存器的 M 位的值，一般使用 8 位数据。

StopBits 用于停止位设置，可选 0.5 个、1 个、1.5 个或 2 个停止位，一般选择 1 个停止位。

Parity 用于奇偶校验位控制选择。可选 UART_PARITY_NONE（无校验）、UART_PARITY_EVEN（偶校验）或 UART_PARITY_ODD（奇校验）。

Mode 用于 USART 模式选择。可选 UART_MODE_RX（接收）、UART_MODE_TX（发送）或 UART_MODE_TX_RX（发送和接收）。

HwFlowCtl 用于硬件流控制，只有在硬件流控制模式下才有效。可选使能 RTS、使能 CTS、同时使能 RTS 和 CTS、不使能硬件流。

OverSampling 用于设置过采样参数，在 STM32F1xx 系列里不可用，所以默认设置为 16。

UART_InitTypeDef 结构体成员用于设置外设工作参数，并由外设初始化配置函数（如 MX_USARTx_Init()）调用。利用这些工作参数来配置相应的寄存器，达到配置外设工作环境的目的。可以看到，在 UART_HandleTypeDef 结构体中又定义了多个结构体，这就是结构体的嵌套。在 UART_HandleTypeDef 结构体中，UART_InitTypeDef 相当于成员。

在文件 USART.c 内还出现了 HAL_UART_MspInit(UART_HandleTypeDef *uartHandle) 函数，列出相关代码如下。

代码 13-2

```
void HAL_UART_MspInit(UART_HandleTypeDef *uartHandle)
{
  GPIO_InitTypeDef GPIO_InitStruct;
  if(uartHandle->Instance==USART1)
  {
    __HAL_RCC_USART1_CLK_ENABLE(); //使能 USART1 时钟

    //下面 4 行设置 USART1_TX 对应的端口 PA9 属性
    GPIO_InitStruct.Pin= GPIO_PIN_9;
    GPIO_InitStruct.Mode= GPIO_MODE_AF_PP;
    GPIO_InitStruct.Speed= GPIO_SPEED_FREQ_HIGH;
    HAL_GPIO_Init(GPIOA, &GPIO_InitStruct);

    //下面 4 行设置 USART1_RX 对应的端口 PA10 属性
    GPIO_InitStruct.Pin= GPIO_PIN_10;
    GPIO_InitStruct.Mode= GPIO_MODE_INPUT;
```

```
        GPIO_InitStruct.Pull= GPIO_NOPULL;
        HAL_GPIO_Init(GPIOA, &GPIO_InitStruct);
    }
}
```

很明显，此函数的作用正是对 USART 的发送与接收对应端口的硬件进行初始化，与普通 GPIO 端口初始化类似，详见前面相关章节介绍。

要实现相关发送事件，还需要借助 HAL 库的发送函数：

HAL_StatusTypeDef HAL_UART_Transmit(UART_HandleTypeDef *huart, uint8_t *pData, uint16_t Size, uint32_t Timeout)

该函数可返回四种状态：HAL_OK(成功)、HAL_ERROR(错误)、HAL_BUSY(忙碌)、HAL_TIMEOUT(超时)。该函数中 4 个形参的含义如下。

huart：UART_HandleTypeDef 结构体指针变量，用于指定串口。

pData：字符数组或字符串，起数据缓冲作用。

Size：要发送的数据量。

Timeout：超时时长。

13.5 编写用户代码

根据代码分析章节，在 main.c 文件的 main()函数内的 while(1)语句之前添加如下代码：

```
uint8_t txbuf[256]; //发送缓冲
memcpy(txbuf, "向串口发送数据实验\n\r",100);
HAL_UART_Transmit(&huart1,txbuf, strlen((char *)txbuf),1000);
```

其中，memcpy()为拷贝函数，用于对字符数组赋值。

memcpy()函数的原型是 void *memcpy(void *dest, const void *src, size_t n)，其功能是从源 src 所指的内存地址的起始位置开始复制 n 个字节到目标 dest 所指的内存地址的起始位置中。

memcpy()函数与 strcpy()函数功能相似，但又有所不同：

(1) 复制的内容不同。strcpy()函数只能复制字符串，而 memcpy()函数可以复制任意内容，例如字符数组、整型数据、结构体、类等。

(2) 复制的方法不同。strcpy()函数不需要指定长度，它遇到串结束符“\0”时才结束复制，所以容易溢出。memcpy()函数则是根据其第 3 个参数决定复制的长度。

(3) 用途不同。通常在复制字符串时用 strcpy()函数，而复制其他类型数据时则一般用 memcpy()函数。

13.6 仿真结果

本实例的仿真结果如图 13-7 所示，说明向串口发送数据实验成功。

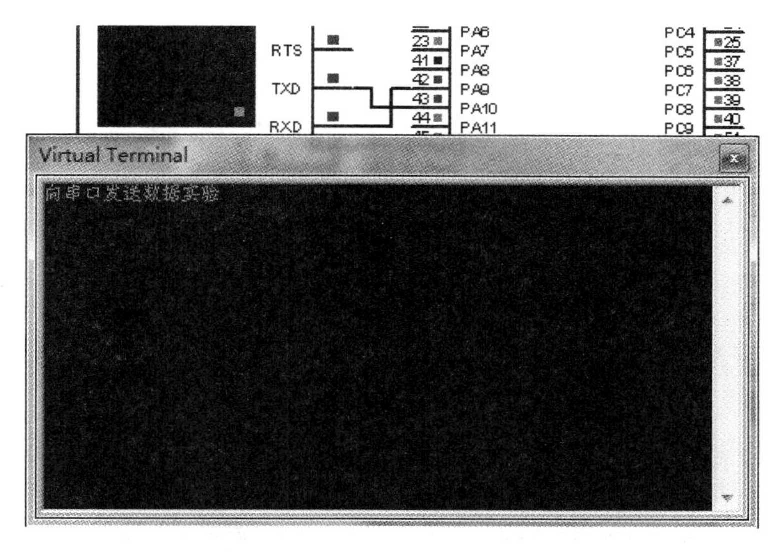

图 13-7　仿真结果(3)

13.7　重定向函数

用户能定义自己的 C 语言库函数，连接器在连接时会自动使用这些新的功能函数。这个过程称为重定向 C 语言库函数。例如：C 标准库函数 fputc()要将字符输出到调试器控制窗口，如果我们把输出设备改成了 UART 端口就需要重定义函数。这样所有基于 fputc()函数的输出都将被重定向至 UART 端口。因为函数 printf()在 C 标准库函数中实质上是一个宏函数，最终需调用 fputc()函数，所以 int fputc()的作用是重定向 C 标准库函数 printf()；int fgetc()的作用是重定向 C 库函数到 getchar()、scanf()函数。在 main. c 文件中包含 stdio. h 文件(标准库的输入输出头文件)。还需要在 Keil MDK5 主界面的工具栏中单击“魔术棒”图标按钮，在打开的对话框中选择“Target”选项卡，在该选项卡中勾选“Use MicroLIB”，它是缺省 C 库的备份库。

fputc()函数的代码如下：

代码 13-3

```
int fputc(int ch, FILE *f)
{
  HAL_UART_Transmit(&huart1,(uint8_t *)&ch, 1,0xffff);
  return ch;
}
int fgetc(FILE *f)
{
  uint8_t ch=0;
  HAL_UART_Receive(&huart1,&ch, 1,0xffff);
  return ch;
}
```

为了使用重定向的函数实现向 UART 发送数据，同样在 main.c 文件的 main()函数内的 while(1)语句之前添加如下代码：

```
printf("向串口发送数据实验之 printf\n\r");
```

重定向 C 语言库函数后的仿真结果如图 13-8 所示。可见，我们完全可以使用 C 语言中的 printf()函数来发送数据。其实在代码 13-3 中已定义了 int fgetc(FILE * f)，说明使用 scanf()函数接收数据也问题不大。

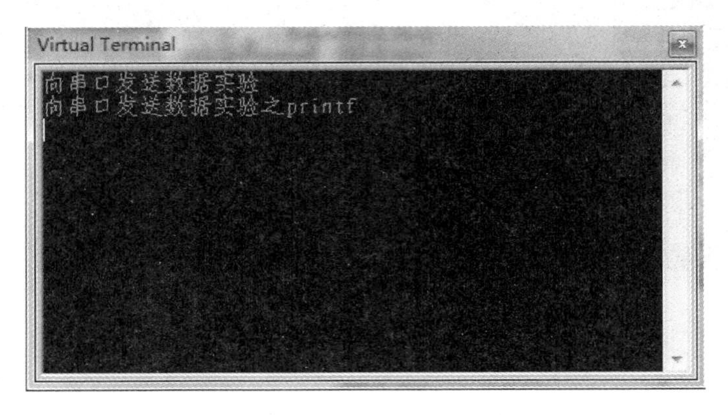

图 13-8　重定向 C 语言库函数后工程仿真图

思考与练习

13-1　通过 STM32F1 HAL 库使用手册(*UM1850 User manual*)学习 USART 串口相关函数。

13-2　通过网络查询并行通信、串行通信、同步通信、异步通信、全双工、半双工、UART、USART、RS232、RS485、SPI、I^2C 等相关概念。

第 14 章　串口收发数据

第 3 章简单介绍了向串口发送数据的实例。向串口发送数据的情况在调试输出中出现的频率比较高，而串口有时也需要接收和发送数据，比如利用串口进行蓝牙透传。本章在上一章的基础之上介绍串口的数据收发实例。

14.1　实例描述及硬件连接图绘制

14.1.1　实例描述

采用 STM32F103R6，实现 STM32 向终端发送固定提示信息，在终端按提示信息点亮或熄灭 LED 灯。

提示信息如下。

```
请输入相应数字控制灯亮、灭
  1:亮
  0:灭
其他:无效
```

14.1.2　硬件连接图绘制

在第 13 章实例的基础上再添加一个 LED 灯的功能，最终硬件连接图如图 14-1 所示。LED 的 Keywords 设置为 LED-BLUE；电阻的 Keywords 设置为 RES，LED 串联电阻值修改为 100 Ω；VIRTUAL TERMINAL 的 TXD 口连 STM32 的 USART1_RX 口，VIRTUAL TERMINAL 的 RXD 口连 STM32 的 USART1_TX 口；VIRTUAL TERMINAL 的波特率设置为 115200 b/s。其他项采用默认设置。

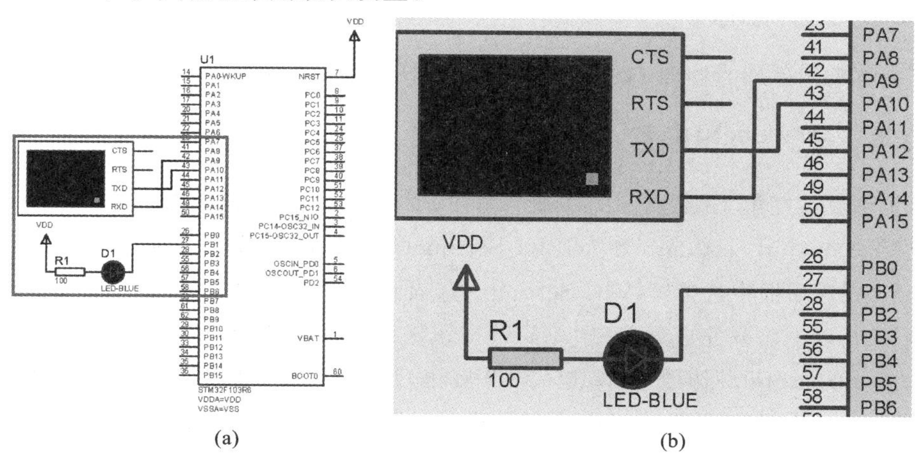

(a)　　　　(b)

图 14-1　最终硬件连接图(5)

14.2 STM32CubeMX 配置工程

14.2.1 工程建立及 MCU 选择

工程建立及 MCU 选择参见 6.3.1 小节，这里不赘述。

14.2.2 RCC 及引脚设置

在第 13 章实例的基础上添加 PB1 口，其功能设置为输出，设置过程略。最终结果如图 14-2 所示。

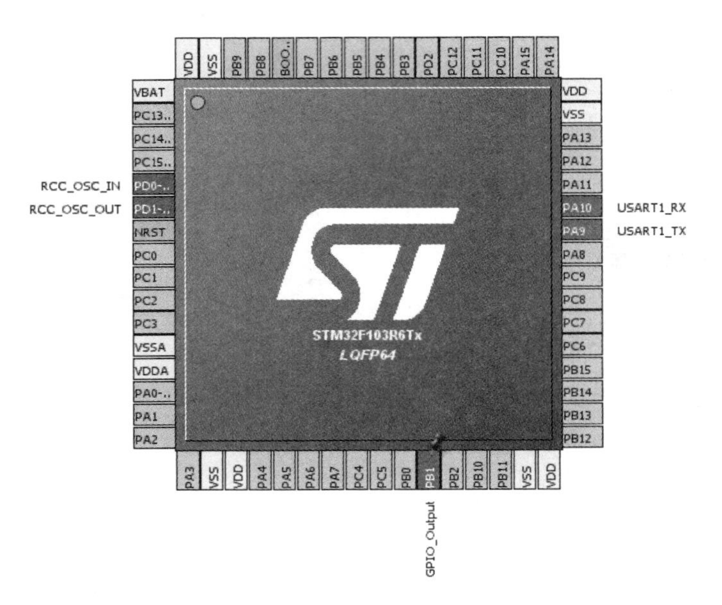

图 14-2 PB1、RCC 及 USART1 设置

14.2.3 时钟配置

本实例将采用外部时钟源 HSE，设置过程参见 8.5.3 小节。

14.2.4 MCU 外设配置

在本实例只需在第 13 章实例的基础上增加 PB1 口的推挽输出设置，并使能串口 1 中断。即在完成"Parameter Settings"和"GPIO Settings"选项卡中的参数配置后，在"USART1 Configuration"对话框中选择"NVIC Settings"选项卡，勾选"USART1 global interrupt"行的"Enabled"项。以上步骤完成后单击"Apply"按钮保存设置，然后单击"Ok"按钮退出界面。

打开"Configuration"选项卡，单击 GPIO 按钮，弹出 I/O 端口详细配置界面，在该界面中选中 PB1 栏，在显示框下方显示对应的 I/O 端口详细配置信息。将 GPIO 模式设置为高电平推挽输出。配置好后单击"Apply"保存，然后单击"Ok"按钮退出界面。如图 14-3 所示。

保存配置并生成源代码。

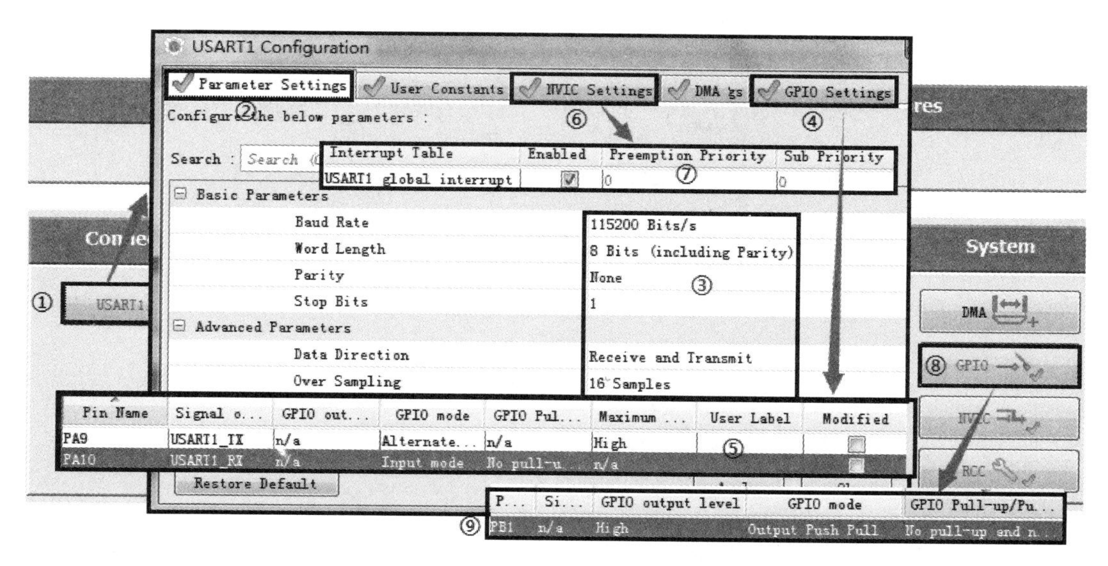

图 14-3　USART1 及 PB1 引脚配置

14.3　中断函数分析

在本实例中 STM32 芯片开启了串口中断功能，所以在代码中应有串口中断服务函数。通过“Find”搜索栏搜索当前工程，查看 stm32f1xx_hal_uart.c 文件，发现有关串口的回调函数比较丰富，下面列举几类常用函数。

（1）发送完成后的回调函数：

```
__weak void HAL_UART_TxCpltCallback(UART_HandleTypeDef *huart)
```

（2）发送完成一半后的回调函数：

```
__weak void HAL_UART_TxHalfCpltCallback(UART_HandleTypeDef *huart)
```

（3）接收完成后的回调函数：

```
__weak void HAL_UART_RxCpltCallback(UART_HandleTypeDef *huart)
```

（4）接收完成一半后的回调函数：

```
__weak void HAL_UART_RxHalfCpltCallback(UART_HandleTypeDef *huart)
```

（5）传输过程中出现错误时采用的回调函数：

```
__weak void HAL_UART_ErrorCallback(UART_HandleTypeDef *huart)
```

若需使用某一回调函数，只需要重载该函数即可。

实际上在第 13 章实例中我们并没有启用中断功能，启用的是串口的轮询模式。除轮询模式之外，串口还可采用其他模式供使用。对这三种模式简要介绍如下。

轮询模式：CPU 不断查询 I/O 设备，如设备有请求则加以处理。例如 CPU 不断查询串口是否完成数据传送，如传送超时则返回超时错误。轮询会占用 CPU 处理时间，效率较低。

中断模式：当 I/O 操作完成时，I/O 设备控制器通过中断请求线向处理器发出中断信号，处理器收到中断信号之后，转到中断处理程序，对数据传送工作进行相应的处理。

DMA 模式：直接传送模式，即在内存与 I/O 设备间传送一个数据块时，不需要 CPU 的介入，CPU 只需在传送过程开始时向设备发出传送块数据的命令即可，然后通过中断来判断过程是否结束和下次操作是否准备就绪。

启用串口各种模式时所用的函数如下。

```
HAL_UART_Transmit(); //串口轮询模式发送,使用超时管理机制
HAL_UART_Receive(); //串口轮询模式接收,使用超时管理机制
HAL_UART_Transmit_IT(); //串口中断模式发送
HAL_UART_Receive_IT(); //串口中断模式接收
HAL_UART_Transmit_DMA(); //串口 DMA 模式发送
HAL_UART_Receive_DMA(); //串口 DMA 模式接收
```

14.4　编写用户代码

1. 添加代码

根据代码分析章节,在 main.c 文件的 main()函数内的 while(1)语句之前添加如下代码:

```
printf("请输入相应数字控制灯亮、灭\n\r");
printf("  1  :亮\n\r  0 :灭\n\r  其  它:无效\n\r");
//使能接收,进入中断回调函数
HAL_UART_Receive_IT(&huart1,(uint8_t* )&aRxBuffer, 1);
```

以上代码中:第一、二行用来在首次运行时给出提示语;最后一行用于使能 UART1 接收功能,进入中断回调函数,最后的数字 1 表示终端输入一个字符即可触发中断。因为要输入 1 或者 0 来触发中断,读者可自行修改数值查看程序运行情况。

2. 重写回调函数

接下来重写回调函数,见代码 14-1。

代码 14-1

```
void HAL_UART_RxCpltCallback(UART_HandleTypeDef *huart)
{
  //从串口 USART1 接收到的数据放在 aRxBuffer 中
  //由 HAL_UART_Receive_IT(&huart1,&aRxBuffer, 1)决定
  if(aRxBuffer=='0')
  {
    HAL_GPIO_WritePin(GPIOB, GPIO_PIN_1,GPIO_PIN_SET);
    printf("***** 灯已经关闭***** \n\r\n\r");
  }
  else if(aRxBuffer=='1')
  {
    HAL_GPIO_WritePin(GPIOB, GPIO_PIN_1,GPIO_PIN_RESET);
    printf("***** 灯已经点亮****** \n\r\n\r");
  }
  else
    printf("****** 输入无效****** \n\r\n\r");
```

```
    printf("请输入相应数字控制灯亮、灭\n\r");
    printf("  1  :亮\n\r  0  :灭\n\r  其  它:无效\n\r");

    HAL_UART_Receive_IT(&huart1,&aRxBuffer, 1); //再次启动接收中断
}
```

此段代码比较容易理解，这里需要注意的是代码“HAL_UART_Receive_IT(&huart1, &aRxBuffer, 1);”，每次进入中断后，必须再使能开启接收中断，同时设置接收的缓存区以及接收的数据量。aRxBuffer 缓冲区即为将要接收数据的缓冲区。

14.5　仿真结果

本实例的仿真结果如图 14-4 所示（彩图见书末），该结果说明向串口发送数据实验成功。

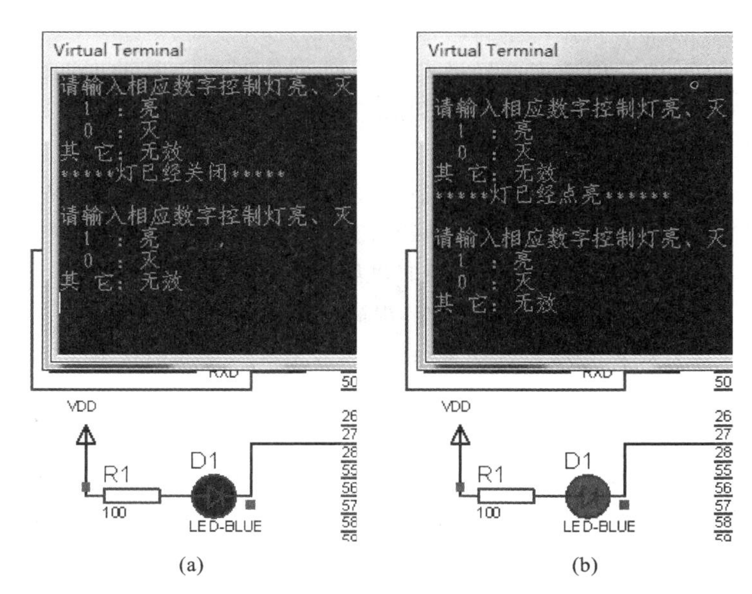

(a)　　(b)

图 14-4　仿真结果(4)

(a) 关闭灯；(b) 点亮灯

思考与练习

14-1　通过 STM32F1 HAL 库使用手册(*UM1850 User manual*)复习 USART 串口相关函数。

14-2　通过串口将数字 0～9 送入 STM32F103R6 处理器，并编制二进制码，在数码管或 LED 上显示这些数字。

第 15 章　LED 灯与串口输出并行

DMA 端口用来实现外设和存储器之间或者存储器和存储器之间的高速数据传送。通过 DMA 数据可以快速地移动，而无须 CPU 介入，可节省 CPU 资源来进行其他操作。本章通过 LED 灯的亮灭与串口并行输出介绍 DMA 编程。

15.1　DMA 概述

15.1.1　DMA 方式的特点

DMA 方式是一种完全由硬件进行帧信息传送的控制方式。在 DMA 端口与存储器之间有一条直接数据通路，信息传送不再经过 CPU，这就降低了 CPU 在传送数据时的开销。由于数据传送不再经过 CPU，也就不需要保护、恢复 CPU 现场等烦琐操作。

具体来说，DMA 方式具有下列特点：

(1) 它使存储器与 CPU 的固定联系脱钩，存储器既可被 CPU 访问，又可被外设访问。

(2) 在数据块传送时，存储器地址的确定、传送数据的计数等由硬件电路直接实现。

(3) 存储器中要开辟专用缓冲区，以及时供给和接收外设的数据。

(4) 数据传送时，CPU 和外设并行工作，提高了系统效率。

(5) 在数据传送开始前要通过程序进行预处理，结束后要通过中断方式进行后处理。

15.1.2　DMA 控制器

DMA 控制器(DMA 端口)是对数据传送过程进行控制的硬件。当 I/O 设备需要进行数据传送时，通过 DMA 控制器向 CPU 提出 DMA 传送请求，CPU 响应之后让出系统总线，由 DMA 控制器接管总线进行数据传送。

DMA 控制器需完成以下任务：

(1) 接收外设发出的 DMA 请求，并向 CPU 发出总线请求。

(2) 在 CPU 响应总线请求，并发出总线响应信号后，接管总线控制权，进入 DMA 操作周期。

(3) 确定传送数据的存储器单元地址及长度，并按实际情况自动修改存储器地址计数和传送长度计数。

(4) 规定数据在存储器和外设间的传送方向，发出读、写等控制信号，执行数据传送操作。

(5) 向 CPU 发送 DMA 操作的结束。

在 DMA 传送过程中，DMA 控制器将接管 CPU 的地址总线、数据总线和控制总线，CPU 的存储器控制信号被禁止使用。而当 DMA 传送结束后，将恢复 CPU 的一切权利并开始执行其操作。由此可见，DMA 控制器必须具有控制系统总线的能力。

15.1.3 DMA控制器与CPU使用存储器的方式

虽然在DMA方式下，存储器与I/O设备之间信息的交换不通过CPU，但当I/O设备和CPU同时访问存储器时，有可能发生冲突。为了有效地使用存储器，DMA控制器与CPU通常采用以下三种方式来共同使用存储器。

1. CPU暂停访问存储器

这种方式是指：当外设需要传送数据时，由DMA端口向CPU发送一个信号，要求CPU放弃地址线、数据线和有关控制线的使用权，DMA端口获得总线控制权后，开始进行数据传送，在数据传送结束后，DMA端口通知CPU可以使用存储器，并把总线控制权交还给CPU。这种传送过程中，CPU基本处于不工作状态和保持原状态。

2. DMA与CPU交替访问存储器

这种方式适用于CPU的工作周期比存储器存取周期长的情况。例如，CPU的工作周期是1.2 μs，存储器的存取周期小于0.6 μs，那么可将一个CPU周期分为C1和C2两个周期。其中C1专供DMA访存，C2专供CPU访存。采用这种方式时DMA控制器不需要申请、建立和归还总线使用权，总线使用权是通过C1和C2分时控制的。

3. 周期挪用

这种方式是前两种方式的折中。当I/O设备没有发出DMA请求时，CPU按程序的要求访问存储器。而当I/O设备发出DMA请求时，会遇到三种情况。第一种情况是此时CPU不在访存(如CPU正在执行乘法指令)，故I/O的DMA请求与CPU不发生冲突；第二种情况是CPU正在访存，则必须等待存取周期结束后，CPU再将总线控制权让出。第三种情况是DMA控制器和CPU同时请求访存，出现了访存冲突，此时CPU要暂时放弃总线控制权，由DMA控制器挪用一个或几个存取周期。

15.1.4 DMA数据传送过程

DMA数据传送过程分为预处理、数据传送和后处理三个阶段。

1. 预处理

在预处理阶段，由CPU完成一些必要的准备工作。首先，CPU执行几条I/O指令，用以测试I/O设备状态，向DMA控制器的有关寄存器置初值，设置传送方向、启动寄存器等。然后，CPU继续执行原来的程序。当I/O设备准备好发送的数据(输入情况)或接收的数据(输出情况)时，I/O设备向DMA控制器发送DMA请求，然后DMA控制器向CPU发送总线请求，用以传输数据。

2. 数据传送

DMA数据传送可以以单字节(或字)为基本单位，而对于以数据块为单位的数据传送，DMA占用总线后的数据输入和输出操作都是通过操作循环来实现的。需要指出的是，这一循环也是由DMA控制器(而不是通过CPU执行程序)实现的，也就是说，数据传送阶段是完全由DMA控制器来控制的。

3. 后处理

DMA 控制器向 CPU 发送中断请求，CPU 执行中断服务程序，做 DMA 数据传送结束处理，包括检验送入存储器的数据是否正确，测试传送过程中是否出错(若出错则转入诊断程序)和决定是否继续使用 DMA 方式传送其他数据块等。

15.1.5　DMA 方式和中断方式的区别

DMA 方式和中断方式的重要区别：

(1) 在中断方式下要切换程序，需要保护和恢复现场，因此数据传送要占用 CPU 资源；而在 DMA 方式下，除了预处理和后处理需 CPU 介入外，数据传送不占用 CPU 的任何资源。

(2) 对中断请求的响应只能发生在每条指令执行完毕时(即指令的执行周期之后)，而对 DMA 请求的响应可以发生在每个机器周期结束时(在取址周期、间址周期、执行周期之后均可)，只要 CPU 不占用总线就可以被响应。

(3) 中断传输过程需要 CPU 的干预，而 DMA 传输过程不需要 CPU 的干预，数据传送速率非常高，适合高速外设的成组数据传送。

(4) DMA 请求的优先级高于中断请求。

(5) 中断方式具有对异常事件的处理能力，而 DMA 方式仅局限于传送数据块的 I/O 操作。

(6) 从数据传送方式来看，在中断方式下数据靠程序传送，在 DMA 方式下数据靠硬件传送。

STM32 的 DMA 控制器包括 DMA1 和 DMA2，其中 DMA1 有 7 个通道，DMA2 有 5 个通道。要注意的是，DMA2 只存在于大容量 STM32 中。

15.2　实例描述及硬件连接图绘制

15.2.1　实例描述

采用 STM32F103R6，实现 STM32 向终端发送固定提示信息，在终端按提示信息点亮或熄灭 LED 灯。同时，在电路中设置一个 LED 灯，使其在数据传送过程中一直闪烁。

提示信息如下。

```
请输入相应数字控制灯亮、灭
  1:亮
  0:灭
其他:无效
```

15.2.2　硬件绘制

最终硬件连接图如图 15-1 所示。注意：LED 的 Keywords 设置为 LED-BLUE；电阻的 Keywords 设置为 RES，LED 串联电阻值修改为 100 Ω；VIRTUAL TERMINAL 的 TXD 口

连 STM32 的 USART1_RX 口，VIRTUAL TERMINAL 的 RXD 口连 STM32 的 USART1_TX 口；VIRTUAL TERMINAL 的波特率设置为 115200 b/s。其他项采用默认设置。

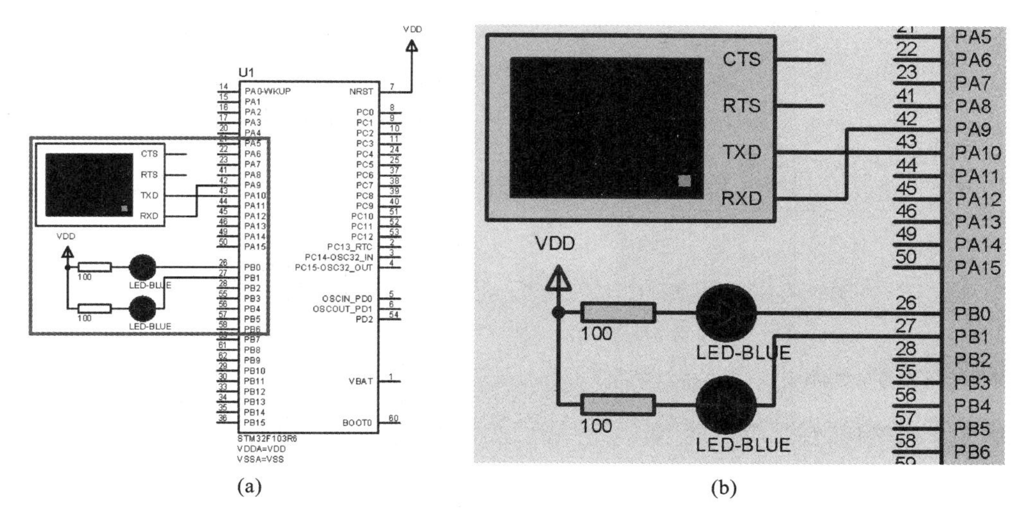

(a)　　(b)

图 15-1　最终硬件连接图(6)

(a) 硬件连接图；(b) 局部放大图

15.3　STM32CubeMX 配置工程

15.3.1　工程建立及 MCU 选择

工程建立及 MCU 选择参见 6.3.1 小节，这里不赘述。

15.3.2　RCC 及引脚设置

本实例需在第 14 章实例设置的基础上增加 PB0 口的输出模式设置，设置过程略。最终的设置结果如图 15-2 所示。

15.3.3　时钟配置

本实例将采用外部时钟源 HSE，时钟配置参见 8.5.3 小节。

15.3.4　MCU 外设配置

本实例需在第 14 章设置的基础上增加 PB0 口的推挽输出设置，并失能串口 1 中断，添加 DMA 模式。完成与第 14 章实例相同的配置步骤后，在“USART1 Configuration”对话框中选择“DMA Settings”选项卡，单击“Add”按钮，在“DMA Request”项下面选中“USART1_RX”，然后在“Mode”下拉列表中选择“Circular”(否则数据只会发送一次)。再次单击“Add”按钮，在“DMA Request”项下面选中“USART1_TX”。本选项卡中其余项均采用默认设置。

在“USART1 Configuration”对话框中选择“NVIC Settings”选项卡，取消选中“USART1 global interrupt”的“Enabled”项，即失能，而“DMA1 channel14 global interrupt”“DMA1 channel15 global interrupt”的“Enabled”项则默认为选中状态，即默认使能 DMA 中断。

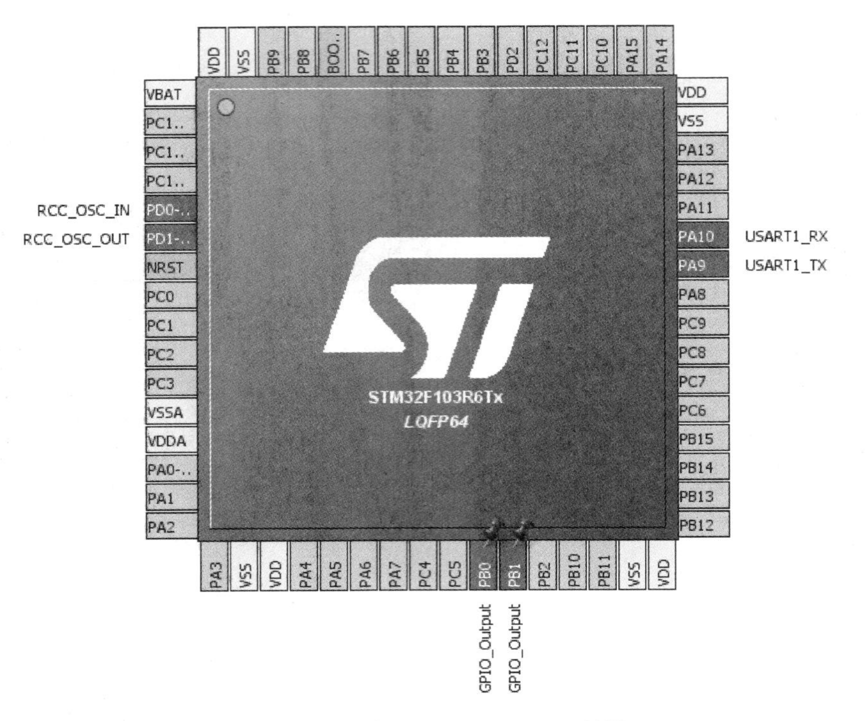

图 15-2　PB0/1、RCC 及 USART1 设置

以上步骤完成后单击“Apply”按钮保存设置，然后单击“Ok”按钮退出对话框。如图 15-3 所示。打开“GPIO”选项卡，在弹出的 I/O 端口详细配置界面中选中“PB0”栏，在显示框下方会显示对应的 I/O 端口详细配置信息。将 GPIO 模式设置为高电平推挽输出。配置好后单击“Apply”按钮进行保存，然后单击“Ok”按钮退出界面。因 PB0 口设置同 PB1 口，故配图略。

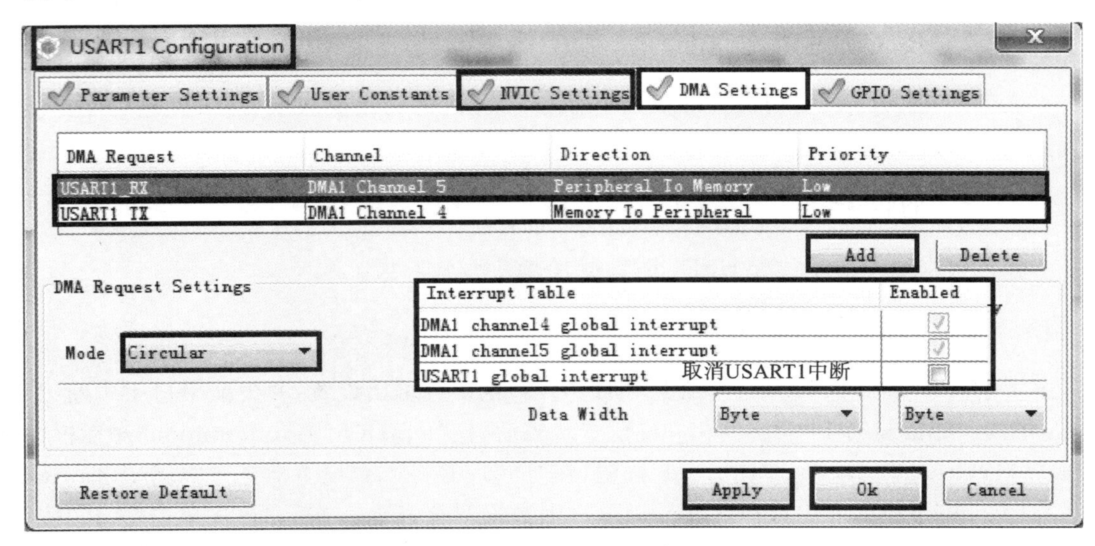

图 15-3　USART1 及 PB1 引脚配置

保存配置并生成源代码。

15.4　DMA 中断函数分析

在本实例中 DMA 默认功能开启，所以在代码中应有 DMA 中断服务函数。查看 stm32f1xx_hal_uart.c 文件，发现串口中断回调函数和 DMA 回调函数一样，在此不做过多分析。在本项目中需要使用以下几个函数。

(1) 接收完成后的回调函数：

```
__weak void HAL_UART_RxCpltCallback(UART_HandleTypeDef *huart)
```

该函数需要重载。

(2) 使能接收函数：

```
HAL_StatusTypeDef HAL_UART_Receive_DMA(UART_HandleTypeDef *huart, uint8_t *pData, uint16_t Size)
```

其中：huart 对应串口的指针（地址）；pData 表示待接收数据的缓冲区；Size 表示终端输入多少字符个数即可触发 DMA 中断。该函数的作用是使能 DMA 的接收模式，可返回 HAL_OK、HAL_ERROR、HAL_BUSY、HAL_TIMEOUT 四种状态。

注意：因在 MCU 外设配置中，USART1_RX 的工作模式（Mode）选择了“Circular”（循环），所以 HAL_UART_Receive_DMA()在程序运行过程中不需要接收完一次重新启动一次。在这一点上 DMA 中断与串口中断有区别。

15.5　编写用户代码

1. 添加使能 NMA 代码

根据 15.4 节，在 main.c 文件的 main()函数内的 while(1)语句之前添加如下代码：

```
printf("请输入相应数字控制灯亮、灭\n\r");
printf("  1  :亮\n\r  0:  灭\n\r  其  他:无效\n\r");
//使能接收,进入中断回调函数
HAL_UART_Receive_DMA(&huart1,(uint8_t *)&aRxBuffer, 1);
```

在以上代码中：第一、二行用于首次运行时给出提示语；最后一行用于使能 UART1 接收数据，进入中断回调函数，末尾的数字 1 表示终端输入一个字符即可触发中断。触发中断时要输入 1 或者 0，读者可自行修改数值来查看程序运行情况。

2. 改写回调函数

改写回调函数时只需将 void HAL_UART_RxCpltCallback(UART_HandleTypeDef *huart)函数的“HAL_UART_Receive_DMA(&huart1,&aRxBuffer, 1)”行屏蔽或删除即可。

利用 PB0 控制灯的闪烁，可在 main()函数的 while(1)循环中添加如下代码：

```
HAL_Delay(50); //Proteus 运动速度比较慢,设置时间短,对于实物建议将 50 改成 500
HAL_GPIO_TogglePin(GPIOB, GPIO_PIN_0); //端口状态翻转
```

可以发现，该代码与第 14 章中添加的代码相似，只是将中断函数中的“_IT”改成了“_DMA”。注意：MCU 外设配置中 USART1_RX 工作模式选择的是“Circular”，如果选择的是“Normal”又该如何？请读者自行分析并验证。

15.6 仿真结果

本实例的仿真结果如图15-4所示(仅截取了部分,彩图见书末),实验成功。

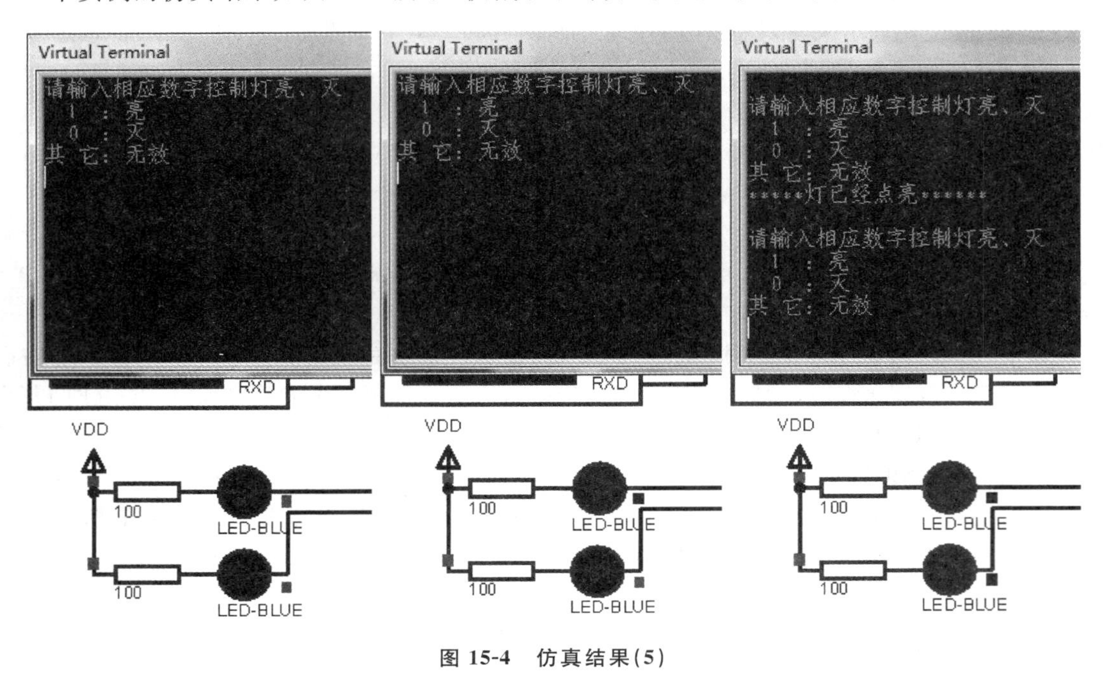

图15-4 仿真结果(5)

思考与练习

15-1 通过STM32F10xxx参考手册了解DMA相关概念。

15-2 单项选择题。

(1) DMA控制器可编程的数据传输数目最大为(　　)。

A. 65536　　B. 65535　　C. 1024　　D. 4096

(2) 在STM32中,一个DMA请求占用至少(　　)个周期的CPU访问系统总线时间。

A. 1　　B. 2　　C. 3　　D. 4

15-3 填空题

(1) 在STM32中,从外设(TIMx、ADC、SPIx、I^2Cx和USARTx)产生的7个请求,通过逻辑__________输入DMA控制器,这样同时__________个请求有效。

(2) STM32的DMA控制器有__________个通道,每个通道专门用来管理来自于一个或多个外设对存储器访问的请求。还有一个__________用来协调各个DMA请求的优先权。

(3) 在DMA处理时,一个事件发生后,外设发送一个请求信号到__________,DMA控制器根据通道的__________处理请求。

第 16 章　实时时钟——RTC

实时时钟(real time clock，RTC)是一个独立的定时器。RTC 拥有一组连续计数的计数器，在相应软件配置下，可提供时钟日历功能，修改计数器的值可以重新设置系统当前的时间和日期。从定时器的角度来说，相对于通用定时器 TIM 外设，它十分简单，只有很纯粹的计时和触发中断的功能，但它在掉电后还能继续运行。

本章不对掉电保护做说明，重点针对 RTC 的实时时钟功能的操作做出指导。

16.1　RTC 的特点及时钟源选择

1. RTC 的特点

RTC 具有以下特点：

(1) 可通过编程设置预分频系数，分频系数最高为 220。

(2) 其 32 位的可编程计数器，可用于较长时间段的测量。

(3) 具有两个分离的时钟：用于 APB1 端口的 PCLK1 时钟和 RTC 时钟(RTC 时钟的频率必须小于 PCLK1 时钟频率的四分之一以上)。

(4) 有两种独立的复位方式：APB1 端口由系统复位；RTC 核心(预分频器、闹钟、计数器和分频器)只能由备份域复位。

(5) 有三种专门的可屏蔽中断方式：

①闹钟中断，用来产生一个软件可编程的闹钟中断。

②秒中断，用来产生一个可编程的周期性中断信号(最长可达 1 s)。

③溢出中断，用来指示内部可编程计数器溢出并使计数器回转到 0 状态。

2. RTC 的时钟源选择

RTC 是一个 32 位的计数器，只能向上计数。它使用的时钟源有三种：高速外部时钟的 128 分频 HSE、低速内部时钟 LSI 和低速外部时钟 LSE。在主电源 V_{DD}端口掉电的情况下，HSE 分频时钟源和 LSI 时钟源都会受到影响，因此若采用这两种时钟源，此时 RTC 将没法正常工作。所以 RTC 一般使用低速外部时钟 LSE。在设计中，LES 的频率通常为实时时钟模块中常用的 32.768 kHz($32768=2^{15}$)，这样容易实现分频，正因为如此，它被广泛应用到 RTC 模块中。在主电源(V_{DD})有效的情况下(待机)，RTC 还可以配置闹钟事件，使 STM32 退出待机模式。

16.2　UNIX 时间戳

在使用 RTC 外设前，还需要引入 UNIX 时间戳的概念。

如果从某一时刻起把计数器 RTC_CNT 的计数值置 0，然后每秒加 1，那么 RTC_CNT 什么时候会溢出呢？由于 RTC_CNT 是 32 位寄存器，可存储的最大值为 $2^{32}-1$，因此 RTC_CNT 将在 2^{32} s(约 136 年)后溢出。

假如某个时刻读取到计数器的数值为 $X=60\times60\times24\times2$，即两天时间内的秒数，且假设计数器是在2011年1月1日的0时0分0秒置0的，那么就可以根据计数器的这个相对时间数值，计算得出读取到数值X的时刻是2011年1月3日的0时0分0秒。而计数器则会在2147年左右溢出，也就是大约在2147年，这个计数器计时将出错。在这个例子中，定时器被置0的时间称为计时元年，相对计时元年经过的秒数称为时间戳，也就是计数器中的值。

大多数操作系统都是利用时间戳和计时元年来计算当前时间的，而选取的通常都是UNIX时间戳和UNIX计时元年。UNIX计时元年被设置为格林尼治时间1970年1月1日0时0分0秒，UNIX时间戳则为当前时间相对于UNIX计时元年经过的秒数。因为UNIX时间戳主要用来表示当前时间或者和计算机有关的日志时间（如文件创立时间、日志产生时间等），考虑到计算机文件不可能在1970年前创立，所以UNIX时间戳很少用来表示1970前的时间。

采用UNIX标准的计时系统，是使用有符号的32位整型变量来保存UNIX时间戳的，即实际可用计数位数为2，UNIX计时元年也相对提前了，在2038年1月19日03时14分07秒计数器就将发生溢出。由于UNIX时间戳广泛应用于各种系统，溢出可能会导致系统发生严重错误，所以在设计预期寿命较长的设备时需要注意这一问题。

16.3　实例描述及硬件连接图绘制

16.3.1　实例描述

采用STM32F103R6，实现STM32向串口发送当地时间。

16.3.2　硬件连接图绘制

本实例在硬件上仅采用STM32F103R6及VIRTUAL TERMINAL，如图16-1所示。注意：VIRTUAL TERMINAL的TXD口连STM32的USART1_RX口，VIRTUAL TERMINAL的RXD口连STM32的USART1_TX口。VIRTUAL TERMINAL的波特率设置为115200 b/s，其他项采用默认设置。

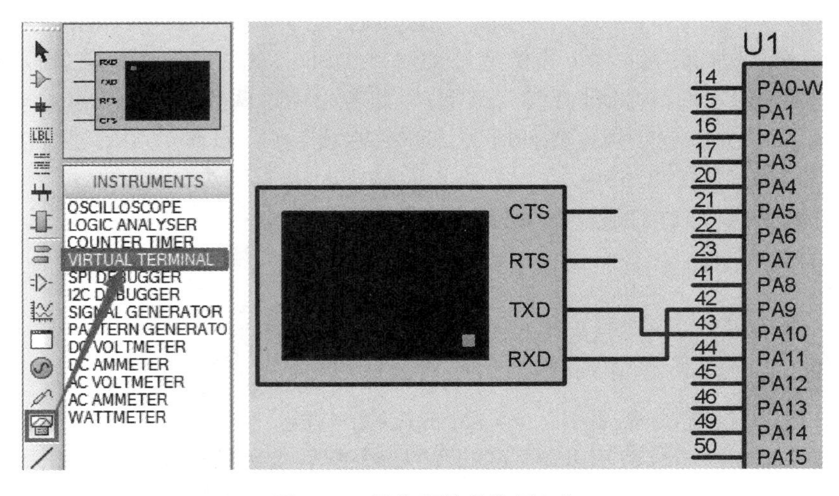

图16-1　最终硬件连接图(7)

16.4　STM32CubeMX 配置工程

16.4.1　工程建立及 MCU 选择

工程建立及 MCU 选择参见 6.3.1 小节，这里不赘述。

16.4.2　RCC 及引脚设置

本实例仍采用外置晶振，具体设置参见 6.3.2 小节。

打开“Pinout”选项卡，在配置目录中单击“Peripherals”→“RCC”。在“Low Speed Clock (LSE)”项的下拉列表选择“Crystal/Ceramic Resonator”（晶振/陶瓷振荡器）；在“RTC”节点下勾选“Activate Clock Source”和“Activate Calendar”两项，将时钟源和日历激活；在“USART1”节点下“Mode”项的下拉列表中选择“Asynchronous”（异步通信），在“Hardware Flow Control(RS232)”项的下拉列表中选择“Disable”（不使用硬件流控制）。其他项保持默认设置。如图 16-2 所示。

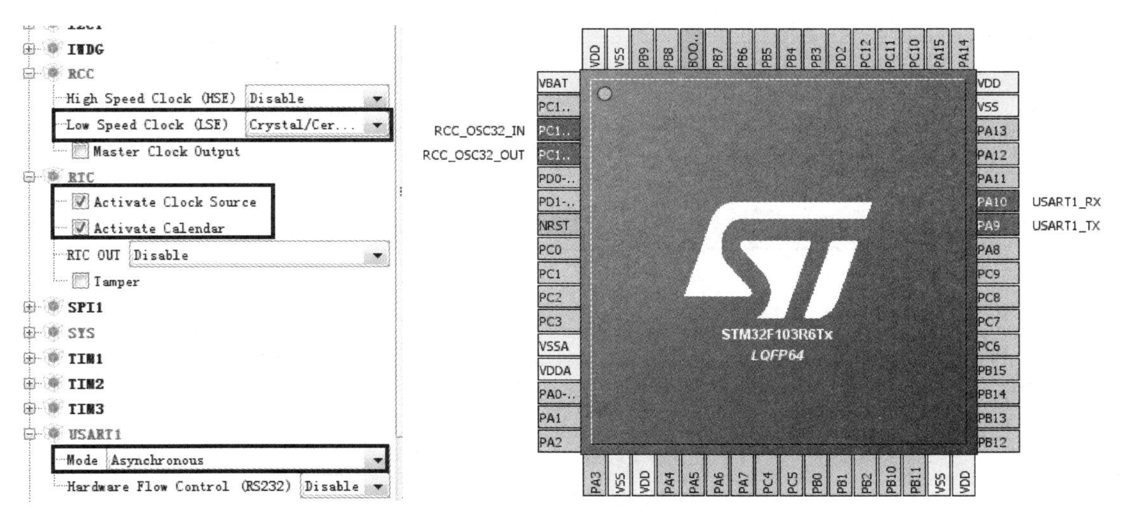

图 16-2　RCC、RTC 及 USART1 设置

16.4.3　时钟配置

本实例将采用外部时钟源 LSE。在时钟树中，RTC Clock Mux 选择 LSE（见图 16-3），即设置 RTC 时钟源为 32.768 kHz 的外部时钟源。其他项保持默认设置即可。

16.4.4　MCU 外设配置

选择“Configuration”选项卡，进行 GPIO 引脚配置。

USART1 端口保持默认设置，即波特率为 115200 b/s，字长为 8 b，无奇偶校验位，有 1 位停止位，不启动中断，也不启动 DMA。

设置 RTC 端口的步骤如下：

在“Configuration”选项卡中单击“RTC”按钮，弹出“RTC Configuration”对话框，该对话

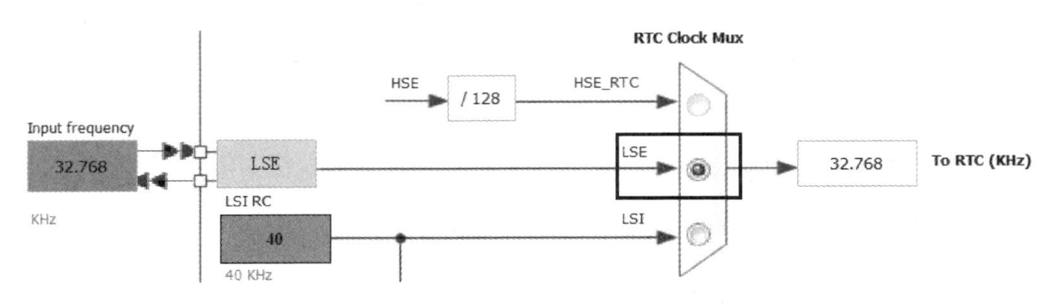

图 16-3　RTC 时钟配置

框中列出了所有的 RTC 参数配置项。在该对话框中选择“Parameter Settings”选项卡，然后：将“Calendar Time”（日历时间）数据格式（Data Format）设置为“Binary data format”（二进制），当前时间为 10:05:36；将“Calendar Date”（日历日期）设置为“Thursday”（星期四），2018 年 8 月 23 日。其他项采用默认设置。

以上步骤完成后单击“Apply”按钮保存设置，然后单击“Ok”按钮退出界面。

具体设置过程如图 16-4 所示。

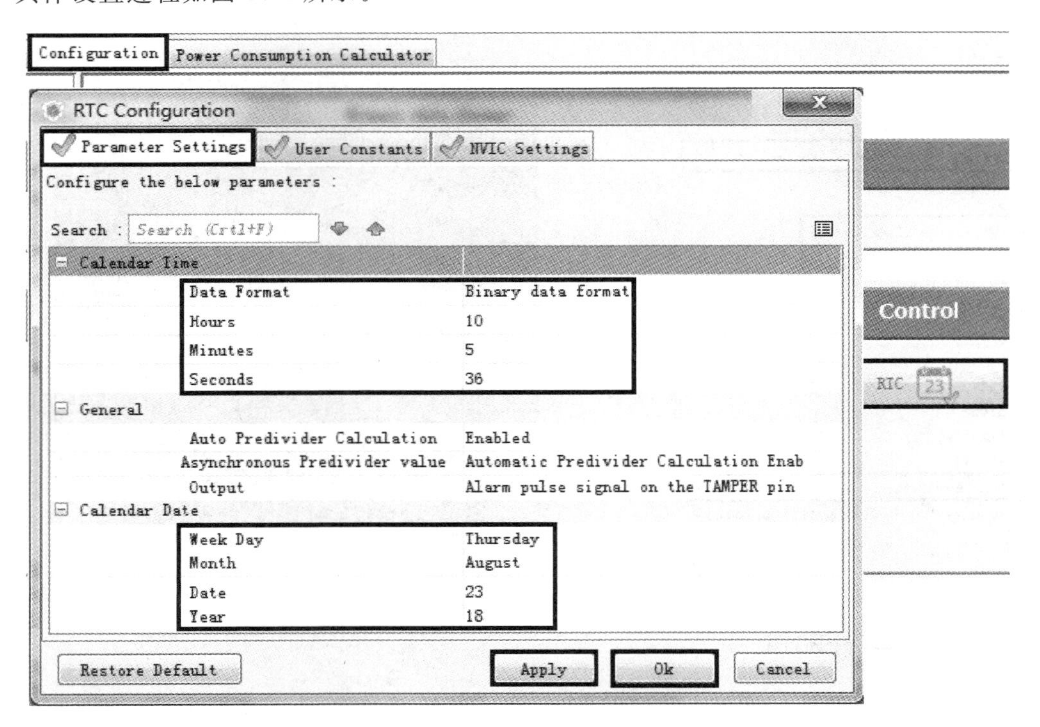

图 16-4　RTC 功能配置

保存配置并生成源代码。

16.5　外设结构体分析

在 main() 函数内调用了 RTC 的初始化函数 MX_RTC_Init()，经跟踪发现该函数位于文件 rtc.c 内。MX_RTC_Init() 函数的部分代码如下：

代码 16-1

```
RTC_HandleTypeDef hrtc;

void MX_RTC_Init(void)
{
  RTC_TimeTypeDef sTime;
  RTC_DateTypeDef DateToUpdate;

  hrtc.Instance=RTC;
  hrtc.Init.AsynchPrediv=RTC_AUTO_1_SECOND;
  hrtc.Init.OutPut=RTC_OUTPUTSOURCE_ALARM;
  if(HAL_RTC_Init(&hrtc)! =HAL_OK)
…
  sTime.Hours=10;
  sTime.Minutes=5;
  sTime.Seconds=36;
  if(HAL_RTC_SetTime(&hrtc, &sTime, RTC_FORMAT_BIN)! =HAL_OK)
…
  DateToUpdate.WeekDay=RTC_WEEKDAY_THURSDAY;
  DateToUpdate.Month=RTC_MONTH_AUGUST;
  DateToUpdate.Date=23;
  DateToUpdate.Year=18;
  if(HAL_RTC_SetDate(&hrtc, &DateToUpdate, RTC_FORMAT_BIN)! =HAL_OK)
…
}
```

以上代码中：函数 HAL_RTC_Init(&hrtc)用来初始化 RTC 外设，其实参为结构体 RTC_HandleTypeDef，函数 HAL_RTC_SetTime(&hrtc，&sTime，RTC_FORMAT_BIN)用来设置或初始化时间，其实参除了结构体 RTC_HandleTypeDef 外还有结构体 RTC_TimeTypeDef；函数 HAL_RTC_SetDate(&hrtc，&DateToUpdate，RTC_FORMAT_BIN)用来设置或初始化日期，其实参除了结构体 RTC_HandleTypeDef 外还有结构体 RTC_DateTypeDef。下面介绍上述三种结构体成员。

(1) 结构体 RTC_HandleTypeDef，其代码如下：

```
typedef struct
{
  RTC_TypeDef                 * Instance;     /* 寄存器基地址* /
  RTC _InitTypeDef             Init;           /* RTC 参数 (预分频及闹钟输
出)* /
  RTC_DateTypeDef             DateToUpdate;   /* 设置并自动更新的当前日期* /
  HAL_LockTypeDef             Lock;           /* RTC 锁定* /
  _IO HAL_RTCStateTypeDef     State;          /* RTC 状态* /
}RTC_HandleTypeDef;
```

(2) 结构体 RTC_TimeTypeDef，其代码如下：

```
typedef struct
{
  uint8_t            Hours;         /* RTC 时,介于 0~23 之间* /
  uint8_t            Minutes;       /* RTC 分,介于 0~59 之间* /
  uint8_t            Seconds;       /* RTC 秒,介于 0~59 之间* /
}RTC_TimeTypeDef;
```

(3) 结构体 RTC_DateTypeDef，其代码如下：

```
typedef struct
{
  uint8_t            WeekDay;       /* RTC 星期,介于周一～周日之间,有专用
宏* /
  uint8_t            Month;         /* RTC 月,介于 1~12 之间,有专用宏* /
  uint8_t            Date;          /* RTC 日,介于 1~31 之间* /
  uint8_t            Year;          /* RTC 年,介于 0~99 之间* /
}RTC_DateTypeDef;
```

通过注释可对上述三种结构体有大致了解。这里再介绍 RTC_DateTypeDef 结构体的成员 WeekDay 和 Month 的宏取值。

WeekDay 的宏取值为：

```
RTC_WEEKDAY_MONDAY(星期一)
RTC_WEEKDAY_TUESDAY(星期二)
RTC_WEEKDAY_WEDNESDAY(星期三)
RTC_WEEKDAY_THURSDAY(星期四)
RTC_WEEKDAY_FRIDAY(星期五)
RTC_WEEKDAY_SATURDAY(星期六)
RTC_WEEKDAY_SUNDAY(星期日)
```

Month 的宏取值(BCD 编码格式)为：

```
RTC_MONTH_JANUARY(一月)
RTC_MONTH_FEBRUARY(二月)
RTC_MONTH_MARCH(三月)
RTC_MONTH_APRIL(四月)
RTC_MONTH_MAY(五月)
RTC_MONTH_JUNE(六月)
RTC_MONTH_JULY(七月)
RTC_MONTH_AUGUST(八月)
RTC_MONTH_SEPTEMBER(九月)
RTC_MONTH_OCTOBER(十月)
RTC_MONTH_NOVEMBER(十一月)
RTC_MONTH_DECEMBER(十二月)
```

下面介绍两个函数,分别是用来采集时间和日期的函数：

```
HAL_StatusTypeDef HAL_RTC_GetTime(RTC_HandleTypeDef *hrtc, RTC_TimeTypeDef *sTime, uint32_t Format)
HAL_StatusTypeDef HAL_RTC_GetDate(RTC_HandleTypeDef *hrtc, RTC_DateTypeDef *sDate, uint32_t Format)
```

这两个函数中的形参 uint32_t Format 表示对应日期或者时间的编码格式。有两种编码格式:RTC_FORMAT_BIN(二进制编码)、RTC_FORMAT_BCD(BCD 编码)。

16.6　编写用户代码

实现串口发送功能需使用重定向函数,在 main. c 文件中包含文件“stdio. h”(#include “stdio. h”)。在 Keil MDK5 主界面的工具栏中单击“魔术棒”图标按钮或在主界面菜单中单击“Project”→“Options for Target”,打开“Target”选项卡,勾选“Use MicroLIB”,它是缺省 C 库的备份库。

在 main. c 文件内添加 fputc()函数,相应代码如下。

代码 16-2

```
int fputc(int ch, FILE *f)
{
  HAL_UART_Transmit(&huart1,(uint8_t *)&ch, 1,0xffff);
  return ch;
}
```

在 main()函数的 while(1)循环体前面添加提示语:

```
printf("RTC 实验\n\r");
```

在 main()函数的 while(1)循环体内添加代码:

代码 16-3

```
RTC_DateTypeDef sDate; //日期临时变量
RTC_TimeTypeDef sTime; //时间临时变量
HAL_RTC_GetTime(&hrtc, &sTime, RTC_FORMAT_BIN); //获取时间
HAL_RTC_GetDate(&hrtc, &sDate, RTC_FORMAT_BIN); //获取日期
printf("20%d%d-%d%d-%d%d\r\n",//设置输出格式,并换行一次
       sDate.Year/10,sDate.Year%10,//对采集到的表示年份的两位数,分别取十位数和个位数
       sDate.Month/10,sDate.Month%10,//对采集到的表示月份的两位数,分别取十位数和个位数
       sDate.Date/10,sDate.Date%10); //对采集到的表示日的两位数,分别取十位数和个位数
printf("%d%d:%d%d:%d%d\r\n\r\n",//设置输出格式,并换行两次
       sTime.Hours/10,sTime.Hours%10,//对采集到的表示时的两位数,分别取十位数和个位数
       sTime.Minutes/10,sTime.Minutes%10,//对采集到的表示分的两位数,分别取十位数和个位数
```

```
        sTime.Seconds/10,sTime.Seconds%10); //对采集到的表示秒的两位数,分
别取十位数和个位数
HAL_Delay(1000); //延时 1 s
```

16.7 仿真结果

本实例的仿真结果如图 16-5 所示,该结果说明向串口发送日期实验成功。

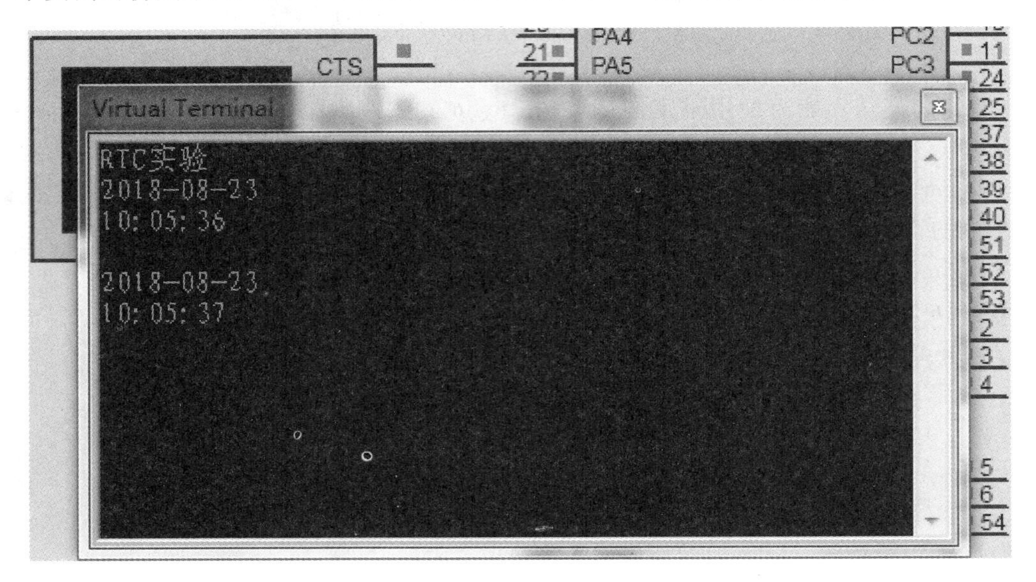

图 16-5　仿真结果(6)

思考与练习

16-1　为什么用户可用通过 32.768 kHz 外部晶振得到更为精确的主时钟?

16-2　通过 STM32F10xxx 参考手册了解 RTC 相关概念。

16-3　通过 STM32F1 HAL 库使用手册(*UM1850 User manual*)学习 RTC 相关函数。

第 17 章　芯片自带温度传感器使用——A/D 转换

模/数(A/D)转换，顾名思义，就是把模拟信号转换成数字信号。A/D 转换器(ADC)主要包括积分型、逐次逼近型、并行比较型/串并行型、Σ-Δ 调制型、压频变换型，用来通过一定的电路将模拟量转变为数字量。模拟量可以是电压、电流等电量，也可以是压力、温度、湿度、位移、声音等非电量。但在 A/D 转换前，必须经各种传感器把各种物理信号转换成电压信号。

本章旨在简要介绍 STM32 的 A/D 转换的基本参数，并以监测芯片温度为例说明如何在 STM32CubeMX 中实现 A/D 转换。

17.1　STM32 的 A/D 转换简介

STM32 拥有 1～3 个 ADC(STM32F103 系列最少都拥有 2 个 ADC)，这些 ADC 可以独立使用，也可以使用双重 ADC(提高采样率)。前面已介绍，STM32 的 ADC 是 12 位逐次逼近型的 A/D 转换器，它有 18 个通道，可测量 16 个外部和 2 个内部信号源。各通道的 A/D 转换可以单次、连续、扫描或间断模式执行。ADC 的转换结果可以左对齐或右对齐方式存储在 16 位数据寄存器中，其转换时间是可编程的。采样一次至少耗时 14 个 ADC 时钟周期，而 ADC 的时钟频率最高为 14 MHz，也就是说，它的采样时间最短是 1 μs，因此 ADC 足以胜任中低频数字示波器的采样工作。ADC 的模拟看门狗允许应用程序检测输入电压是否超出用户定义的高/低阈值(ADC 的供电电压见表 17-1)。总之，ADC 的功能非常强大，图 17-1 所示为 STM32 的单个 ADC 功能框图。

表 17-1　供电电压

端　口	功　能	说　明
V_{REF+}	输入，模拟参考正极	ADC 使用的正极参考电源，$2.4\leqslant V_{REF+}\leqslant V_{DDA}$
V_{DDA}	输入，模拟电源	等效于 V_{DD} 口的模拟电源且 $2.4\ V\leqslant V_{DDA}\leqslant V_{DD}(3.6\ V)$
V_{REF-}	输入，模拟参考负极	等效于 V_{SS} 口的模拟电源地
V_{SSA}	输入，模拟电源地	16 个模拟输入通道

注：V_{DDA} 口和 V_{SSA} 口分别连接 V_{DD} 口和 V_{SS} 口。而 STM32 的 V_{DDA} 口一般接 3.3 V 电源。

STM32 的 ADC 有多达 18 个通道，其中外部的 16 个通道就是框图中的 ADCx_IN0、ADCx_IN1，…，ADCx_IN15。这 16 个通道对应着不同的 I/O 端口，具体是哪一个 I/O 端口可以从 STM32 参考手册查询到。其中 ADC1、ADC2、ADC3 还有内部通道。ADC1 的通道 16 连接芯片内部的温度传感器，通道 17 连接 V_{REFINT} 口。ADC2 的模拟通道 16 和 17 连接内部的 V_{SS} 口。ADC3 的模拟通道 9、14、15、16 和 17 连接内部的 V_{SS} 口。

外部的 16 个通道在转换时又分为规则通道和注入通道，其中规则通道最多有 16 路，注入通道最多有 4 路。规则通道是按照指定的顺序采样和转换的通道。

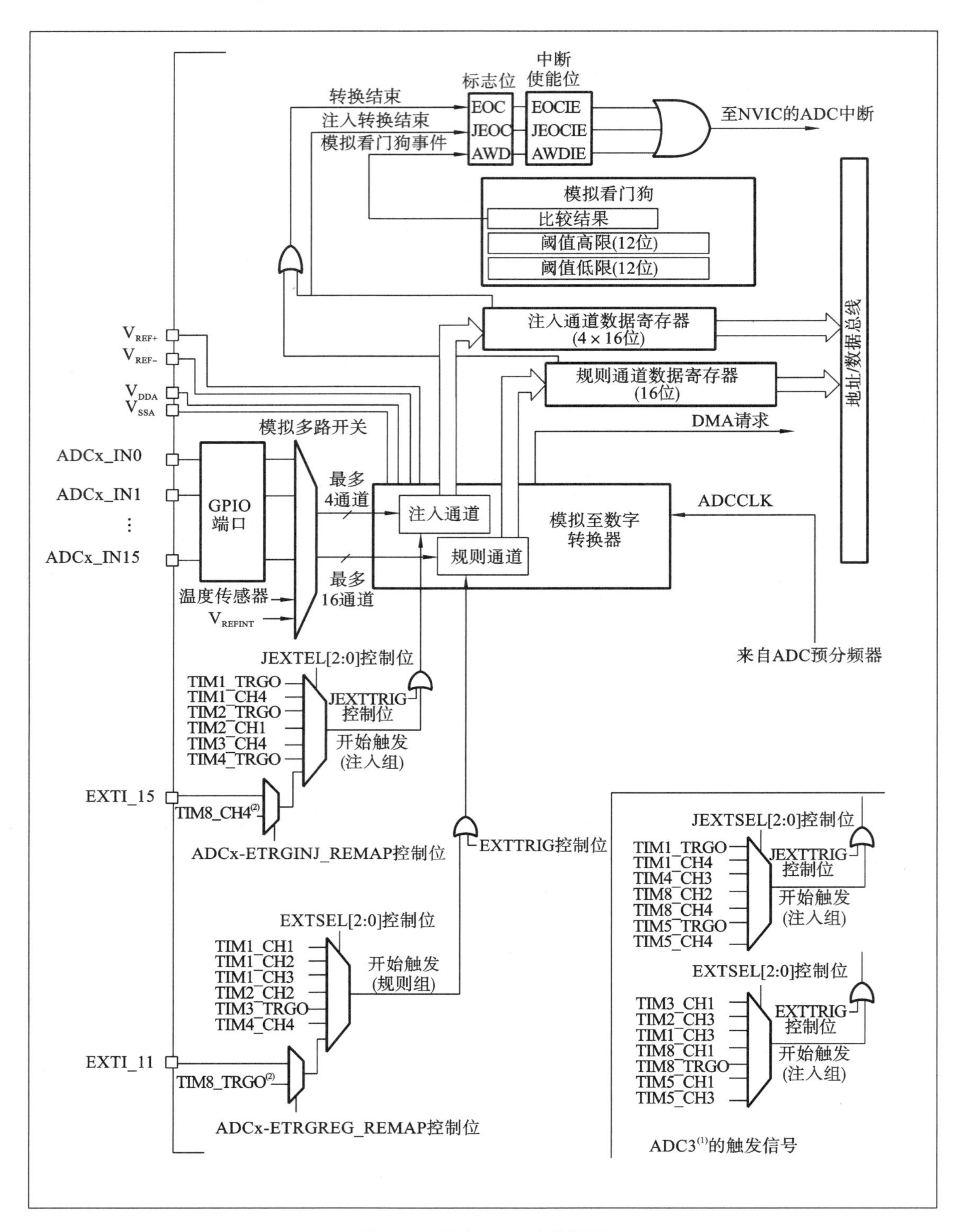

图 17-1　单个 ADC 功能框图

注入可以理解为插队，即如果在规则通道转换过程中有注入通道插队，那么得先执行注入通道的转换，然后返回执行规则通道的转换。这一点和中断程序有点像。

输入信号经过外部通道被送到ADC，ADC需要收到触发信号（如EXTI外部触发信号、定时器触发信号，也可以是软件触发信号）才开始转换。ADC收到触发信号后，在ADCCLK时钟信号的驱动下对输入通道的信号进行采样，并进行A/D转换。ADCCLK信号来自ADC预分频器。

ADC转换后的数值被保存到一个16位的规则通道数据寄存器（或注入通道数据寄存器）之中，可以通过CPU指令或DMA把它读取到内存（变量）。A/D转换之后，可以触发MDA请求，或者触发ADC的转换结束事件。如果ADC配置了模拟看门狗，并且采集到的电压值大于阀值，会触发看门狗中断。

使用ADC时常常需要不间断地采集大量的数据，在一般的器件中会开启中断后进行数据处理，但使用中断的效率还是不够高。在STM32中，通常是采用DMA数据传输方式，由DMA把ADC转换得到的数据传输到SRAM，再进行处理，或者是直接把ADC输出的数据转移到串口发送给上位机。如果使用DMA来处理数据，将不会给CPU造成负担。因为规则通道转换的值存储在一个仅有的数据寄存器中，所以进行多个通道的转换时要使用DMA，以免丢失已经存储在ADC_DR寄存器中的数据。应用DMA技术可以在ADC中实现高速采集。通过ADC采集外部电压，然后用DMA端口传送到缓存，再通过串口发送到PC上。只有规则通道的转换结束时才产生DMA请求。

只有ADC1和ADC3拥有DMA功能。使用STM32CubeMX，选择一个ADC进行电压采集时，在后面的ADC Configuration配置项中即可直接使能DMA（当然也可不用）。

17.2　实例描述及硬件连接图绘制

17.2.1　实例描述

采用STM32F103R6（自带温度传感器），实现STM32向终端发送温度信息。

17.2.2　硬件连接图绘制

本实例的硬件连接图与图13-4相同。

17.3　STM32CubeMX配置工程

17.3.1　工程建立及MCU选择

工程建立及MCU选择参见6.3.1小节，这里不赘述。

17.3.2　RCC及引脚设置

在本实例中除需配置ADC的温度传感器通道外，其他配置与第13章中实例相同。配置ADC温度传感器通道的方法如下：打开“Pinout”选项卡，在“Peripherals”节点下展开“ADC1”列表，勾选“Temperature Sensor Channel”，其他项保持默认设置。设置完成后的结果如图17-2所示。

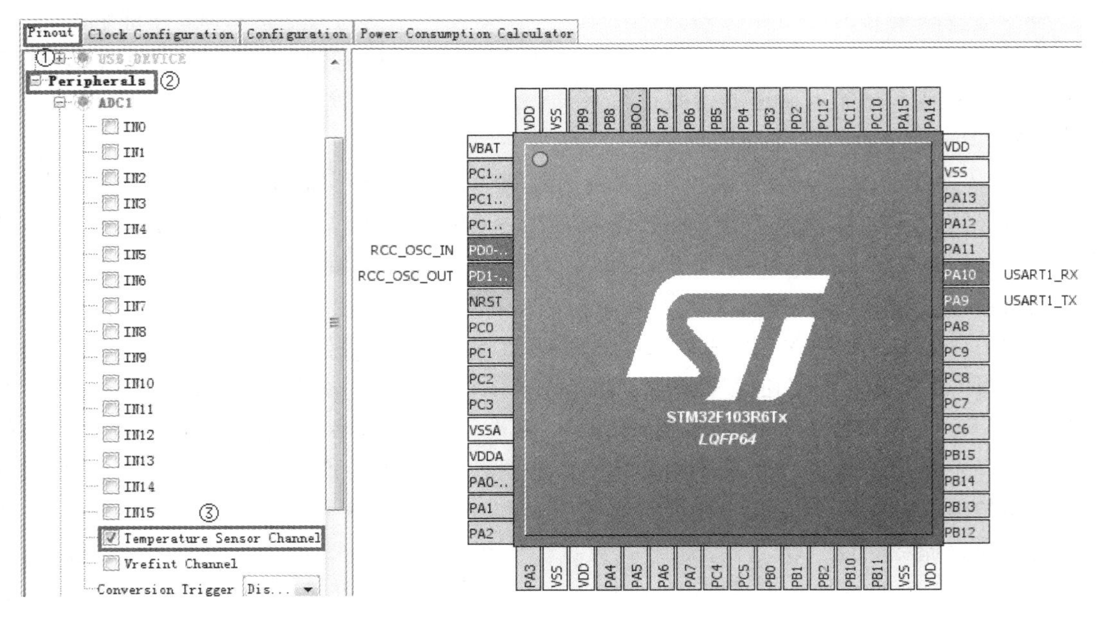

图 17-2　ADC、RCC 及 USART1 设置

17.3.3　时钟配置

本例将采用外部时钟源 HSE，具体时钟配置参见 8.5.3 小节。要注意的是，在本实例中开启了 ADC，ADC 时钟最大不得超过 14 MHz，因此需要在 ADC 时钟输入处进行分频设置，如图 17-3 所示。

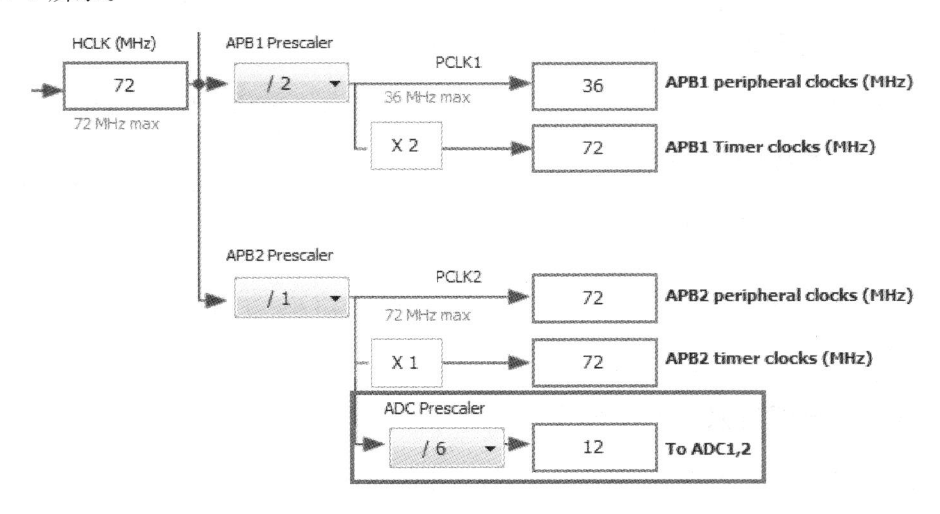

图 17-3　ADC 允许时钟配置

17.3.4　MCU 外设配置

为了减小工作量，所有 MCU 外设的参数均采用默认值，如图 17-4 所示。

对图 17-4 中的配置项说明如下。

“ADCs_Common_Settings”配置栏中，“Mode”选择“Independent mode”（独立模式）。双

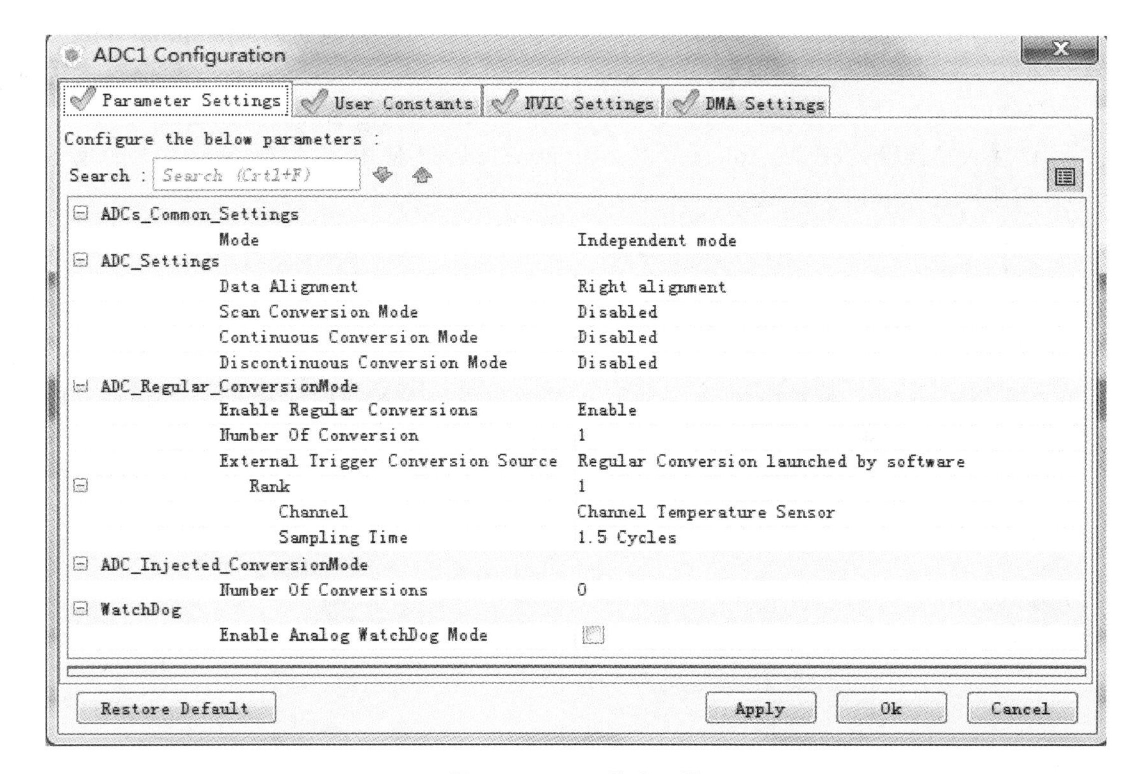

图 17-4　MCU 外设配置

ADC 模式(ADC1(主)和 ADC2(从)交替触发或同步触发模式)包括:同步注入模式、同步规则模式、快速交叉模式、慢速交叉模式、交替触发模式、独立模式,以及同步注入模式+同步规则模式、同步规则模式+交替触发模式、同步注入模式+交叉模式等组合模式。此处使用的非双 ADC 模式,故除独立模式外不存在其他模式。

"ADC_Settings"配置栏中:"Data Alignment"(数据调整)项选择"Right alignment"(数据右对齐)。数据调整方式包括左对齐和右对齐两种方式,选右对齐是为了方便读数,因为采用是一个 12 位的 ADC,对于 16 位的一般数据,有 4 位是 0,默认是高四位为 0,采用 0xFFF 做与运算即可除去高四位数。"Scan Conversion Mode"(扫描转换模式)项选择"Disabled"。对于多通道才需采用使能扫描模式,即一次对所选中的通道进行转换,例如:开启 ch0、ch1、ch4、ch5 等多个通道时,ch0 转换完后,ADC 就会自动进行 ch1、ch4、ch5 通道的转换,直到数据转换完毕。间断模式是对扫描模式的一种补充,在间断模式下,转换的连续性可以被打断。采用间断模式时,可以对 ch0、ch1、ch4、ch5 这四个通道进行分组。可以将 ch0、ch1 分为一组,将 ch4、ch5 分为另一组,也可以将每个通道配置为一组,每一组转换之前都需要先触发一次。"Continuous Conversion Mode"(连续转换模式)项选择"Disabled"。转换模式包括单次模式和连续模式,这两种模式的概念是相对的。这里的单次模式并不是指单通道转换。假如同时开启 ch0、ch1、ch4、ch5 这四个通道,在单次模式下 ADC 对这四个通道进行一次转换后就停止工作了。而在连续模式下,ADC 将四个通道的信号转换完以后将再从 ch0 开始转换。"Discontinuous Conversion Mode"(间断转换模式)项选择"Disabled"。

"ADC_Regular_ConversionMode"配置栏中:"Enable Regular Conversions"(使能规则转换)项选择"Disabled";"Number Of Conversion"(转换通道数)设置为"1","Rank"配置栏中

的“Channel”项选择“Channel Temperature Sensor”（温度传感器通道），“Sampling Time”项选择“1.5 Cycles”（1.5个采样周期）。“External Trigger Conversion Source”（外部触发转换源）项选择“Regular Conversion launched by software”（采用软件触发的转换规则）。

ADC注入转换模式（ADC_Injected_ConversionMode）不使用、看门狗（WatchDog）也不使用，不开启中断也不开启DMA。

保存设置后生成源代码。

17.4 外设结构体分析

在本实例中，main()函数内调用了ADC的初始化函数MX_ADC1_Init()，经跟踪发现该函数位于adc.c文件内。列出MX_ADC1_Init()部分代码如下。

代码 17-1

```
ADC_HandleTypeDef hadc1;

void MX_ADC1_Init(void)
{
  ADC_ChannelConfTypeDef sConfig;

  hadc1.Instance=ADC1;
  hadc1.Init.ScanConvMode=ADC_SCAN_DISABLE;
  hadc1.Init.ContinuousConvMode=DISABLE;
  hadc1.Init.DiscontinuousConvMode=DISABLE;
  hadc1.Init.ExternalTrigConv=ADC_SOFTWARE_START;
  hadc1.Init.DataAlign=ADC_DATAALIGN_RIGHT;
  hadc1.Init.NbrOfConversion=1;
  if(HAL_ADC_Init(&hadc1)! =HAL_OK)
…
  sConfig.Channel=ADC_CHANNEL_TEMPSENSOR;
  sConfig.Rank=ADC_REGULAR_RANK_1;
  sConfig.SamplingTime=ADC_SAMPLETIME_1CYCLE_5;
  if(HAL_ADC_ConfigChannel(&hadc1,&sConfig)! =HAL_OK)
…
}
```

以上代码中：函数HAL_ADC_Init(&hadc1)用来初始化ADC外设，其实参为结构体ADC_HandleTypeDef，函数HAL_ADC_ConfigChannel(&hadc1,&sConfig)用来设置ADC通道相关参数，其实参除了结构体ADC_HandleTypeDef外还有结构体ADC_ChannelConfTypeDef。下面就对这两种结构体成员做一大致说明。

1. 结构体 ADC_HandleTypeDef

结构体ADC_HandleTypeDef的代码如下：

```
typedef struct
{
  ADC_TypeDef  *Instance;                   /* ADC 寄存器基地址* /
  ADC_InitTypeDef  Init;                    /* ADC 初始化参数* /
DMA_HandleTypeDef *DMA_Handle;          /*DMA 句柄* /
  HAL_LockTypeDef  Lock;                /*ADC 锁定* /
  __IO uint32_t  State;                 /*ADC 状态* /
  __IO uint32_t  ErrorCode;             /*ADC 错误编码* /
}ADC_HandleTypeDef;
```

结构体ADC_HandleTypeDef的第二个参数是ADC初始化结构体ADC_InitTypeDef，此结构体的代码如下：

```
typedef struct
{
  uint32_t  DataAlign;                  /*ADC 对齐方式* /
  uint32_t  ScanConvMode;               /*配置规则组和注入组的扫描方式* /
  uint32_t  ContinuousConvMode;         /*指定转换是连续进行还是单次进行* /
  uint32_t  NbrOfConversion;            /*采样通道数* /
  uint32_t  DiscontinuousConvMode;      /*间断转化模式* /
  uint32_t  NbrOfDiscConversion;        /*指定间断转换模式的数目,取值为 1～8* /
  uint32_t  ExternalTrigConv;           /*选择规则组开始转换的触发方式* /
}ADC_InitTypeDef;
```

在结构体ADC_InitTypeDef中：

DataAlign表示ADC对齐方式。该参数取值可为ADC_DATAALIGN_RIGHT、ADC_DATAALIGN_LEFT。ADC_DATAALIGN_RIGHT表示0～11位，ADC_DATAALIGN_LEFT表示4～15位。

ScanConvMode用于配置规则组和注入组的扫描模式。该参数取值为ADC_SCAN_DISABLE、ADC_SCAN_ENABLE。该参数与下一个参数DiscontinuousConvMode相关联，如果禁用ADC扫描模式，转换将在单通道模式下执行（在"Rank"配置栏中定义一个通道）。参数NbrOfConversion和InjectedNbrOfConversion将不再被使用（相当于设置为1）。如果启用ADC扫描模式，转换以多通道扫描模式执行（由"Number Of Conversion"或"Rank"配置栏来设置）。扫描顺序：从rank1到rank$n$。

对于规则组，需要通过轮询（HAL_ADC_Start，单次模式和NbrOfDiscConversion=1）或DMA（HAL_ADC_Start_DMA）使能此参数，不能通过中断（HAL_ADC_Start_IT，使能中断）。对注入组则没有此约束。

ContinuousConvMode用于指定转换是连续模式还是单次模式。该参数取值可为ENABLE、DISABLE。

NbrOfConversion：采样通道数，取值范围为1～16。若要使用规则组rank，必须使能参数"ScanConvMode"。

ExternalTrigConv用于选择规则组开始转换的触发方式。该参数可取值如下：

```
ADC_SOFTWARE_START                 /*软件触发*/
ADC_EXTERNALTRIGCONV_T1_CC1        /*TIM1捕获比较触发事件1*/
ADC_EXTERNALTRIGCONV_T1_CC2        /*TIM1捕获比较触发事件2*/
ADC_EXTERNALTRIGCONV_T1_CC3        /*TIM1捕获比较触发事件3*/
ADC_EXTERNALTRIGCONV_T2_CC2        /*TIM2捕获比较触发事件2*/
ADC_EXTERNALTRIGCONV_T3_TRGO       /*TIM3外部触发事件2*/
ADC_EXTERNALTRIGCONV_T4_CC4        /*TIM4捕获比较触发事件4*/
```

如果将此参数的值设置为ADC_SOFTWARE_START，则使用软件触发，禁用外部触发源。如果设置为使用外部触发源，该触发方式为上升沿触发。

2. 结构体ADC_ChannelConfTypeDef

结构体ADC_ChannelConfTypeDef的代码如下：

```
typedef struct
{
  uint32_t         Channel;
  uint32_t         Rank;
  uint32_t         SamplingTime;
}ADC_ChannelConfTypeDef;
```

在结构体ADC_ChannelConfTypeDef中：

Channel用于指定要配置到ADC常规组中的通道。该参数取值可为ADC_CHANNEL_0,ADC_CHANNEL_1,…,ADC_CHANNEL_17,其中ADC_CHANNEL_16与ADC_CHANNEL_TEMPSENSOR等价,ADC_CHANNEL_17与ADC_CHANNEL_VREFINT等价。

某些通道可能在其他型号芯片引脚上不可用,具体请参阅STM32F1xx参考手册。在具有多个ADC的STM32F1器件上,只有ADC1才能访问内部测量通道。在STM32F10x8和STM32F10xB器件上,当ADC使用注入触发器进行转换时,可能会在PA0引脚上产生低电压故障(ADC输入为0)。

Rank用于指定规则组的顺序,该参数取值可为ADC_REGULAR_RANK_1,ADC_REGULAR_RANK_2,…,ADC_REGULAR_RANK_16。

SamplingTime用于为所选通道设置采样时间。该参数可取值如下：

```
ADC_SAMPLETIME_1CYCLE_5          /* 1.5倍ADC时钟周期*/
ADC_SAMPLETIME_7CYCLES_5         /* 7.5倍ADC时钟周期*/
ADC_SAMPLETIME_13CYCLES_5        /* 13.5倍ADC时钟周期*/
ADC_SAMPLETIME_28CYCLES_5        /* 28.5倍ADC时钟周期*/
ADC_SAMPLETIME_41CYCLES_5        /* 41.5倍ADC时钟周期*/
ADC_SAMPLETIME_55CYCLES_5        /* 55.5倍ADC时钟周期*/
ADC_SAMPLETIME_71CYCLES_5        /* 71.5倍ADC时钟周期*/
ADC_SAMPLETIME_239CYCLES_5       /* 239.5倍ADC时钟周期*/
```

总转换时间如下计算：

$$TCONV(转换时间)=采样时间+12.5个时钟周期$$

例如：

当 ADCCLK＝14 MHz 和 1.5 个时钟周期的采样时间时，

$$TCONV=(1.5+12.5)\text{个时钟周期}=1\ \mu s$$

下面介绍几个常用函数。

(1) ADC 轮询模式启动函数：

```
ADC 校准,每次重启进行一次即可,否则可能有误差
HAL_StatusTypeDef  HAL_ADCEx_Calibration_Start(ADC_HandleTypeDef *hadc);
```

(2) ADC 轮询模式启动函数：

```
HAL_StatusTypeDef  HAL_ADC_Start(ADC_HandleTypeDef *hadc);
```

(3) ADC 轮询模式停止函数：

```
HAL_StatusTypeDef  HAL_ADC_Stop(ADC_HandleTypeDef *hadc);
```

(4) ADC 中断模式启动函数：

```
HAL_StatusTypeDef  HAL_ADC_Start_IT(ADC_HandleTypeDef *hadc);
```

(5) ADC 中断模式停止函数：

```
HAL_StatusTypeDef  HAL_ADC_Stop_IT(ADC_HandleTypeDef *hadc);
```

(6) ADC DMA 模式启动函数：

```
HAL_StatusTypeDef  HAL_ADC_Start_DMA(ADC_HandleTypeDef *hadc, uint32_t * pData, uint32_t Length);
```

(7) ADC DMA 模式停止函数：

```
HAL_StatusTypeDef  HAL_ADC_Stop_DMA(ADC_HandleTypeDef *hadc);
```

(8) 中断模式回调函数：

```
void HAL_ADC_ConvCpltCallback(ADC_HandleTypeDef *hadc);
```

(9) DMA 传输回调函数：

```
void HAL_ADC_ConvHalfCpltCallback(ADC_HandleTypeDef *hadc);
```

(10) 看门狗超过阈值回调函数：

```
void HAL_ADC_LevelOutOfWindowCallback(ADC_HandleTypeDef *hadc);
```

(11) 发生 DAC 错误回调函数：

```
void HAL_ADC_ErrorCallback(ADC_HandleTypeDef *hadc);
```

(12) 软件触发转换函数：

```
HAL_StatusTypeDef HAL_ADC_PollForConversion(ADC_HandleTypeDef * hadc, uint32_t Timeout);
```

转换完成返回 HAL_OK。

(13) 事件触发转换函数：

```
HAL_StatusTypeDef HAL_ADC_PollForEvent(ADC_HandleTypeDef *hadc, uint32_t EventType, uint32_t Timeout);
```

转换完成返回 HAL_OK。

(14) ADC 转换值获取函数：

```
uint32_t HAL_ADC_GetValue(ADC_HandleTypeDef *hadc);
```

若测量的是电压，而参考电压为 3.3 V，那么，此时获取 ADC 转换后的最大值应该是 $2^{12}=4096$(12 表示 ADC 为 12 位的)，所以最终得到的电压应该是：转换值×3.3/4096 V。

若测量的是温度，则按如下公式计算：

$$T=\frac{V_{SENSE}-V_{25}}{Avg\_Slope}+25\ ℃$$

式中：V_{SENSE}为当前采集到的电压值；V_{25}为25 ℃时的V_{SENSE}值，参考电气特性手册取0.76 V；Avg_Slope为温度与V_{SENSE}曲线的平均斜率，参考电气特性手册取2.5×10^{-3} V/℃。

17.5　编写用户代码

串口发送重定向，在main.c文件中包含stdio.h文件(#include "stdio.h")。在Keil MDK5主界面的工具栏中单击"魔术棒"图标按钮，在打开的对话框中选择Target选项卡，在该选项卡中勾选"Use MicroLIB"，它是缺省C库的备份库。

在main.c文件内添加fputc()函数，实现重定向，代码如下：

代码 17-2

```
int fputc(int ch, FILE *f)
{
  HAL_UART_Transmit(&huart1,(uint8_t *)&ch, 1,0xffff);
  return ch;
}
```

在main()函数while(1)循环体须前面添加提示语：

```
printf("DAC测温实例\n\r");
```

此外，还需在while(1)循环体内添加以下代码。

代码 17-3

```
uint32_t value;
HAL_ADCEx_Calibration_Start(&hadc1); //ADC校准,每次重启进行一次即可
if(HAL_ADC_Start(&hadc1)==HAL_OK)//ADC启动
{
  if(HAL_ADC_PollForConversion(&hadc1,10)==HAL_OK)//等待转换完成
  {
    value= HAL_ADC_GetValue(&hadc1); //获取ADC转换的值
    printf("% d \n\r",(value&0xFFF*33000/4096-7600)/25+25); //转换为温度
  }
  else
    printf("转换未完成\n\r");
}
else
printf("未启动ADC\n\r");
HAL_Delay(200);
```

以上代码中，在温度转换计算((value&0xFFF*33000/4096－7600)/25＋25)中为了输出整数，分子分母扩大了10倍。value&0xFFF取低12位有效数字，其他位过滤。

因STM32在Proteus软件内自带温度无法调节，所以测量出结果为25 ℃。

思考与练习

17-1　单项选择题。

(1) 以下对 STM32 ADC 的描述正确的是(　　)。

A. STM32 ADC 是一个 12 位连续近似模拟到数字的转换器

B. STM32 ADC 是一个 8 位连续近似模拟到数字的转换器

C. STM32 ADC 是一个 12 位连续近似数字到模拟的转换器

D. STM32 ADC 是一个 8 位连续近似数字到模拟的转换器

(2) ADC 转换过程不包含(　　)。

A. 采样　　B. 量化　　C. 编码　　D. 逆采样

(3) 正确的 ADC 转换过程是(　　)。

A. 采样—量化—编码　　B. 量化—采样—编码

C. 采样—编码—量化　　D. 编码—采样—量化

(4) 下列项中不是 ADC 转换器的主要技术指标的是(　　)。

A. 分辨率　　B. 频率　　C. 转换速率　　D. 量化误差

17-2　填空：

在 STM32 内部还提供了__________，可以用来测量器件周围的温度。温度传感器在内部和__________输入通道相连接，此通道把传感器输出的电压转换成数字值。

17-3　通过 STM32F10xxx 参考手册了解 ADC 转换相关概念，并简述 STM32 的 ADC 系统的功能特性。

17-4　简述 STM32 的双 ADC 工作模式。

17-5　通过 STM32F1 HAL 库使用手册(*UM1850 User manual*)学习 ADC 相关函数。

第18章　单总线控制下的DS18B20温度采集

STM32虽然内部自带了数字温度传感器，但是由于芯片温升较大等原因，温度传感器所测得的温度与实际环境温度差别较大。本章介绍如何通过STM32来读取外部数字温度传感器的温度，从而得到较为准确的环境温度信息。在本实例中，将使用单总线控制技术，通过STM32对DS18B20进行温度采集，并通过串口显示温度值。

18.1　DS18B20简介

DS18B20数字温度传感器采用独特的单线接口方式，并具备用户可编程的非易失性、可过温和低温触发的报警功能。它支持多点组网功能，在一个分布式的大环境里用一个微控制器控制多个DS18B20是非常简单的。

18.1.1　DS18B20的特点

DS18B20具有以下特点：

(1) 采用独特的1-Wire总线端口，仅需要一个引脚（一条数据线）与控微控制器进行通信。

(2) 每片DS18B20都有一个独一无二的64位序列号（烧写在内部ROM中），所以一条1-Wire总线上可连接多个DS18B20设备。

(3) 具备多路采集能力，使得分布式温度采集更加简单。

(4) 不需要外围元件的配合。

(5) 能够采用数据线而不需要外部电源供电，供电范围为3.0～5.5 V。

(6) 温度可测量范围为－55～＋125℃（－67～257 ℉）。

(7) 温度在－10～85℃时具有±0.5 ℃的精度。

(8) 内部温度采集精度可以由用户自定义，为9～12位。

(9) 温度转换时间在转换精度为12位时达到最大值750 ms。

(10) 采用了用户自定义非易失性的温度报警设置。

(11) 提供了温度报警命令。

(12) 可选择8-PinSO(150mils)、8-PinμSOP，以及3-PinTO-92封装方式。

(13) 与DS1822程序兼容。

由于具有以上特点，DS181320在温度控制系统、工业系统、民用产品，以及温度检测系统等中得到了广泛应用。

18.1.2　引脚定义与描述

图18-1为Maxim公司采用不同封装形式的DS18B20的引脚方位示意图。表18-1为对其引脚的简单描述。

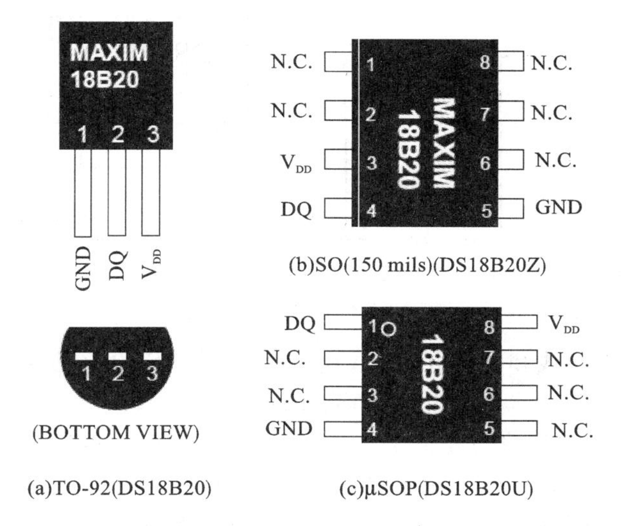

(a)TO-92(DS18B20)　(b)SO(150 mils)(DS18B20Z)　(c)μSOP(DS18B20U)

图 18-1　采用不同封装形式的 DS18B20 的引脚方位示意图

注：1 mils＝0.0254 mm。

表 18-1　采用不同封装形式的 DS18B20 的引脚功能描述

引脚			引脚名	功能描述
SO	μSOP	TO-92		
1、2、6、7、8	2、3、5、6、7	—	N. C.	置空
3	8	3	V_{DD}	V_{DD}引脚。 V_{DD}采用“寄生”电源供电时必须连接到地。
4	1	2	DQ	1-Wire 漏极开路端口引脚，用于输入、输出数据。 采用“寄生”电源供电方式时，同时向设备提供电源。
5	4	1	GND	地

DS18B20 采用的 Maxim 公司专有的 1-Wire 总线协议，该总线协议仅需要一个控制信号进行通信。该控制信号线需要一个激活的上拉电阻以防止连接总线的端口是三态或者高阻态的(DQ 信号线在 DS18B20 上)。在 1-Wire 总线系统中，微控制器(主设备)通过每个设备的 64 位序列号来识别总线上的设备。因为每个设备都有一个独一无二的序列号，挂在一条总线上的设备理论上可以无限多。

18.1.3　供电

DS18B20 的另外一个重要特点就是不需外部电源供电。当数据线 DQ 接高电平的时候由其为设备供电。总线电位高时为内部电容器(Cpp)充电，当总线电位低时由该电容向设备供电。当 1-Wire 总线为设备供电时称之为“寄生”电源。

DS18B20 可以通过 V_{DD}引脚由外部供电，或者由“寄生”电源供电，这使得 DS18B20 可以不采用当地的外部电源供电而实现其功能。“寄生”电源供电方式在远程温度检测或空间比较有限制的地方有很大的作用。图 18-2 展示的就是 DS18B20 的“寄生”电源控制电路。

当 DS18B20 处于“寄生”电源供电模式时，V_{DD}引脚必须连接到地。此时，只要在指定的时

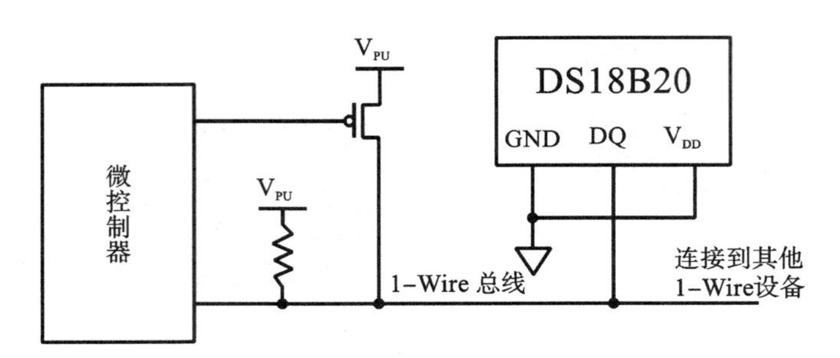

图 18-2 "寄生"电源供电

序下工作，则 1-Wire 器总线和内部电容器 Cpp 就可以给 DS18B20 提供足够的电流来完成各种工作以及满足供电电压需求。但是，当 DS18B20 进行温度转换或将暂存寄存器中的值复制至 EEPROM 时，其工作电流将会高至 1.5 mA。如果 1-Wire 总线所接上拉电阻阻值过大，将导致工作电流供给不足，或工作电流暂由内部电容器(Cpp)提供。为了保证 DS18B20 有足够的电流供应，有必要在 1-Wire 总线上提供强有力的电压上拉作用。值得注意的是，1-Wire 总线必须在温度转换命令"44h"或暂存寄存器拷贝命令"48h"下达 10 μs 后提供强有力的电压上拉作用，同时在整个温度转换期间或数据传送期间总线必须一直强制拉高电压。当强制拉高时该 1-Wire 总线上不允许有任何其他动作。

当然，DS18B20 也可以采用常规的通过外部电源连接至 V_{DD} 引脚的供电方式，如图 18-3 所示。采用这种供电方式的电路具有不需要上拉的 MOSFET，1-Wire 总线在温度转换期间可执行其他动作。

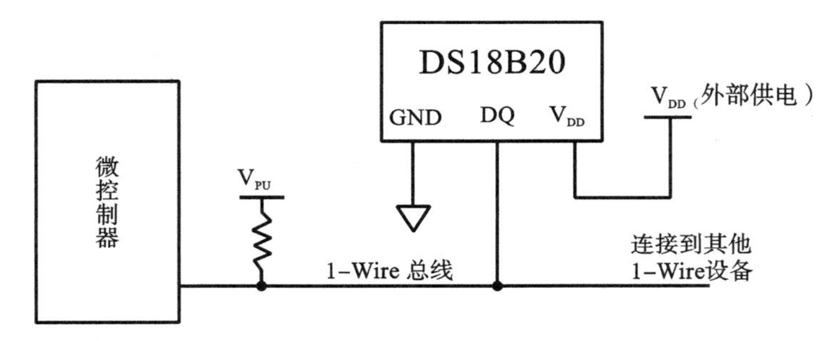

图 18-3 外部电源供电

"寄生"电源供电方式在温度超过＋100℃时不推荐使用，因为在超过该温度时电路中会产生很大的漏电流，导致设备不能进行正常的通信。

在某些情况下，总线上的主设备可能不知道连接到该总线上的 DS18B20 是由"寄生"电源供电还是由外部电源供电，此时该主设备就需要得到一些信息来决定在温度转换期间是否要强制拉高电压。为了得到这些信息，主设备可以先发送一个跳过 ROM 命令"CCh"，然后再发送一个读取供电方式命令"B4h"，再紧跟一个读取数据时序。在读取数据时序中，采取"寄生"电源供电方式的 DS18B20 会将总线电压拉低，但是，由外部电源供电的 DS18B20 会让该总线继续保持高电压。如果总线电压被拉低，主设备就必须在温度转换期间将总线电压强制拉高。

18.1.4 温度测量

DS18B20 的核心功能是直接温度-数字测量。其温度转换精度可由用户自定义为 9、10、

11、12 位，分别对应 0.5 ℃、0.25 ℃、0.125 ℃、0.0625 ℃的分辨率。注意，上电时 DS18B20 的转换精度默认为 12 位。DS18B20 上电后工作在低功耗闲置状态下，主设备必须在向 DS18B20 发送温度转换命令“44h”后才能开始温度转换。温度转换后，温度转换的值将会保存在暂存存储器的温度寄存器中，并且 DS18B20 将会恢复到闲置状态。如果 DS18B20 是由外部供电的，主设备发送完温度转换命令“44h”后，可以执行读数据时序。若此时温度转换正在进行，DS18B20 将会返回“0”值来予以响应；若温度转换完成，则会返回“1”值来予以响应。如果 DS18B20 是由“寄生”电源供电的，则 DS18B20 不能响应主设备，因为在整个温度转换期间，总线电压必须强制拉高。

DS18B20 的输出数据是摄氏温度；若是需要华氏温度数据，则需查表或者进行数据换算。温度数据以一个 16 位标志扩展二进制补码数的形式存储在温度寄存器中。符号标志位(S)温度的正负极性：若温度值为正数则 S=0，若温度值为负数则 S=1。如果 DS18B20 的转换精度为 12 位，温度寄存器中的所有位都将包含有效数据。若转换精度为 11 位，则 bit0 为未定义的。若转换精度为 10 位，则 bit1 和 bit0 为未定义的。若转换精度为 9 位，则 bit2、bit1 和 bit0 为未定义的。表 18-2 为 12 位转换精度下温度输出数据与相对应温度之间的关系表。图 18-4 为 12 位寄存器存储图，其存储在 DS18B20 的两个 8 位的 RAM 中，高字节的前 5 位是符号位。如果测得的温度大于 0，这 5 位为“0”，只要将测到的数值乘以 0.0625 即可得到实际温度；如果温度小于 0，这 5 位为“1”，测到的数值需要减 1 并取反后再乘以 00625。

表 18-2　温度输出数据与对应温度

温度/℃	数据输出(二进制)	数据输出(十六进制)
+125	0000 0111 1101 0000	07D0h
+85 *	0000 0101 0101 0000	0550h
+26.0625	0000 0001 1001 0001	0191h
+10.125	0000 0000 1010 0010	00A2h
+0.5	0000 0000 0000 1000	0008h
0	0000 0000 0000 0000	0000h
−0.5	1111 1111 1111 1000	FFF8h
−10.125	1111 1111 0101 1110	FF5Eh
−25.0525	1111 1110 0110 1111	FE6Fh
−55	1111 1100 1001 0000	FC90h

注：* 上电复位时温度寄存器中的值为+85℃。

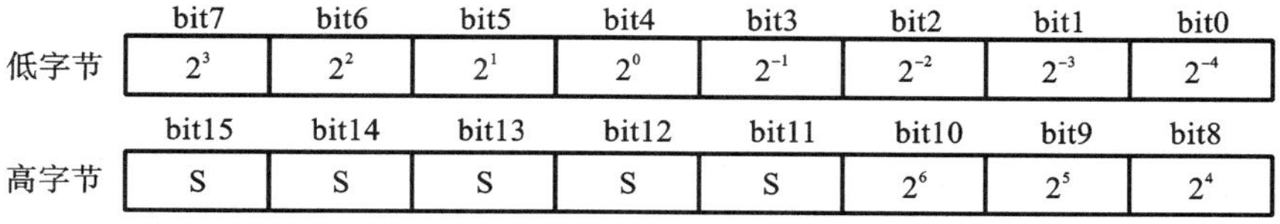

	bit7	bit6	bit5	bit4	bit3	bit2	bit1	bit0
低字节	2^3	2^2	2^1	2^0	2^{-1}	2^{-2}	2^{-3}	2^{-4}

	bit15	bit14	bit13	bit12	bit11	bit10	bit9	bit8
高字节	S	S	S	S	S	2^6	2^5	2^4

图 18-4　12 位寄存器存储图

18.1.5　温度报警

DS18B20 完成一次温度转换后，会将该温度转换值与用户定义的过温(TH)和低温(TL)

报警寄存器(见图18-5)中的值进行比较。该寄存器符号标志位(S)温度的正负极性:若温度值为正数则S=0,若温度值为负数则S=1。过温和低温报警寄存器是非易失性的(EEPROM),所以其可以在设备断电的情况下保存数据。

bit7	bit6	bit5	bit4	bit3	bit2	bit1	bit0
S	2^6	2^5	2^4	2^3	2^2	2^1	2^0

图18-5　过温和低温报警寄存器

因为过温和低温报警寄存器是一个8位的寄存器,所以在与其比较时温度寄存器的第4~11位数据才是有效的。如果温度转换数据小于或等于TL及大于或等于TH,DS18B20内部的报警标志位将会被置位。该标志位在每次温度转换之后都会更新,因此,如报警控制消失,该标志位在温度转换之后将会关闭。

主设备可以通过报警查询命令"Che"查询该总线上的DS18B20设备的报警标志位。任何一个报警标志位已经置位的DS18B20设备都会响应该命令,因此,主设备可以确定到底哪个DS18B20设备存在温度报警。如果温度报警存在,并且过温和低温报警寄存器已经被改变,则下一个温度转换值必须验证其温度报警标志位。

18.1.6　功能命令

18.1.6.1　ROM命令

当总线上的主设备检测到脉冲时,就可以执行ROM命令。这些命令是对每个设备独一无二的64位ROM编码进行操作的,当总线上连接有多个设备时,可以通过这些命令识别各个设备。主设备也可以通过这些命令确定该总线上设备的类型和数量。ROM命令有5种,每个ROM命令的大小都是8 b。主设备在执行DS18B20功能命令之前必须先执行一个适当的ROM命令。

下面介绍5种ROM命令。

1. 搜索ROM命令(F0h)

系统上电初始化后,主设备必须识别总线上所有的从设备的ROM编码,这样主设备就可以方便地确定总线上的从设备的类型及数量。主设备须根据需要循环地发送搜索ROM命令(搜索ROM命令跟随着数据交换)来确定总线上所有的从设备。如果仅有一个从设备在该总线上,可以通过简单地读取ROM命令来代替ROM搜索。

2. 读取ROM命令(33h)

该命令仅在总线上只有一个从设备时才能使用。应用该命令,总线上的主设备不需要搜索ROM就可以读取从设备的64位ROM编码。当总线上有两个及以上从设备时,若再发送该命令,则所有从设备都会回应,这样将引起数据冲突。

3. 匹配ROM命令(55h)

匹配ROM命令之后跟随64位的ROM编码,使得总线上的主设备能够匹配特定的从设备。只有完全匹配该64位ROM编码的从设备才会响应总线上的主设备发出的功能命令;总线上的其他从设备将会等待下一个复位脉冲。

4. 跳过ROM命令(CCh)

使用该命令可以跳过主设备与从设备ROM编码匹配,同时实现向总线上所有从设备发送ROM命令。

例如，主设备通过向总线上所有的DS18B20发送跳过ROM命令后再发送温度转换命令（44h），则所有设备将会同时进行温度转换。

需要注意的是，当总线上仅有一个从设备时，读取暂存寄存器命令（BEh）后面可以跟随跳过ROM命令。在这种情况下，主设备可以读取从设备中的数据而不发送64位ROM编码。当总线上有多个从设备时，若在跳过ROM命令后再发送读取暂存寄存器命令，则所有的从设备将会同时开始传送数据而导致总线产生数据冲突。

5. 警报搜索（ECh）

该命令的操作与跳过ROM命令基本相同，与后者不同的是只有警报标志置位的从设备才会响应该命令。通过该命令，主设备可以确定在最近一次温度转换期间是否有DS18B20发出了温度报警。当所有的报警搜索命令循环执行后，总线上的主设备必须回到事件序列中的第一步（初始化）。

18.1.6.2　DS18B20功能命令

当总线上的主设备通过ROM命令确定了哪个DS18B20能够进行通信时，主设备可以向其中一个DS18B20发送功能命令。这些命令使得主设备可以向DS18B20的暂存寄存器写入或者读出数据，初始化温度转换及定义供电模式。

DS18B20主要有如下几种功能命令。

1. 温度转换命令（44h）

该命令用于初始化单次温度转换。温度转换完后，温度转换的数据存储在暂存寄存器的2 B容量的温度寄存器中，之后DS18B20恢复到低功耗的闲置状态。如果该设备采用的是“寄生”电源供电模式，在该命令执行10 μs（最大）后主设备在温度转换期间必须强制接上拉电阻。如果该设备采用的是外部供电模式，主设备在温度转换命令之后可以执行读取数据时序，若DS18B20正在进行温度转换则会返回0值来予以响应，温度转换完成则会返回1值来予以响应。在“寄生”电源供电模式下，因为在整个温度转换期间总线都处于电压强制拉高的状态，故不会有上述响应，即该命令对由“寄生”电源供电的DS18B20不适用。

2. 写入暂存寄存器命令（4Eh）

主设备可以利用该命令向DS18B20的暂存寄存器写入3 B大小的数据。在写入数据之前，主设备必须先将从设备复位，否则数据将会损坏。

3. 读取暂存寄存器命令（BEh）

主设备可以利用该命令读取暂存寄存器中存储的值。若主设备只需要暂存寄存器中的部分数据，则可以在读取数据时通过复位来终止数据读取。

4. 拷贝暂存寄存器命令（48h）

该命令用于将暂存寄存器中的温度报警触发值（TH和TL）及配置寄存器（Byte2、Byte3和Byte4）中的值拷贝至EEPROM中。

5. 召回EEPROM命令（B8h）

该命令用于将温度报警触发值及配置寄存器中的数据从EEPROM中召回至暂存寄存器的Byte2、Byte3和Byte4中。主设备可以在召回EEPROM命令之后执行读取数据时序，若DS18B20正在召回EEPROM则会返回“0”值来予以响应，召回EEPROM完成则会返回“1”值来予以响应。召回数据操作在上电初始化后会自动执行一次，所以在设备上电期间暂存寄存器中一直会有有效的数据。

6. 读取供电模式命令(B4h)

执行该命令之后再执行读取数据时序,主设备可以确定总线上的DS18B20是否是由“寄生”电源供电。在读取数据时序时,由“寄生”电源供电的DS18B20将会拉低总线电压,由外部电源独立供电的DS18B20则会释放总线让其保持在高电平。

18.1.7 时序

18.1.7.1 初始化/复位

DS18B20与所有设备的通信都是由初始化时序开始的,该序列包括从主设备发出的复位脉冲及DS18B20响应的存在脉冲,如图18-6所示。DS18B20响应复位信号的存在脉冲,即向主设备表明其在该总线上,并且已经做好操作命令。在初始化时序期间,总线上的主设备通过拉低1-Wire总线(480～960 μs)来发送(TX)复位脉冲。之后主设备释放总线而进入接收模式(RX)。总线被释放后,由阻值在5 kΩ左右的上拉电阻将其拉至高电平。当DS18B20检测到总线的上升沿信号后等待15～60 μs,然后通过将1-Wire总线电压拉低60～240 μs来实现发送一个存在脉冲。

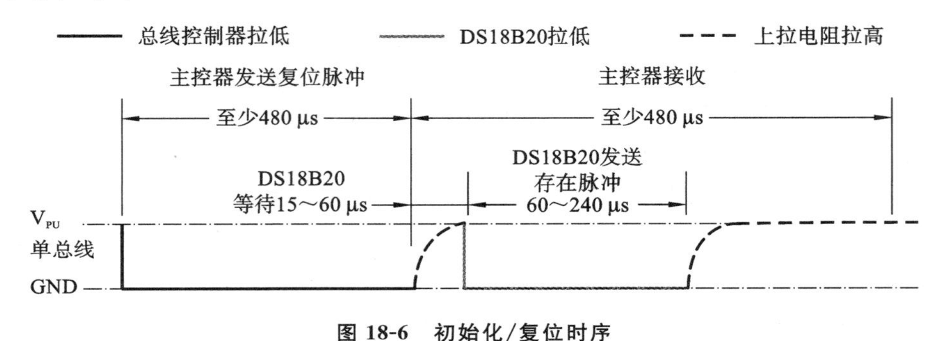

图18-6 初始化/复位时序

初始化/复位时序操作过程可总结如下:

(1) 主设备将1-Wire总线拉到低电平。

(2) 延时480～960 μs。

(3) 上拉电阻将1-Wire总线拉到高电平。

(4) 延时等待15 μs。如果初始化成功,则DS18B20在15～60 μs时间内产生一个将返回的低电平。由此可以确定低电平信号的存在,但是应注意不能无限制地等待,不然会使程序进入死循环,所以要进行超时判断。

(5) 若CPU读到总线的低电平信号后还要延时,则延时时间从高电平信号发出算起(步骤(3))最少要480 μs。

18.1.7.2 读时序

DS18B20仅在读时序期间才能向主设备传送数据。因此,主设备在执行完读暂存寄存器命令“BEh”或读取供电模式命令“B4h”后,必须及时生成读时序,这样DS18B20才能向主设备提供所需的数据。此外,主设备可以在执行完转换温度命令或复制EEPROM命令后生成读时序,以便获得18.1.6.2小节提到的召回EEPROM操作信息。每个读时序最少必须有60 μs的持续时间且独立的读时序之间至少应有1 μs的恢复时间。读时序通过主设备将总线拉低超过1 μs,再释放总线来实现初始化(见图18-7)。主设备初始化完读时序后,DS18B20会向总线发送低电平或高电平信号。DS18B20通过将总线拉至高电平来发送逻辑1,将总线拉至低电平来发送逻辑 0。发送完逻辑 0 后，DS18B20 会释放总线，则该总线将通过上拉电阻恢复到高电平的闲置状态。从 DS18B20 中输出的数据仅在初始化读时序后的 15 μs 内有效。因此，主设备在该读时序开始后的 15 μs 之内必须释放总线，并且对总线进行采样。

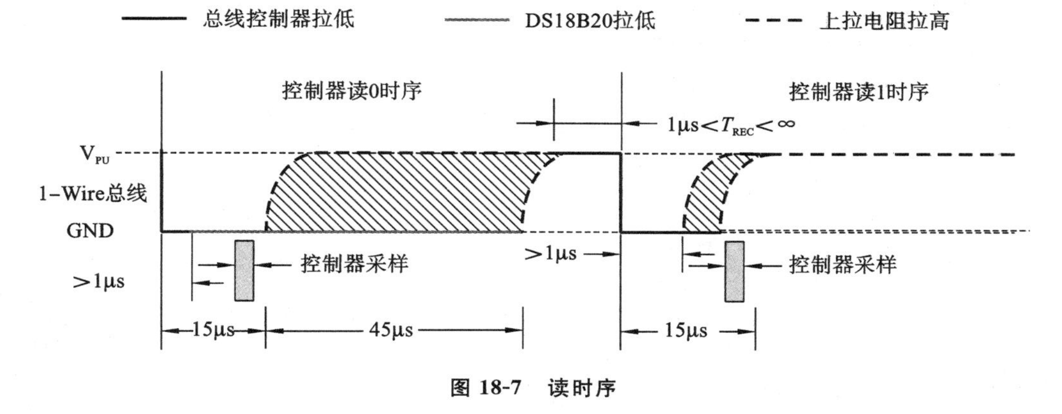

图 18-7　读时序

读时序操作过程可总结如下：

(1) 主设备将 1-Wire 总线拉到低电平。

(2) 延时 4 μs。

(3) DS18B20 将 1-Wire 总线拉至高电平，然后释放总线准备读数据。

(4) 延时 10 μs。

(5) 主设备读取总线的状态，得到一个状态位，并进行数据处理。

(6) 延时 50 μs。

(7) 重复步骤(1)～(6)，直到读完一个字节。

18.1.7.3　写时序

写时序有两种情况：写 1 时序和写 0 时序。主设备通过写 1 时序来向 DS18B20 中写入逻辑 1，通过写 0 时序来向 DS18B20 中写入逻辑 0。每个写时序最少必须有 60 μs 的持续时间，且独立的写时序之间至少要有 1 μs 的恢复时间。写 0 和写 1 时序时都是由主设备通过将 1-Wire总线拉低来进行初始化(见图 18-8)。

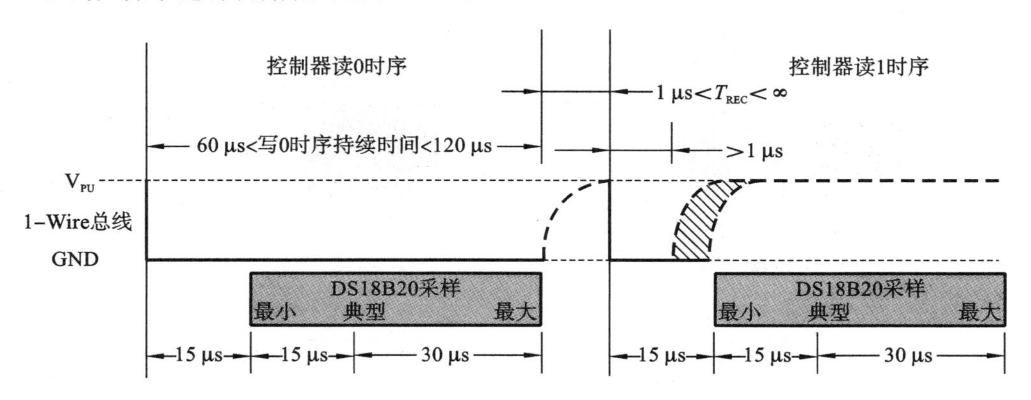

图 18-8　写时序

为了形成写 1 时序，在将 1-Wire 总线拉低后，主设备必须在 15 μs 之内释放总线。当总线被释放后，阻值为 5 kΩ 的上拉电阻将总线拉至高电平。为了形成写 0 时序，在将 1-Wire 总线拉至低电平后，在整个时序期间主设备必须一直(至少 60 μs)拉低总线电平。

在主设备初始化写时序后，DS18B20 将会在 15～60 μs 的时间窗口内对总线进行采样。如果总线在采样期间处于高电平状态，则总线向 DS18B20 响应逻辑 1；若总线是低电平，则响应逻辑 0。

写时序操作过程可总结如下：

(1) 主设备将 1-Wire 总线拉至低电平；

(2) 主设备写 0 延时 15 μs 或写 1 延时 65 μs。

(3) 按从低位到高位的顺序向 1-Wire 总线发送数据(一次只发送一位)。

(4) 写 0 延时 60 μs，写 1 延时 10 μs。

(5) 上拉电阻将总线拉至高电平。

(6) 重复步骤(1)～(5)，直到发送完完整的字节。

(7) DS18B20 将总线拉至高电平。

DS18B20 的典型温度读取过程：复位→发送 SKIP ROM 命令(0XCC)→发送开始转换命令(0X44)→延时(上一步延时较长时忽略)→复位→发送 SKIP ROM 命令(0XCC)→发读存储器命令(0XBE)→连续读出 2 B 大小的数据(即温度)→结束。

18.2　实例描述及硬件连接图绘制

18.2.1　实例描述

采用 STM32F103R6 及 DS18B20 实现温度读取，并发向终端显示。

18.2.2　硬件连接图绘制

硬件连接图绘制结果如图 18-9 所示。注意：电阻的 Keywords 设置为 MINERS10K，电阻值修改为 47 kΩ；温度传感器的 Keywords 设置为 DS18B20；VIRTUAL TERMINAL 的 TXD 口连 STM32 的 USART1_RX 口，VIRTUAL TERMINAL 的 RXD 口连 STM32 的 USART1_TX 口；VIRTUAL TERMINAL 的波特率为 115200 b/s。其他参数采用默认值。

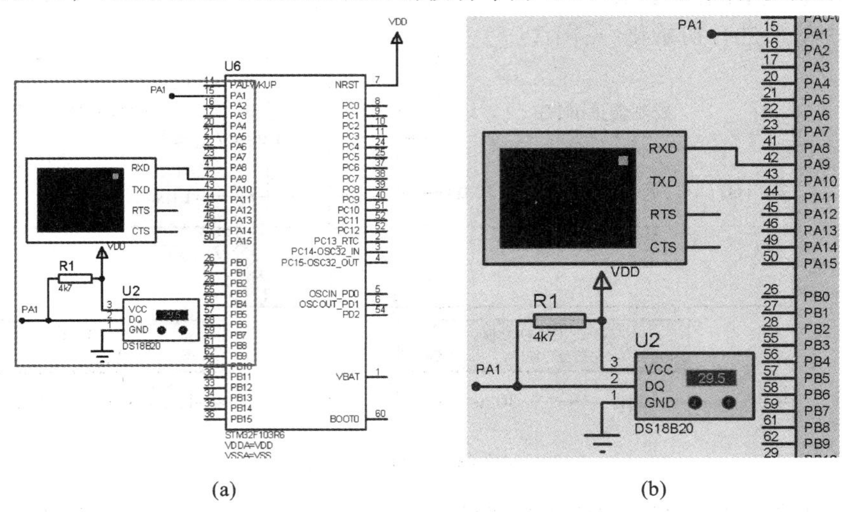

图 18-9　最终硬件连接图(8)

(a) 硬件连接图；(b) 局部放大图

18.3　STM32CubeMX 配置工程

18.3.1　工程建立及 MCU 选择

工程建立及 MCU 选择参见 6.3.1 小节，这里不赘述。

18.3.2　RCC 及引脚设置

本实例仍采用外部晶振，具体设置方式参见 6.3.2 小节。USART1 工作模式设置为异步通信，不使用硬件流控制；再添加 PA1 口为输出口。具体设置过程及配图略。

18.3.3　时钟配置

本实例将采用外部时钟源 HSE，时钟配置与第 8 章中实例相同，参见 8.5.3 小节。

18.3.4　MCU 外设配置

选择“Configuration”选项卡，单击“GPIO”按钮，打开“Pin Configuration”对话框。在该对话框中选择“GPIO”选项卡，将 PA1 的“GPIO mode”设置为“Pull_up”（上拉推挽），并将“GPIO output level”（输出电平）设置为“High”（高），“Maximum output speed”（输出速度）设置为“High”（最快），如图 18-10 所示。其他项保持默认设置。

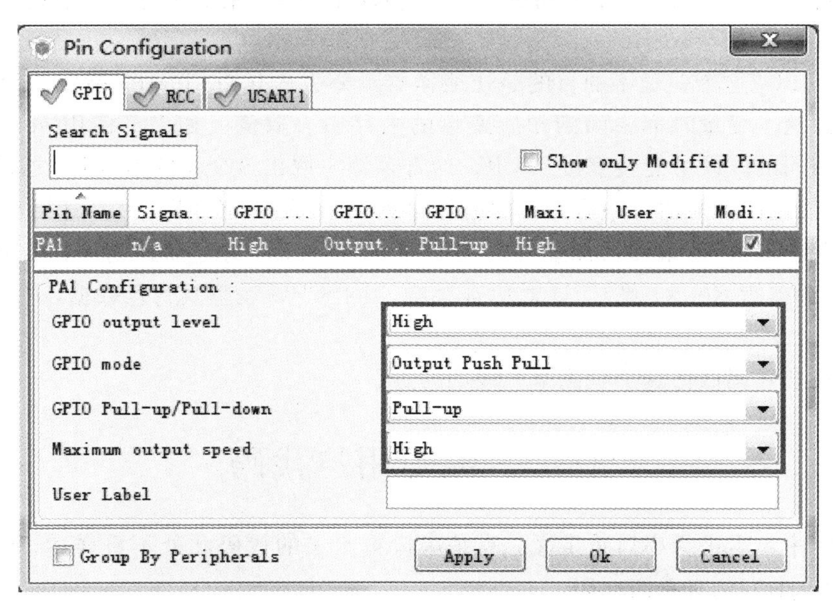

图 18-10　GPIO 引脚配置(4)

保存设置后生成源代码。

18.4　延时函数说明

在读写传感器有关时序要求不是极其严格的场合下，不建议采用中断计时方式或系统滴答定时器计时，因为一旦开启中断，就需进行优先级的配置，如果优先级配置不当或后期加入其他中断设置，将有可能导致延时失效，因此本实例采用软件延时。

系统由 8 MHz 外部时钟源提供时钟，经过倍频后提供给 SysTick 定时器以 72 MHz 供系统运行，而 SysTick 是一个 24 位递减计数器，通过对 SysTick 的控制与状态寄存器设置，可选择 HCLK 时钟(72 MHz)或 HCLK 的 8 分频时钟作为 SysTick 的时钟源。HAL 库默认采用 HCLK 时钟，所以 SysTick 的重装寄存器决定了定时器频率，也决定了执行 1 条空指令的时间为 $\frac{1}{72/8}=1/9$ MHz，所以执行 9 条空指令的时间即为 1 μs。由此，1 μs 的延时函数近似（近似是因为赋值）等指令也要执行。空指令指的是 while(utime--)后面的“；”，可写为：

```
void delay_us(int32_t nus)
{
  __IO uint32_t utime=9*nus;
  while(utime--);
}
```

注意上述代码中 utime 变量声明为__IO，__IO 在 HAL 库里面的定义格式为：

```
#define   __IO  volatile
```

加上“volatile”这个关键字的目的是让编译器不要去优化由 volatile 指定的变量(utime)，这样每次用到这个变量时都要回到相应变量的内存中去取值。如果不使用 volatile 修饰，则在该变量被访问的时候可能会直接从 CPU 的寄存器中取出该变量的值（因为之前变量 a 被访问过，也就是说之前就从内存中取出 a 的值保存到某个 CPU 寄存器中）。直接从寄存器中取值而不去内存中取值，是编译器优化代码的结果（访问 CPU 寄存器比访问内存快得多）。这里的 CPU 寄存器指 R0、R1 等 CPU 通用寄存器，用于 CPU 运算及暂存数据，不是指外设中的寄存器。

读者可在软件调试仿真中检测毫秒级的时延。

18.5　编写用户代码

在本实例中也需进行串口重定义。有关串口重定义的代码此处不再详述，请参考相关章节，下面介绍与本实例有关的代码。

在文件 gpio.c 中添加 9 个子函数（本例将驱动程序放在了文件 gpio.c 中，当然可以仿照文件 gpio.c 自建文件单独存放）。以下是这 9 个子函数的代码。

代码 18-1

```
/**********************************************************************
* 函数名:delay_us()
* 参数 int32_t nus 时钟延迟的微秒数
```

```
* 返回值:void
* 功能:软件延时 nus 个微秒函数
************************************************************/
void delay_us(int32_t nus)
{
  __IO uint32_t utime=9*nus;
  while(utime--);
}
```

此函数为实现 nus 微秒的时延。

代码 18-2

```
//使 DS18B20-PA1 引脚工作于输入模式
void DS18B20_Mode_IPU(void)
{
  GPIO_InitTypeDef GPIO_InitStruct;
  GPIO_InitStruct.Pin= GPIO_PIN_1;
  GPIO_InitStruct.Mode= GPIO_MODE_INPUT;
  GPIO_InitStruct.Pull= GPIO_PULLUP;
  HAL_GPIO_Init(GPIOA, &GPIO_InitStruct);
}
```

代码 18-3

```
//使 DS18B20-PA1 引脚工作于输出模式
void DS18B20_Mode_Out_PP(void)
{
  GPIO_InitTypeDef GPIO_InitStruct;
  GPIO_InitStruct.Pin= GPIO_PIN_1;
  GPIO_InitStruct.Mode= GPIO_MODE_OUTPUT_PP;
  GPIO_InitStruct.Pull= GPIO_PULLUP;
  GPIO_InitStruct.Speed= GPIO_SPEED_FREQ_HIGH;
  HAL_GPIO_Init(GPIOA, &GPIO_InitStruct);
}
```

代码 18-2 和代码 18-3 所表示的两个函数用于设置引脚 PA1 的工作模式,以实现读、写换向操作。

代码 18-4

```
//STM32 给 DS18B20 发送复位脉冲,使其复位
void DS18B20_Rst(void)   //主机给从机发送复位脉冲
{
  DS18B20_Mode_Out_PP();
  HAL_GPIO_WritePin(GPIOA, GPIO_PIN_1,GPIO_PIN_RESET); //拉低电压
  delay_us(480);   //低电平复位信号至少保持 480 μs
```

```
  HAL_GPIO_WritePin(GPIOA, GPIO_PIN_1,GPIO_PIN_SET); //拉高
  delay_us(15);   //至少保持 15 μs, DS18B20 接收 STM32 的复位信号后,会在 15～60 μs 后给 STM32 发一个存在脉冲
}
```

此函数与图 18-6 主控制器 STM32 发出的信号对应。

代码 18-5

```
//检测 DS18B20 给 STM32 反馈的存在脉冲,若未检测到 DS18B20 的存在,返回 RESET;若检测到 DS18B20 的存在,则返回 SET
FlagStatus DS18B20_Presence(void)
{
  uint16_t pulse_time= 0;
  DS18B20_Mode_IPU(); //STM32 设置为上拉输入
  //等待存在脉冲的到来,存在脉冲为一个持续时长的 60～240 μs 的低电平信号
  //如果存在脉冲没有来则做超时处理,从机接收到主机的复位信号后,会在 15～60 μs 后给主机发一个存在脉冲
  while(HAL_GPIO_ReadPin(GPIOA, GPIO_PIN_1)&& pulse_time<200)
  {
    pulse_time++;   delay_us(1);
  }
  if(pulse_time>=200)  //经过 100 μs 后,存在脉冲都还没有到来
    return RESET;
  else
    pulse_time=0;
//存在脉冲到来,且存在的时间不能超过 240 μs
while(! HAL_GPIO_ReadPin(GPIOA, GPIO_PIN_1)&& pulse_time<240)
{
  pulse_time++;   delay_us(1);
}
if(pulse_time>=240)
  return RESET;
else
  return SET;
}
```

此函数与图 18-6 主控制器 STM32 接收到的存在信号相对应。

代码 18-6

```
uint8_t DS18B20_Read_Bit(void)
{
  uint8_t dat;
  DS18B20_Mode_Out_PP();   //读 0 和读 1 的时间至少要大于 60 μs
  //拉低电压,读时间的起始:必须由主机产生持续时长大于 1 μs 且小于 15 μs 的低电平信号
```

```
  HAL_GPIO_WritePin(GPIOA, GPIO_PIN_1, GPIO_PIN_RESET);
  delay_us(4);
  //拉高电压,为下一次读取时产生下降沿做准备
  HAL_GPIO_WritePin(GPIOA, GPIO_PIN_1, GPIO_PIN_SET);
  delay_us(10);
  DS18B20_Mode_IPU(); //STM32 设置为上拉输入
  if(HAL_GPIO_ReadPin(GPIOA, GPIO_PIN_1)==GPIO_PIN_SET)
    dat=1;
  else
    dat=0;
  delay_us(50);   //这个延时参数请参考时序图
  return dat;
}
```

此函数与图 18-7 相对应。

代码 18-7

```
//从 DS18B20 读一个字节,低位先行
uint8_t DS18B20_Read_Byte(void)
{
  uint8_t i, j, dat=0;

  for(i=0; i<8; i++)
  {
    j=DS18B20_Read_Bit();
    dat= dat|(j<<i);
  }
  return dat;
}
```

此函数按 DS18B20_Read_Bit()函数读取到的位来组成字。

代码 18-8

```
//写一个字节到 DS18B20,低位先行
void DS18B20_Write_Byte(uint8_t dat)
{
  uint8_t i, testb;

  DS18B20_Mode_Out_PP();
  for(i=0; i<8; i++)
  {
    testb=dat&0x01; //取形参最低位
    dat=dat>>1; //将形参最低位移出,从高位补上
    if(testb)  //写 0 和写 1 的时长至少要大于 60 μs
```

```
    {
      HAL_GPIO_WritePin(GPIOA, GPIO_PIN_1,GPIO_PIN_RESET); //拉低电压
      delay_us(15);
      HAL_GPIO_WritePin(GPIOA, GPIO_PIN_1,GPIO_PIN_SET); //拉高电压
      delay_us(60);
    }
    else
    {
      HAL_GPIO_WritePin(GPIOA, GPIO_PIN_1,GPIO_PIN_RESET); //拉低电压
      delay_us(65);
      HAL_GPIO_WritePin(GPIOA, GPIO_PIN_1,GPIO_PIN_SET); //拉高电压
      delay_us(10);
    }
  }
}
```

此函数与图 18-8 相对应。

代码 18-9

```
float DS18B20_Get_Temp(void)
{
  uint8_t TL, TH, zf;   short tem;   float floatTem;

  DS18B20_Rst();
  if(DS18B20_Presence()==SET)
  {
    DS18B20_Write_Byte(0xCC);   //跳过 ROM
    DS18B20_Write_Byte(0x44);   //开始转换
    DS18B20_Rst();
    DS18B20_Presence();
    DS18B20_Write_Byte(0xCC);   //跳过 ROM
    DS18B20_Write_Byte(0xBE);   //读温度值
    TL=DS18B20_Read_Byte();   //读低 8 位
    TH=DS18B20_Read_Byte();   //读高 8 位
    //高 8 位最大值 00000111,寄存器中的值为负数时寄存器里高 5 位必然是 1,所以
寄存器中的值若为负数,高 8 位最大为 11111001,实际读取出来为减 1 再取反的值,即 7
    if(TH>7)
    {
      TH=~TH;
      TL=~TL;
```

```
            zf=0;   //温度值为负
        }
        else
            zf=1;   //温度值为正
        tem=TH;   //获得高 8 位
        tem<<= 8;
        tem+=TL;   //获得低 8 位
        floatTem=(float)tem*0.0625;   //转换,参见 18.1.4 节
        if(zf)
            return floatTem;   //返回温度值
        else
            return-floatTem;
    }
    else
        return 255;   //如果读取到此值,说明读取出现错误
}
```

此函数用于读取温度数据，返回测量温度值，并且温度范围为－55～125 ℃，如果返回 255 则说明读取出现错误。

代码 18-1 至代码 18-9 最好添加到"/ * USER CODE BEGIN 2 * /"与"/ * USER CODE END 2 * /"之间，这样在 STM32CubeMX 再次修改的时候，生成的代码不会把用户代码删除或覆盖掉。

在文件 gpio. h 内添加代码：

```
float DS18B20_Get_Temp(void); //获取温度
```

在文件 main. c 的 main()函数中的 while(1)循环体内添加代码：

```
HAL_Delay(50);
temp= DS18B20_Get_Temp(); //获取温度值
printf("Temperate1:%d \r\n",(int)temp); //按整型格式将得到的温度值输出到终端
```

请读者自行按时序提示要求及注释内容进行代码分析，这里不再过多展开。

18.6　仿真结果

本实例的仿真结果如图 18-11 所示(彩图见书末)，工程创建成功。

读者可能会发现刚开始执行代码的时候温度显示为"85"，这属正常现象，因为按 DS18B20 要求刚上电复位后温度寄存器的值为＋85 ℃，需要运行一段时间(最长约 750 ms)其值才能稳定。

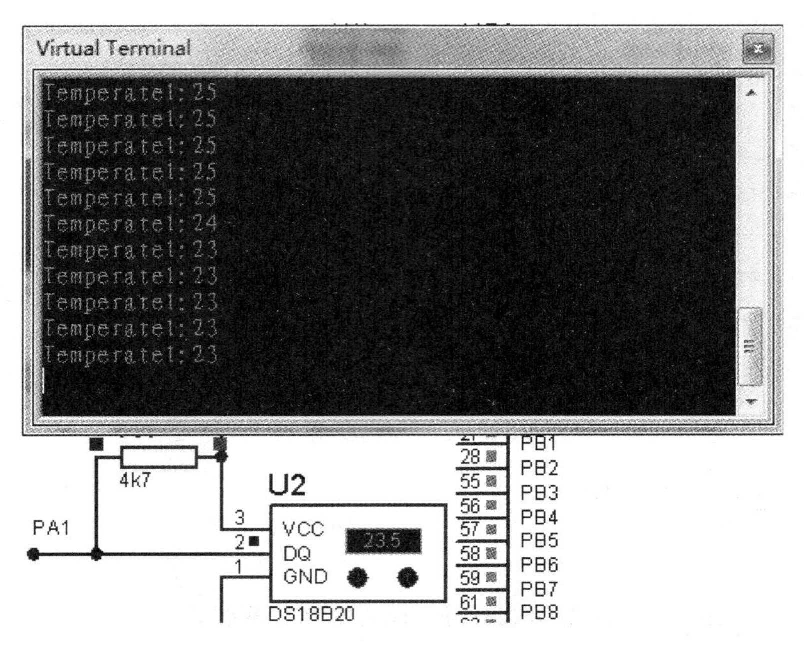
Virtual Terminal
Temperatel:25
Temperatel:25
Temperatel:25
Temperatel:25
Temperatel:25
Temperatel:24
Temperatel:23
Temperatel:23
Temperatel:23
Temperatel:23
Temperatel:23
4k7
U2
PA1
3
2
1
VCC
DQ
GND
23.5
DS18B20
28
55
56
57
58
59
61
PB1
PB2
PB3
PB4
PB5
PB6
PB7
PB8

图 18-11　仿真结果(7)

第19章 单总线控制下的温湿度测量

本实例还是研究单总线控制，以使读者能够理解单总线控制方式的使用及读懂基本时序。

19.1 DHT11 简介

DHT11 数字温湿度传感器(见图 19-1)是一款含有已校准数字信号输出的温湿度复合传感器。它应用专用的数字模块采集技术和温湿度传感技术，确保产品具有极高的可靠性与卓越的长期稳定性。传感器包含一个电阻式感湿元件和一个负温度系数(NTC)测温元件，并与一个高性能 8 位单片机相连接。传感器内部湿度和温度数据(40 位)一次性传给单片机，数据采用校验和方式进行校验，可有效地保证数据传输的准确性。DHT11 功耗很低，在 5 V 电源电压下，平均工作电流为 0.5 mA。

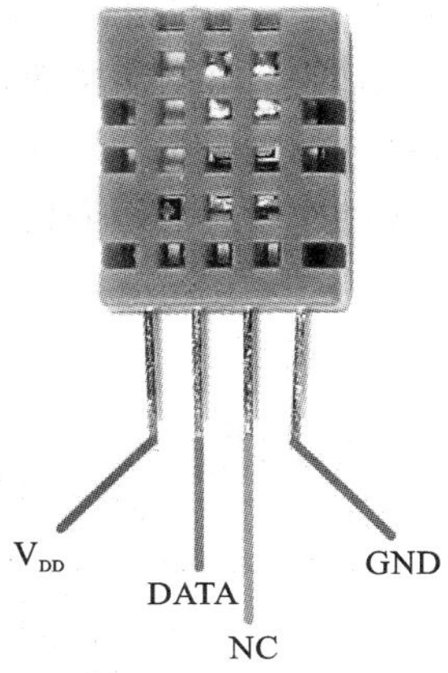

图 19-1 DHT11 实物及引脚

DHT11 的主要特性参数如下。

(1) 工作电压范围：3.3～5.5 V。

(2) 平均工作电流：0.5 mA。

(3) 输出：单总线数字信号。

(4) 测量范围：湿度为 20%～90%RH，温度为 0～50 ℃。

(5) 测量精度：对于湿度为±5%，对于温度为±2 ℃。

(6) 分辨率：对于湿度为 1%，对于温度为 1 ℃。

19.1.1 DHT11 的引脚

DHT11 引脚对应功能如表 19-1 所示。

表 19-1 DHT11 引脚说明

序号	名称	注释
1	V_{DD}	供电，DC 3～5.5 V
2	DATA	传送串行数据，接单总线，典型电路接 5 kΩ 上拉电阻
3	NC	空脚，悬空
4	GND	接地，电源负极

19.1.2 串行端口

DHT11 有三条有效总线——V_{CC}、GND、DATA，看起来与 DS18B20 类似，但是比后者编程要简单很多，通信时不需要设置命令，只需要通过 DATA 读取数据包就可以了。

DATA 用于实现微处理器与 DHT11 之间的通信和同步，采用单总线数据格式，一次通信时间在 4 ms 左右，数据分小数部分和整数部分。一次完整的数据传输有 40 位，高位先出。

数据格式为：8 位湿度整数数据＋8 位湿度小数数据＋8 位温度整数数据＋8 位温度小数数据＋8 位校验和。

其中小数部分(DHT11)不存在，可能是该传感器厂家预留功能。

判断传输正确的依据是：8 位校验和＝8 位湿度整数数据＋8 位湿度小数数据＋8 位温度整数数据＋8 位温度小数数据。

19.1.3 驱动过程

图 19-2 为主机复位、响应、准备输出及数据发送粗略时序图，由图可知：在发送数据前，主机先将 DATA 口电压拉低，DHT11 从低功耗模式转换到高速模式，等待主机发出的开始信号消失后(主机电压拉高)，DHT11 发送响应信号，然后拉高电压，延迟一段时间后送出 40 位的数据，并触发一次信号采集。

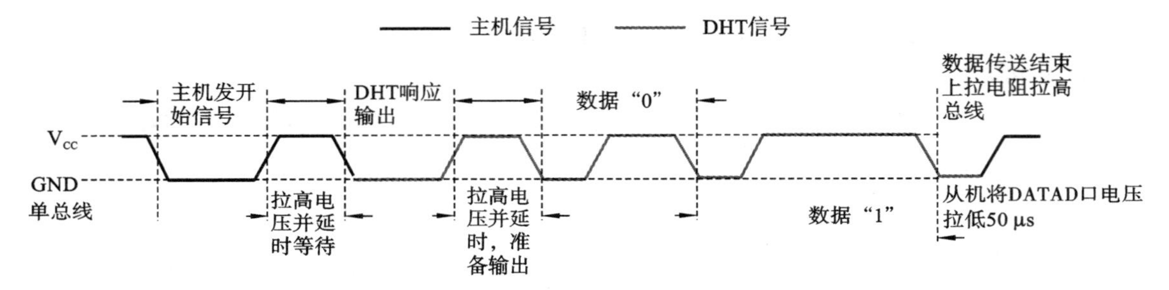

图 19-2 主机复位、响应、准备输出及数据发送粗略时序图

图 19-3 所示为主机复位、响应及准备输出详细时序，由图可知：在读取数据前，主机先输出写信号，由高电平跳变到低电平，保持至少 18 μs 时间，然后拉高总线电压 20～40 μs 时间。此时需要转换 I/O 模式，即主机应该是读信号，读取 DHT11 的 DATA 响应，如果通信处于正常状态，DHT11 会将 DATA 口电压拉低，保持 80 μs 时间作为响应信号。最后 DHT11 将总线电平拉高(为信号输出做好准备)，保持 80 μs 时间后，开始输出数据。也就是说，每次读取 40 位数据时均需要先复位，检查 DHT11 的响应情况，做好输出准备，之后才能开始读数据。

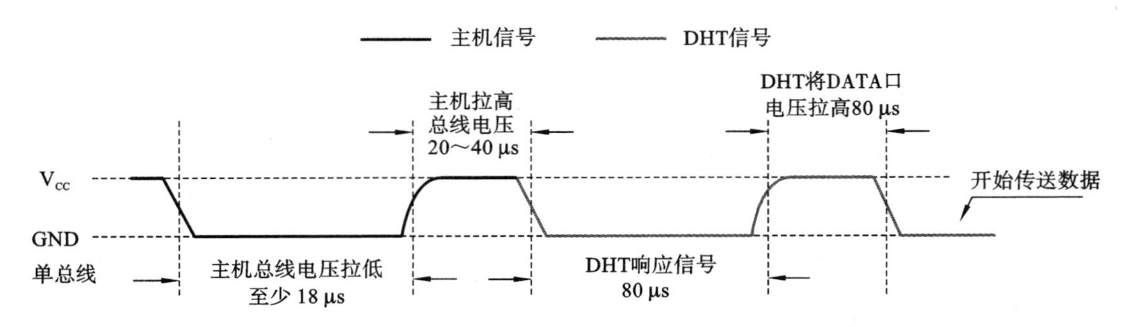

图 19-3 主机复位、响应及准备输出详细时序

19.1.4　接收数据

图 19-4 与图 19-5 所示分别为位 0 和 1 的详细时序。由图可知，读取数据的每一位时，首先 DHT11 总线会有一个持续 50 μs 的低电平，然后转为高电平，而高电平的长短决定了数据位是 0 还是 1。

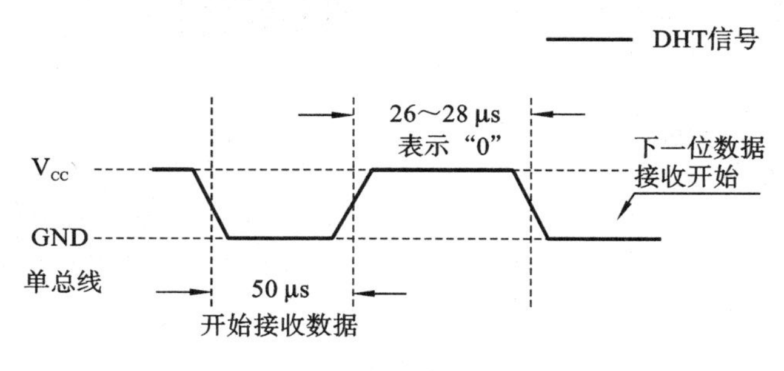

图 19-4　位 0 的详细时序

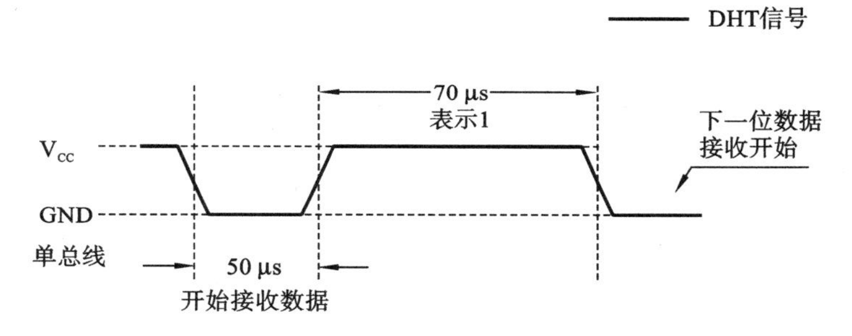

图 19-5　位 1 的详细时序

接收数据时可以先等待持续 50 μs 的低电平过去，即等待 DATA 口电压被拉高，延时 28～70 μs 后，再检测此时 DATA 口是否处于高电平状态，如果为高电平状态，则数据判定为 1，否则为 0。

19.2　实例描述及硬件连接图绘制

19.2.1　实例描述

采用 STM32F103R6 及 DHT11 实现温湿度读取，并将数据发送到终端显示。

19.2.2　硬件连接图绘制

本实例中硬件连接图绘制结果如图 19-6 所示。注意：电阻的 Keywords 设置为 MINERS10K，其阻值设置为 47 kΩ；温度传感器为 DHT11；VIRTUAL TERMINAL 的 TXD 口连接 STM32 的 USART1_RX 口，VIRTUAL TERMINAL 的 RXD 口连接 STM32 的 USART1_TX 口；VIRTUAL TERMINAL 的波特率设置为 115200 b/s。其他项采用默认设置。

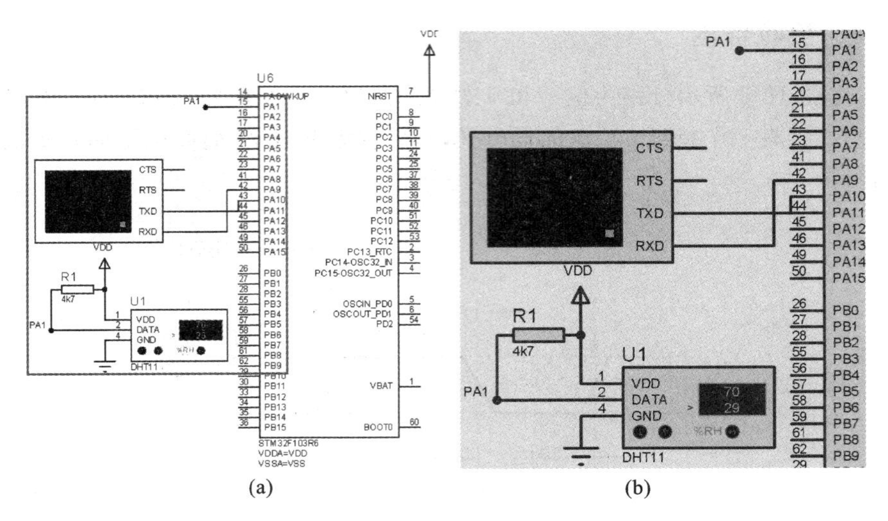

图 19-6　最终硬件连接图(9)

(a) 硬件连接图；(b) 局部放大图

19.3　STM32CubeMX配置工程

在本实例中STM32CubeMX的配置与第18章中实例完全相同,在此不赘述。

19.4　编写用户代码

有关串口重定义不再详述,请参考相关章节,下面介绍本实例中需要添加的代码。

在文件gpio.c中添加6个子函数(本实例将驱动程序放在了文件gpio.c中,也可以自建文件单独存放)。这6个子函数的代码分别如下。

代码 19-1

```
/************************************************************
* 函数名:delay_us()
* 参数 int32_t nus 时钟延时的微秒数
* 返回值:void
* 功能:软件延时 nus 个微秒函数
************************************************************/
void delay_us(int32_t nus)
{
  __IO uint32_t utime=9*nus;
  while(utime--);
}
```

此函数在18.4节已经做了简要分析,请读者自己查阅。当然,读者也可自行设计延时函数,在此不做过多解释。

代码 19-2

```
//使 DHT11-PA1 引脚工作于输入模式
void DHT11_Mode_IPU(void)
{
  GPIO_InitTypeDef GPIO_InitStruct;
  GPIO_InitStruct.Pin= GPIO_PIN_1;
  GPIO_InitStruct.Mode= GPIO_MODE_INPUT;
  GPIO_InitStruct.Pull= GPIO_PULLUP;
  HAL_GPIO_Init(GPIOA, &GPIO_InitStruct);
}
```

代码 19-3

```
//使 DHT11-PA1 引脚工作于输出模式
void DHT11_Mode_Out_PP(void)
{
  GPIO_InitTypeDef GPIO_InitStruct;
  GPIO_InitStruct.Pin= GPIO_PIN_1;
  GPIO_InitStruct.Mode= GPIO_MODE_OUTPUT_PP;
  GPIO_InitStruct.Pull= GPIO_PULLUP;
  GPIO_InitStruct.Speed= GPIO_SPEED_FREQ_HIGH;
  HAL_GPIO_Init(GPIOA, &GPIO_InitStruct);
}
```

函数 DHT11_Mode_IPU()和 DHT11_Mode_Out_PP()用于设置 PA1 引脚工作模式，以实现读、写换向操作。

代码 19-4

```
//STM32 给 DHT11 发送复位脉冲,使其复位
void DHT11_Rst(void)
{
    DHT11_Mode_Out_PP();
    HAL_GPIO_WritePin(GPIOA, GPIO_PIN_1,GPIO_PIN_RESET); //拉低电压
    delay_us(18000);    //低电平复位信号至少保持 18 ms
  HAL_GPIO_WritePin(GPIOA, GPIO_PIN_1, GPIO_PIN_SET); //拉高电压
  delay_us(20);    //高电平复位信号保持 20～40 μs
}
```

此函数与图 19-3 的主机信号相对应。

代码 19-5

```
//检测 DHT11 给 STM32 反馈的响应脉冲,若检测到 DHT11 的存在,返回 RESET, 若未检
测到,返回 SET
FlagStatus DHT11_Presence(void)
{
  uint16_t pulse_time=0;
```

```
  DHT11_Mode_IPU();   //STM32 设置为上拉输入
  //等待响应脉冲的到来,响应脉冲为一个持续时长为 80 μs 的低电平信号
  while(HAL_GPIO_ReadPin(GPIOA, GPIO_PIN_1)&& pulse_time< 100)//等待电压
被拉低
  {
    pulse_time++;
    delay_us(1);
  }
  if(pulse_time>=100)   //经过 100 μs 后,电压还没有被拉低,则说明复位有问题
    return RESET;
  else
    pulse_time=0;
  //响应脉冲到来(低电平),且响应的时间 80 μs
  while(! HAL_GPIO_ReadPin(GPIOA, GPIO_PIN_1)&& pulse_time<100)
  {
    pulse_time++;
    delay_us(1);
  }
  if(pulse_time>=100)//经过 100 μs 后,电压还没有被拉高,则说明没有响应
    return RESET;
  else
    return SET;
}
```

此函数与图 19-3 主机拉高总线电压 20～40 μs 和 DHT 输出持续 80 μs 的响应信号相对应。

代码 19-6

```
uint8_t DHT11_Read_Bit(void)
{
  uint8_t pulse_time=0;
  //将电压拉高 80 μs 后开始读数据
  while(HAL_GPIO_ReadPin(GPIOA, GPIO_PIN_1)&& pulse_time<100)
  {
    pulse_time++;
    delay_us(1);
  }
  pulse_time=0;
  while(! HAL_GPIO_ReadPin(GPIOA, GPIO_PIN_1)&& pulse_time<100)   //等待
持续时长为 50 μs 的低电平过去
  {
    pulse_time++;
    delay_us(1);
```

```
    }
    //跳过读 0 的 28 μs 时间,后面如果还是高则为 1,低为 0
    //介于 28～70 μs 之间,本实例取略多于 28 μs
    delay_us(30);
    if(HAL_GPIO_ReadPin(GPIOA, GPIO_PIN_1))
      return 1;
    else
      return 0;
}
```

此函数与图 19-3 至图 19-5 对应。DHT11 在拉高总线电压 80 μs 后开始发送数据,并每位数据都以 50 μs 低电平时隙开始,主机通过检测 DHT11 信号的状态判断是否可以开始读数据。当 DHT11 信号高电平持续时长超 28 μs 同时小于 70 μs 时,读到数据为 1,否则为 0。

代码 19-7

```
//从 DHT11 读一个字节,低位先行
uint8_t DHT11_Read_Byte(void)
{
  uint8_t i, dat= 0;
  for(i=0; i<8; i++)
  {
    dat<<=1;
    dat|=DHT11_Read_Bit(); //或 dat+=DHT11_Read_Bit();
  }
  return dat;
}
```

此函数按 DHT11_Read_Bit()函数读取到的位来组成字。

代码 19-8

```
uint8_t DHT11_Get_TempHumi(uint8_t *humi, uint8_t *temp)
{
  uint8_t buf[5]={0};
  uint8_t i;
  DHT11_Rst();
  if(DHT11_Presence()==SET)
  {
    for(i=0; i<5; i++)//读取 40 位数据
    {
      buf[i]= DHT11_Read_Byte();
    }
    if((buf[0]+ buf[1]+ buf[2]+ buf[3])==buf[4])
    {
      *humi=buf[0];
```

```
        *temp=buf[2];
      }
      else
        return 1;
    }
    else
      return 1;
    return 0;
}
```

此函数用于读取 40 位数据并做校验，其中 temp 指向温度值(范围为 0～50℃)，humi 指向湿度值(范围为 20%～90%RH)，如果返回 0 则正常，返回 1 则读取失败。

上述代码添加到"/ * USER CODE BEGIN 2 * /"与"/ * USER CODE END 2 * /"之间，这样在 STM32CubeMX 再次修改配置的时候，生成的代码不会把用户代码删除或覆盖掉。

在文件 gpio. h 内添加以下代码：

```
uint8_t DHT11_Get_TempHumi(uint8_t *humi, uint8_t *temp); //获取温度
```

在文件 main. c 的 main()函数内的 while(1)循环体前添加代码：

```
uint8_t sd=0; //获取湿度临时变量
uint8_t wd=0; //获取温度临时变量
printf("DHT11 测温湿度实验\n\r");
```

在文件 main. c 的 main()函数中的 while(1)循环体内添加代码：

```
HAL_Delay(100);
if(DHT11_Get_TempHumi(&sd, &wd))//读取失败
{
  printf("DHT11 read failed\r\n");
}
else//读取正常
{
  printf("Temperate:%d℃\r\n",wd);
  printf("Humidity:%d%%\r\n",sd);
}
```

请读者自行按时序提示要求及注释内容进行代码分析，这里不再详细展开。

19.5　仿真结果

本实例的仿真结果如图 19-7 所示，实验成功。

图中终端的数值在变化，该数值是调整温湿度后的实时显示结果。

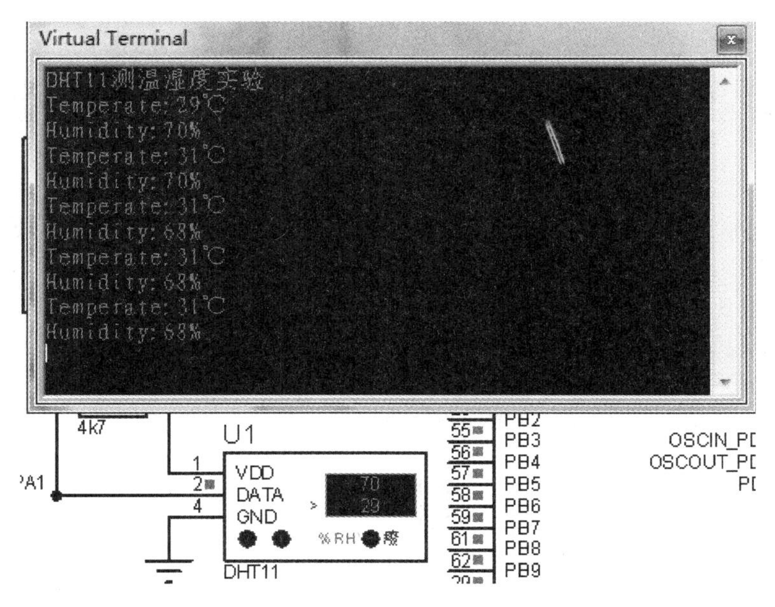
Virtual Terminal
DHT11测温湿度实验
Temperate:29℃
Humidity:70%
Temperate:31℃
Humidity:70%
Temperate:31℃
Humidity:68%
Temperate:31℃
Humidity:68%
Temperate:31℃
Humidity:68%
4k7
U1
VDD
DATA
GND
DHT11
PB2
PB3
PB4
PB5
PB6
PB7
PB8
PB9
OSCIN_PD
OSCOUT_PD

图 19-7　仿真结果(8)

第 20 章　LCD1602 显示——字形式读写端口

LCD1602 是很多单片机爱好者较早接触的字符型液晶显示器，它的主控芯片是 HD44780 或者其他兼容芯片。与 LCD1602 相仿的是 LCD12864 液晶显示器，它是一种图形点阵显示器，能显示的内容比 LCD1602 要丰富得多，除了普通字符外，还可以显示点阵图案，带有汉字库的还可以显示汉字，它的并行驱动方式与 LCD1602 相差无几，如果掌握了 LCD1602 的用法，再来应用它就不难了。特别是 LCD1602 时序图，相对其他芯片来说简单易懂而具有通用性。本章即以 LCD1602 显示为例来说明其操作过程。

20.1　LCD1602 简介

20.1.1　LCD1602 的主要技术参数

LCD1602 的主要技术参数如下：

(1) 显示容量：16×2 个字符。

(2) 芯片工作电压：4.5～5.5 V。

(3) 工作电流：2.0 mA(5.0 V)。

(4) 模块最佳工作电压：5.0 V。

(5) 字符尺寸：2.95×4.35(宽×高)mm。

20.1.2　LCD1602 的引脚功能说明

LCD1602 一般有 16 个引脚(有的只有 14 个引脚，与有 16 个引脚的相比缺少了脚 15(背光电源)和脚 16(地线)。LCD1602 各引脚的定义如表 20-1 所示。

表 20-1　LCD1602 的引脚定义

引脚号	符号	功能说明	引脚号	符号	功能说明
1	V_{SS}	电源地	9	D2	数据端口
2	V_{DD}	电源正极	10	D3	数据端口
3	V_O	偏压信号端	11	D4	数据端口
4	RS	命令/数据	12	D5	数据端口
5	RW	读/写	13	D6	数据端口
6	E	使能	14	D7	数据端口
7	D0	数据端口	15	A	背光正极
8	D1	数据端口	16	K	背光负极

表 20-1 中：

V_{SS}：接电源地。

V_{DD}：接+5 V 电源。

V_O：液晶显示的偏压信号端，也称液晶显示器对比度调整端。接正电源时对比度最低，接地时对比度最高，使用时可以通过一个 10 kΩ 的电位器调整对比度。

RS：命令/数据选择引脚，接单片机的一个 I/O 端口，当 RS 端为低电平时，选择命令；当 RS 端为高电平时，选择数据。

RW：读/写选择引脚，接单片机的一个 I/O 端口，当 RW 端为低电平时，向 LCD1602 写入命令或数据；当 RW 端为高电平时，从 LCD1602 读取状态或数据。如果不需要进行读取操作，可以直接将其接 V_{SS} 端。

E：执行命令的使能引脚，接单片机的一个 I/O 端口。

D0～D7：并行数据输入/输出引脚。如果直接与 MCU 的端口连接，最好接 4.7～10 kΩ 的上拉电阻。

A：背光正极：可接一个 10～47 Ω 的限流电阻到 V_{DD}。

K：背光负极，接 V_{SS} 端。

20.1.3　基本操作及时序

LCD1602 的基本操作分为以下四种。

(1) 读状态：输入 RS=0，RW=1，E=高脉冲。输出 D0～D7，为状态字。

(2) 读数据：输入 RS=1，RW=1，E=高脉冲。输出 D0～D7，为数据。

(3) 写命令：输入 RS=0，RW=0，E=高脉冲。输出无。

(4) 写数据：输入 RS=1，RW=0，E=高脉冲。输出无。

图 20-1 所示为 LCD1602 的读操作时序图，图 20-2 所示为 LCD1602 的写操作时序图。表 20-2 所示的时序参数的极限值及测试条件。

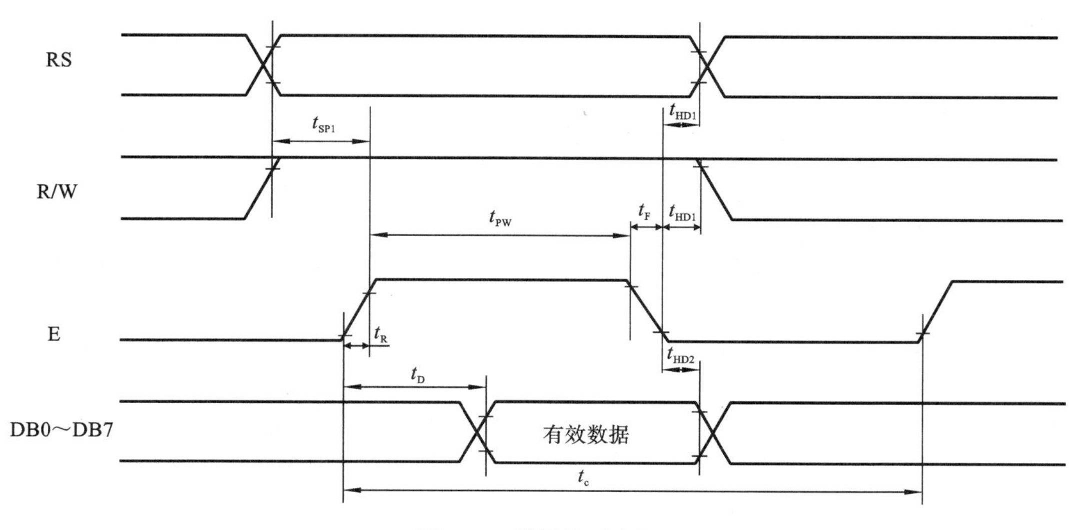

图 20-1　读操作时序图

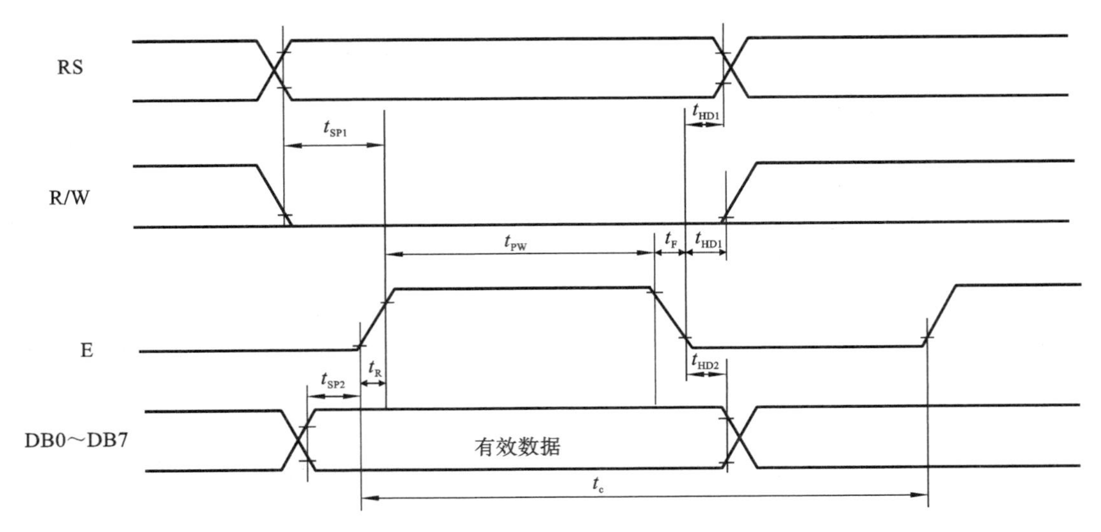

图 20-2 写操作时序图

表 20-2 时序参数的极限值及测试条件

符号	时序参数	极限值			单位	测试条件
		最小值	典型值	最大值		
t_C	E 信号周期	400	—	—	ns	引脚 E
t_{PM}	E 脉冲宽度	150	—	—	ns	
t_R、t_F	E 上升沿/下降沿时间	—	—	25	ns	
t_{SP1}	地址建立时间	30	—	—	ns	引脚 E、RS、R/W
t_{HD1}	地址保持时间	10	—	—	ns	
t_D	数据建立时间(读操作)	—	—	100	ns	引脚 DB0～DB7
t_{HD2}	数据保持时间(读操作)	20	—	—	ns	
t_{SP2}	数据建立时间(写操作)	40	—	—	ns	
t_{HD2}	数据保持时间(写操作)	10	—	—	ns	

20.1.4 DDRAM

DDRAM(显示数据随机存储器)用来寄存待显示的字符代码。DDRAM 的容量为 80 B，其地址和屏幕的对应关系如图 20-3 所示。

DDRAM 相当于计算机的显存，我们为了在屏幕上显示字符，就把字符代码送入显存，这样该字符就可以显示在屏幕上了。同样，LCD1602 共有 80 B 的显存，即 DDRAM。但 LCD1602 的显示屏只有 2×16 B 大小，因此，并不是所有写入 DDRAM 的字符代码都能在显示屏上显示出来，而只有在显示范围内的字符才可以显示出来。这样，我们在程序中就可以利用光标或显示移动指令使字符慢慢移动到显示范围内，得到字符移动的效果。

20.1.5 LCD1602 指令

LCD1602 液晶模块内部的控制器共有 11 条控制指令，如表 20-3 所示。

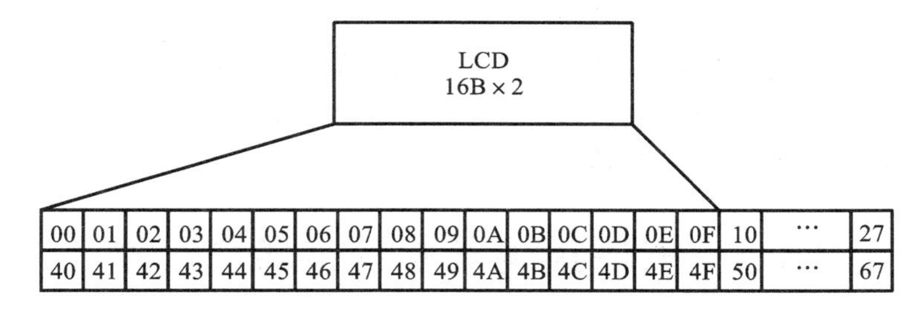

图 20-3　DDRAM 地址和屏幕对应关系

表 20-3　LCD1602 控制指令

序号	指 令 功 能	RS	R/W	D7	D6	D5	D4	D3	D2	D1	D0
1	清显示屏	0	0	0	0	0	0	0	0	0	1
2	光标返回	0	0	0	0	0	0	0	0	1	*
3	光标和输入模式显示	0	0	0	0	0	0	0	1	I/D	S
4	显示开/关控制	0	0	0	0	0	0	1	D	C	B
5	光标或字符移位	0	0	0	0	0	1	S/C	R/L	*	*
6	置功能	0	0	0	0	1	DL	N	F	*	*
7	置字符发生存储器地址	0	0	0	1	字符发生存储器地址					
8	置数据存储器地址	0	0	1	显示数据存储器地址						
9	读忙标志或光标地址	0	1	BF	计数器地址						
10	写数到 CGRAM 或 DDRAM	1	0	要写的数据内容							
11	从 CGRAM 或 DDRAM 读数	1	1	读出的数据内容							

LCD1602 液晶模块的读写操作、屏幕和光标的操作都是通过指令编程来实现的。

指令 1:清显示屏指令。指令码为 01H，光标复位到地址 00H 位置。

指令 2:光标复位指令,使光标返回到地址 00H。

指令 3:光标和显示模式设置指令,可为 I/D 或 S。I/D 表示光标移动方向,高电平(I/D=1)时右移,低电平(I/D=0)时左移。S 表示屏幕上文字是否左移或者右移,高电平(S=1)表示有效,低电平(S=0)则无效。

指令 4:显示开/关控制指令,有 D、C、B 3 个指令码。D 用于控制整体显示的开与关,高电平表示开显示,低电平表示关显示；C 用于控制光标的开与关,高电平表示有光标,低电平表示无光标；B 用于控制光标是否闪烁,高电平闪烁,低电平不闪烁。

指令 5:光标或字符移位指令,指令码可为 S/C 或 R/L。S/C 用于控制移动对象,高电平时移动显示的文字,低电平时移动光标;R/L 用于控制移动方向,高电平时右移,低电平时左移。

指令 6:功能设置指令,有 DL、N、F 3 个指令码。DL 用于控制总线位数,高电平时为 4 位总线,低电平时为 8 位总线。N 用于控制显示方式,低电平时单行显示,高电平时双行显示。F 用于控制字符点阵大小,低电平时显示 5×7 的点阵字符,高电平时显示 5×10 的点阵字符。

指令 7:用户自建字模区(CGRAM)地址设置指令。

指令 8:DDRAM 地址设置指令。

指令 9:读忙信号和光标地址设置指令。

BF:忙标志位。高电平表示忙,此时模块不能接收命令或数据,如果为低电平表示不忙。

指令 10:写数据指令,用于将数据 D7～D0 写入内部 RAM。

指令 11:读数据指令,用于从内部 RAM 中读取数据到 D7～D0。

20.2 实例描述及硬件连接图绘制

20.2.1 实例描述

采用 STM32F103R6,实现向 LM016L 的 LCD1602 模块发送固定文字,如"Welcome to LCD1602"。

20.2.2 硬件连接图绘制

本实例的硬件连接图绘制比较简单,找出对应的 STM32 和 LCD1602 芯片,然后按自己设计要求连接端口线即可。最终的硬件连接图如图 20-4 所示。

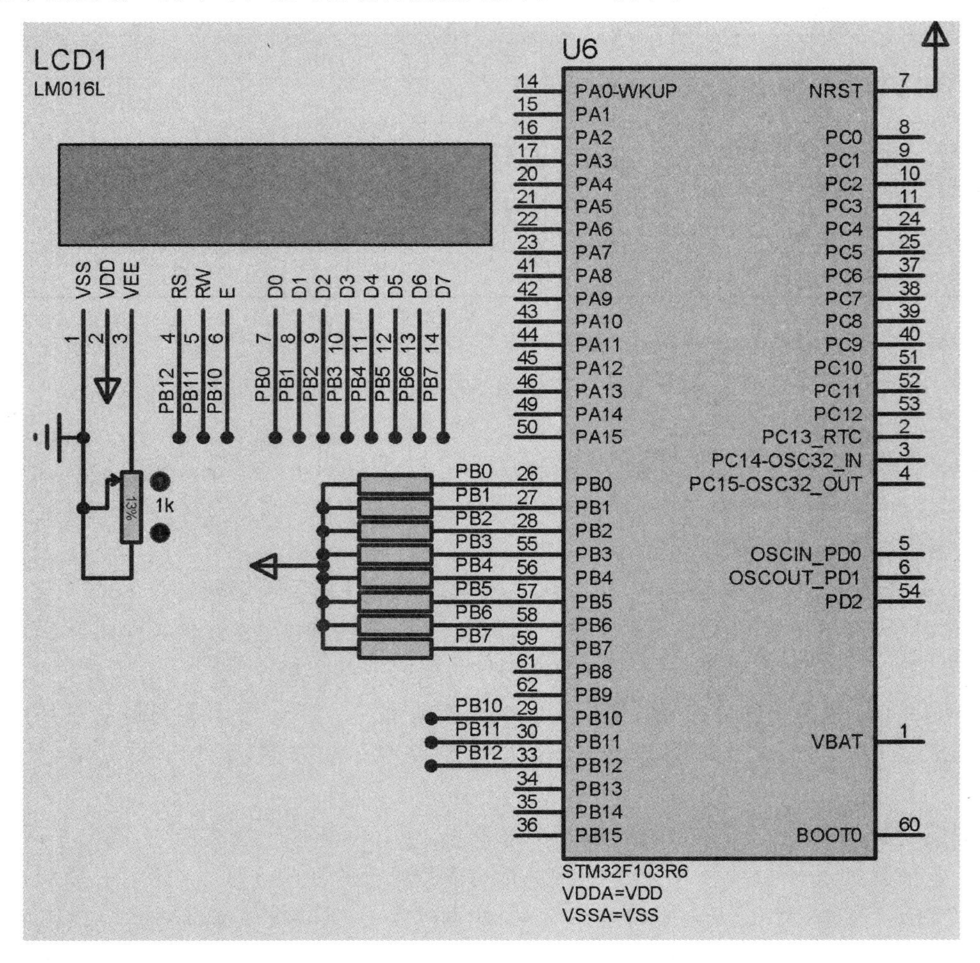

图 20-4 Proteus 最终硬件连线图

注意：电阻为 10WATT4K7，其阻值为 47 kΩ；滑动变阻器为 POT-HG，其阻值为 1 kΩ；LCD1602 的 Keywords 为 LM016L，其 V_{EE} 与 V_O 引脚功能相同。

20.3　STM32CubeMX 配置工程

20.3.1　工程建立及 MCU 选择

工程建立及 MCU 选择参见 6.3.1 小节，这里不赘述。

20.3.2　RCC 及引脚设置

本例仍采用外置晶振，具体设置可参见 6.3.2 小节。

把 PB0～PB7 及 PB10～PB12 共 11 个引脚的 GPIO 模式均设置为输出模式（GPIO_Output）。

20.3.3　时钟配置

本例将采用外部时钟源 HSE，时钟配置同样与 8.5.3 小节相同。

20.3.4　MCU 外设配置

选择“Configuration”选项卡，单击“GPIO”按钮，打开“Pin Configuration”对话框。在“Pin Configuration”对话框中选择“GPIO”选项卡，将 PB0～PB7 的 GPIO 模式设置为“No pull-up and no pull-down”（不上下拉开漏）模式，将 PB10～PB12 的 GPIO 模式设置为“Pull-up”（上拉推挽）模式。因端口较多不易记忆，特对端口设置标签，PB0～PB7 对应设置为 DB0～DB7，PB10 设置为 LCD1602_E，PB11 设置为 LCD1602_RW，PB12 设置为 LCD1602_RS。最终设置结果如图 20-5 所示。

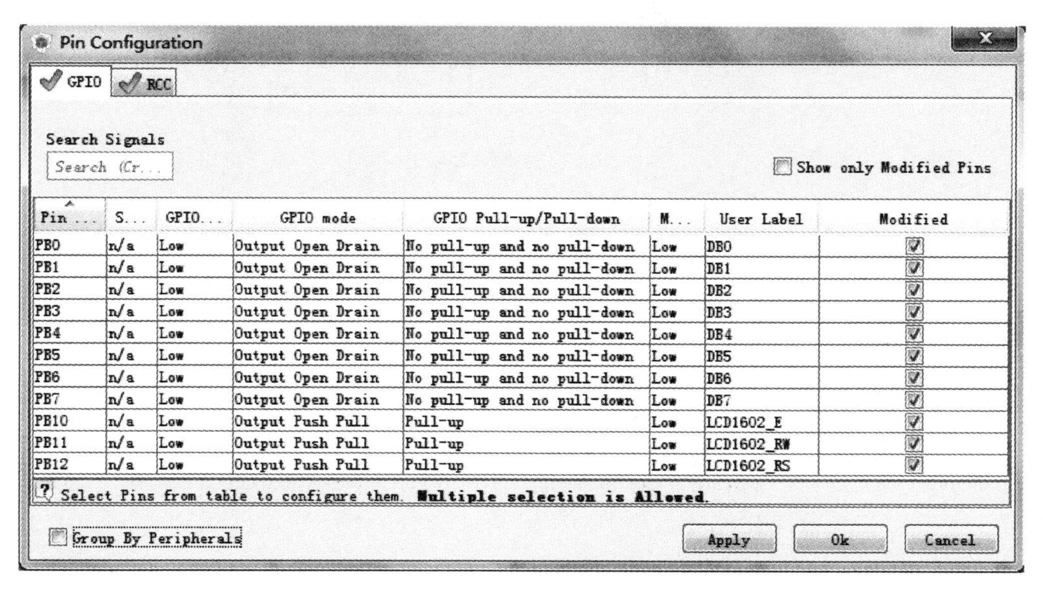

Pin ...	S...	GPIO...	GPIO mode	GPIO Pull-up/Pull-down	M...	User Label	Modified
PB0	n/a	Low	Output Open Drain	No pull-up and no pull-down	Low	DB0	☑
PB1	n/a	Low	Output Open Drain	No pull-up and no pull-down	Low	DB1	☑
PB2	n/a	Low	Output Open Drain	No pull-up and no pull-down	Low	DB2	☑
PB3	n/a	Low	Output Open Drain	No pull-up and no pull-down	Low	DB3	☑
PB4	n/a	Low	Output Open Drain	No pull-up and no pull-down	Low	DB4	☑
PB5	n/a	Low	Output Open Drain	No pull-up and no pull-down	Low	DB5	☑
PB6	n/a	Low	Output Open Drain	No pull-up and no pull-down	Low	DB6	☑
PB7	n/a	Low	Output Open Drain	No pull-up and no pull-down	Low	DB7	☑
PB10	n/a	Low	Output Push Pull	Pull-up	Low	LCD1602_E	☑
PB11	n/a	Low	Output Push Pull	Pull-up	Low	LCD1602_RW	☑
PB12	n/a	Low	Output Push Pull	Pull-up	Low	LCD1602_RS	☑

图 20-5　GPIO 引脚配置(5)

设置完标签后，返回Pinout引脚设置界面，可见GPIO端口名称也跟着发生了变化，如图20-6所示。

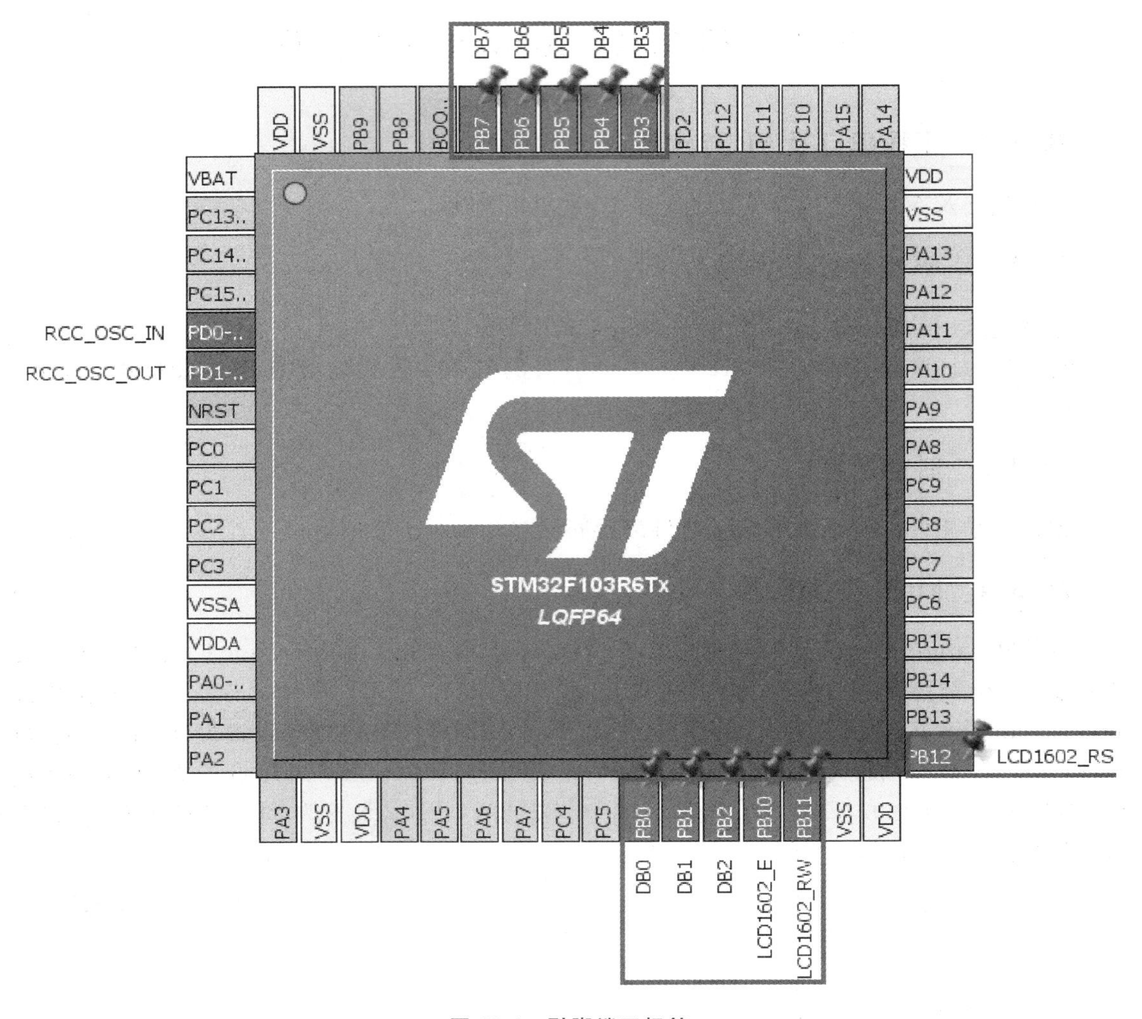

图20-6　引脚端口标签

保存设置并生成源代码。

20.4　预编程分析

为了实现微秒级的延时，本实例采用一种较为简单的硬件延时方法（当然，也可采用软件延时）。

打开main.c文件，找到void SystemClock_Config(void)函数，将其中的“HAL_SYSTICK_Config(HAL_RCC_GetHCLKFreq()/1000);”修改为“HAL_SYSTICK_Config(HAL_RCC_GetHCLKFreq()/1000000);”。

在以上操作中，将原毫秒定时器时基改成了微秒，接下来在主程序中就可以使用HAL_

Delay(x)实现延时 x 微秒了。当然也可以采用第 18 章的延时方法，请读者自行尝试。

前文已提到，D0～D7 为并行数据输入/输出引脚，而并行又该如何实现呢？比如要将 GPIOB 端口设置为 0X02，可以将 0X02 写成 00000010B 的二进制形式，然后对端口的引脚逐个进行 HAL_GPIO_WritePin()写函数操作。分别写入以下函数：

```
HAL_GPIO_WritePin(GPIOB, GPIO_PIN_1,GPIO_PIN_RESET);
HAL_GPIO_WritePin(GPIOB, GPIO_PIN_2,GPIO_PIN_RESET);
HAL_GPIO_WritePin(GPIOB, GPIO_PIN_3,GPIO_PIN_RESET);
⋮
HAL_GPIO_WritePin(GPIOB, GPIO_PIN_13,GPIO_PIN_RESET);
HAL_GPIO_WritePin(GPIOB, GPIO_PIN_14,GPIO_PIN_SET);
HAL_GPIO_WritePin(GPIOB, GPIO_PIN_15,GPIO_PIN_RESET);
```

这种方法不仅效率不高而且费时费力，实际可采用寄存器直接对端口全部引脚进行操作。读写用的寄存器有以下几种。

(1) IDR：查看引脚电平状态用的寄存器。

(2) ODR：引脚电平输出寄存器。

(3) BSRR：端口位设置/清除寄存器。

(4) BRR：端口位清除寄存器。

BRR 低 16 位用于设置 GPIO 端口对应位输出低电平，对于引脚位写 1 为低电平，写 0 无动作。高 16 位为保留地址，读写无效。BSRR 低 16 位用于设置 GPIO 端口对应位，输出高电平；对于引脚位，写 1 为高电平，写 0 无动作。高 16 位用于设置 GPIO 端口对应位，输出低电平，对于引脚位写 1 为低电平，写 0 无动作(如代码 GPIOx－＞BRR＝0x01 与代码 GPIOx －＞BSRR＝0x01＜＜16 作用相同，后者为通过 0x01 左移 16 位来控制高 16 位)。IDR、ODR 与 BRR 相同，即高 16 位为保留地址，读写无效。

使用 BRR 和 BSRR 寄存器可以方便快速地实现对端口某些特定位的操作，而不影响其他位的状态。

比如希望快速地对 GPIOE 的位 7 进行翻转，则可以采用以下代码：

```
GPIOE->BSRR=0x80; //置 1
GPIOE->BRR=0x80; //置 0
```

如果使用 ODR 进行操作则采用以下代码：

```
GPIOE->ODR= GPIOE->ODR | 0x80; //置 1
GPIOE->ODR= GPIOE->ODR & 0xFF7F; //置 0
```

假如想在一个操作中将 GPIOE 的位 7 置 1、位 6 置 0，则使用 BSRR 非常方便，采用以下代码即可：

```
GPIOE->BSRR= 0x00400080; //BSRR 有低 16 位置 1,高 16 位清 0 的功能
```

如果没有 BSRR 的高 16 位，则要分两次操作，即采用以下代码：

```
GPIOE->BSRR=0x80;
GPIOE->BRR=0x40;
```

这样做会造成位 7 和位 6 的变化不同步。

BRR与BSRR使用总结：

(1) 将GPIOx－＞BSRR低16位的某位置1,则对应的I/O端口置1；将GPIOx－＞BSRR低16位的某位置0,则对应的I/O端口不变。

(2) 将GPIOx－＞BSRR高16位的某位置1,则对应的I/O端口置0；将GPIOx－＞BSRR高16位的某位置0,则对应的I/O端口不变。

(3) 将GPIOx－＞BRR低16位的某位置1,则对应的I/O端口置0；将GPIOx－＞BRR低16位的某位置0,则对应的I/O端口不变。

例如：要将PD0、PD5、PD10、PD11置1,而保持其他I/O端口不变,只需一行语句：

```
GPIOD->BSRR=0x0C21; //使用规则(1)
```

要将PD1、PD3、PD14、PD15置0,而保持其他I/O端口不变,只需一行语句：

```
GPIOD->BRR=0xC00A; //使用规则(3)
```

要同时将PD0、PD5、PD10、PD11置1,将PD1、PD3、PD14、PD15引脚设置0,而保持其他I/O端口不变,也只需一行语句：

```
GPIOD->BSRR= 0xC00A0C21; //使用规则(1)和规则(2)
```

对于BRR、BSRR，如果想改变位0的值,不会影响其他位的值。而对于ODR，改变位0的值时则其他所有位的值都会改变。

比如ODR的值本来为1010101010101010,运行代码GPIOx－＞BSRR＝0x01后变为1010101010101011,而运行代码GPIOx－＞ODR＝0x01后变为0000000000000001。

用BSRR和BRR去改变引脚状态时,没有被中断打断的风险。也就是说,如果有中断可能对I/O端口造成影响,此时最好采用BSRR和BRR进行操作,而不要用ODR。

20.5　编写用户代码

打开main.c文件,找到void SystemClock_Config(void)函数,将其中的代码

```
HAL_SYSTICK_Config(HAL_RCC_GetHCLKFreq()/1000);
```

修改为

```
HAL_SYSTICK_Config(HAL_RCC_GetHCLKFreq()/1000000);
```

在文件gpio.c中添加6个子函数(本实例将驱动程序放在了文件gpio.c中(当然,也可以自建文件单独存放)。这些子函数的代码分别如下。

代码20-1

```
void LCD1602_WaitReady(void)   //检测忙状态
{
    uint8_t sta;
    GPIOB->ODR=0x00FF;
    //HAL_GPIO_WritePin(GPIOB, GPIO_PIN_All, GPIO_PIN_SET);
    HAL_GPIO_WritePin(GPIOB, LCD1602_RS_Pin, GPIO_PIN_RESET);
    HAL_GPIO_WritePin(GPIOB, LCD1602_RW_Pin, GPIO_PIN_SET);
```

```
    HAL_GPIO_WritePin(GPIOB, LCD1602_E_Pin, GPIO_PIN_SET);
    HAL_Delay(1);
    do{
        sta= HAL_GPIO_ReadPin(GPIOB, DB7_Pin);
        HAL_GPIO_WritePin(GPIOB, LCD1602_E_Pin, GPIO_PIN_RESET);
    }while(sta);
}
```

代码 20-2

```
void LCD1602_WriteCmd(uint8_t cmd)  //写指令
{
    LCD1602_WaitReady();
    HAL_GPIO_WritePin(GPIOB, LCD1602_RS_Pin, GPIO_PIN_RESET);
    HAL_GPIO_WritePin(GPIOB, LCD1602_RW_Pin, GPIO_PIN_RESET);
    HAL_GPIO_WritePin(GPIOB, LCD1602_E_Pin, GPIO_PIN_RESET);
    HAL_Delay(1);
    HAL_GPIO_WritePin(GPIOB, LCD1602_E_Pin, GPIO_PIN_SET);
    GPIOB->ODR &= (cmd|0xFF00);
    HAL_GPIO_WritePin(GPIOB, LCD1602_E_Pin, GPIO_PIN_RESET);
    HAL_Delay(400);
}
```

代码 20-3

```
void LCD1602_WriteDat(uint8_t dat)  //写数据
{
    LCD1602_WaitReady();
    HAL_GPIO_WritePin(GPIOB, LCD1602_RS_Pin, GPIO_PIN_SET);
    HAL_GPIO_WritePin(GPIOB, LCD1602_RW_Pin, GPIO_PIN_RESET);
    HAL_Delay(30);
    HAL_GPIO_WritePin(GPIOB, LCD1602_E_Pin, GPIO_PIN_SET);
    GPIOB->ODR &= (dat|0xFF00);
    HAL_GPIO_WritePin(GPIOB, LCD1602_E_Pin, GPIO_PIN_RESET);
    HAL_Delay(400);
}
```

代码 20-4

```
void LCD1602_SetCursor(uint8_t x, uint8_t y)
{
    uint8_t addr;
```

```
    if(y==0)                          //由输入的屏幕坐标计算显示 RAM 的地址
        addr=0x00+x;                  //第一行字符地址从 0x00 起始
    else
        addr=0x40+x;                  //第二行字符地址从 0x40 起始
    LCD1602_WriteCmd(addr|0x80);  //设置 RAM 地址
}
```

代码 20-5

```
void LCD1602_ShowStr(uint8_t x, uint8_t y, uint8_t *str, uint8_t len)
{
    LCD1602_SetCursor(x, y);    //设置起始地址
    while(len--)                //连续写入 len 个字符数据
    {
        LCD1602_WriteDat(*str++);
    }
}
```

代码 20-6

```
void LCD1602_Init(void)
{
    LCD1602_WriteCmd(0X38);    //16*2 显示,5*7 点阵,8 位数据端口
    LCD1602_WriteCmd(0x0C);    //显示器开,光标关闭
    LCD1602_WriteCmd(0x06);    //文字不动,地址自动+1
    LCD1602_WriteCmd(0x01);    //清屏
}
```

在文件 gpio.h 内添加代码：

```
void LCD1602_Init(void);    //初始化 LCD602;
void LCD1602_ShowStr(uint8_t x, uint8_t y, uint8_t *str, uint8_t len);
```

在文件 main.c 的 main()函数内的 while(1)循环体之前添加代码：

```
LCD1602_Init();
LCD1602_ShowStr(2,0,(uint8_t *)"Welcome to",10);
LCD1602_ShowStr(2,1,(uint8_t *)" LCD1602",8);
```

请读者自行按时序进行代码分析，本例不再过多展开分析。

20.6 仿真结果

本实例的仿真结果如图 20-7 所示，说明工程创建成功。

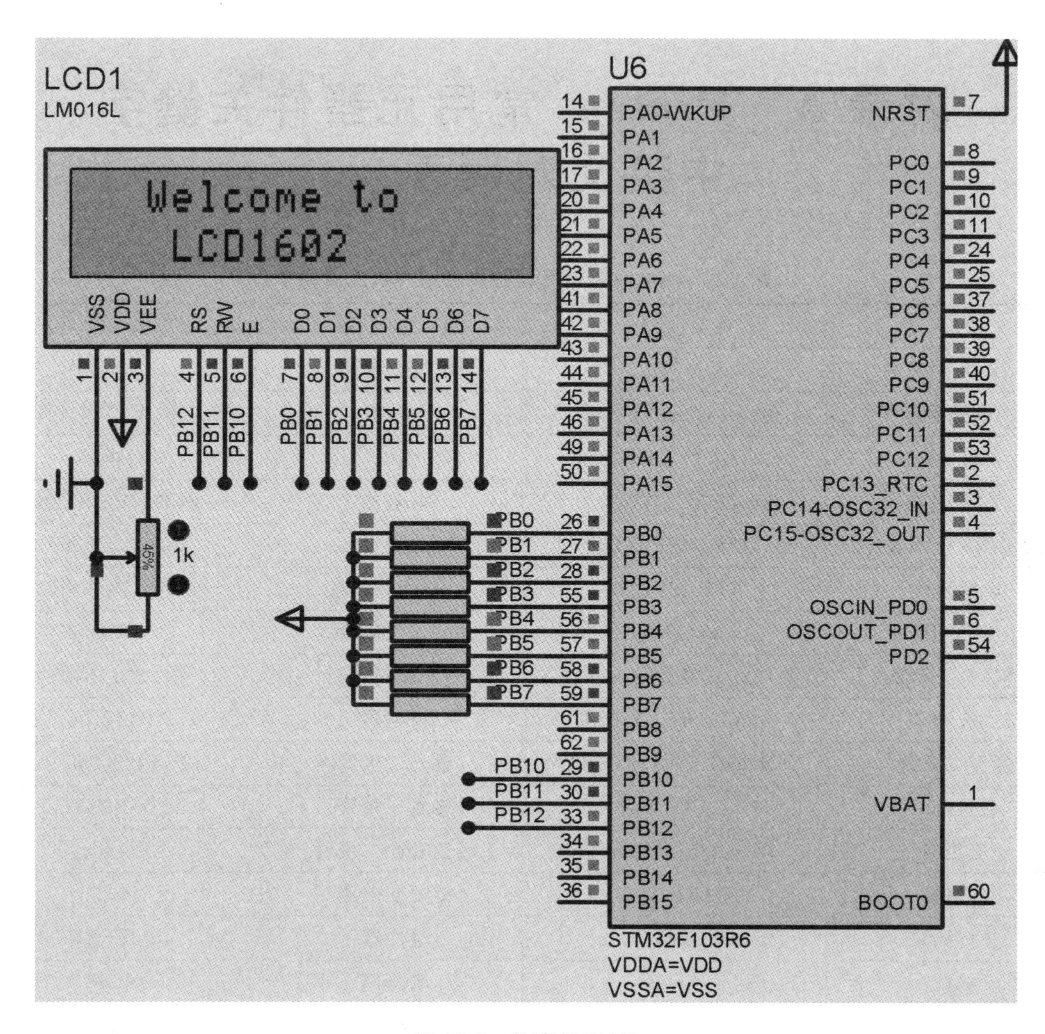
LCD1
LM016L
Welcome to
LCD1602
VSS VDD VEE RS RW E D0 D1 D2 D3 D4 D5 D6 D7
PB12 PB11 PB10 PB0 PB1 PB2 PB3 PB4 PB5 PB6 PB7
45%
1k
U6
PA0-WKUP
PA1
PA2
PA3
PA4
PA5
PA6
PA7
PA8
PA9
PA10
PA11
PA12
PA13
PA14
PA15
PB0
PB1
PB2
PB3
PB4
PB5
PB6
PB7
PB8
PB9
PB10
PB11
PB12
PB13
PB14
PB15
NRST
PC0
PC1
PC2
PC3
PC4
PC5
PC6
PC7
PC8
PC9
PC10
PC11
PC12
PC13_RTC
PC14-OSC32_IN
PC15-OSC32_OUT
OSCIN_PD0
OSCOUT_PD1
PD2
VBAT
BOOT0
STM32F103R6
VDDA=VDD
VSSA=VSS

图 20-7　仿真结果(9)

附录 A　Proteus 常用元器件关键字中英文对照表

表 A-1　Proteus 常用元器件关键字中英文对照表

中 文 名 称	英文或代号	中 文 名 称	英文或代号
2 行 16 列液晶	LM016L	电容器集合	Capacitors
3-8 译码器电路	7SEG	电压源	SOURCE VOLTAGE
3 段 LED	DPY_3-SEG	电源	POWER
7 段 LED	DPY_7-SEG	电阻器	RES、RESISTOR
7 段 LED(带小数点)	DPY_7-SEG_DP	二极管	1N914、DIODE
D 触发器	D-FLIPFLOP	二选通一按钮	SWITCH-SPDT
MOS 管	MOSFET	发光二极管	LED
NPN 三极管	NPN	非门	74LS04、NOT
按钮	SWITCH、SW-PB	蜂鸣器	BUZZER
变容二极管	DIODE VARACTOR	感光二极管	PHOTO
熔丝	FUSE	感光三极管	NPN-PHOTO
变压器	Inductors、TRANS1	红色发光二极管	LED-RED
变阻器	VARISTOR	滑线变阻器	POT
并行插口	DB	缓冲器	BUFFER
插口	CON	或非门	NOR
插头	PLUG	或门	OR
插座	SOCKET	交流电动机	MOTOR AC、ALTERNATOR
串行口终端	VTERM		
带铁芯电感	INDUCTOR IRON	晶体管(三极管、场效应管)	Transistor
单刀单掷开关	SW-SPST		
灯	LAMP	晶体振荡器	CRYSTAL
电池/电池组	BATTERY	晶闸管	SCR
电感	INDUCTOR	开关	SW
电动机(大类,包括各种电动机及马达)	Electromechanical	可调变压器	TRANS2
		可调电感器	INDUCTOR3
电解电容器	ELECTRO	可调电容器	CAPVAR
电流源	SOURCE CURRENT	拉普拉斯变换	Laplace Primitives
电热调节器	THERMISTOR	铃、钟	BELL
电容器	CAP、CAPACITOR	逻辑触发	LOGICTOGGLE

续表

中 文 名 称	英文或代号	中 文 名 称	英文或代号
逻辑分析器	LOGIC ANALYSER	双刀双掷继电器	PELAY-DPDT
逻辑探针	LOGICPROBE、LOGICPROBE[BIG]	双刀双掷开关	SW-DPDY
		双十进制计数器	74LS390 TTL
逻辑状态	LOGICSTATE	伺服电动机	MOTOR SERVO
马达	MOTOR	天线	AERIAL、ANTENNA
麦克风	MICROPHONE	同轴电缆	COAX
排座、排插	Connectors	同轴电缆接插件	BVC
齐纳二极管	ZENER	稳压二极管	DIODE SCHOTTKY
启辉器	LAMP NEDN	扬声器	SPEAKER
驱动门	7407	仪表	METER
熔断器	FUSE	有极性电容	CAPACITOR POL
三端双向可控硅	TRIAC	与非门	74Ls00、NAND
PNP 三极管	PNP	与门	74LS08、AND
三极真空管	TRIODE	运算放大器	OPAMP
三相交流插头	PLUG AC FEMALE	整流桥(二极管)	BRIDEG 1
三引线可变电阻器	POT-LIN	整流桥(集成块)	BRIDEG 2
时钟信号源	CLOCK	转换电路	BCD-7SEG
数码管	DPY_7-SEG_DP		

注:电容器常简称电容,电阻器常简称电阻。

附录 B 基本逻辑门电路符号

表 B-1 基本逻辑门电路符号

序号	名称	GB/T 4728.12		国外流行图形符号	曾用图形符号
		限定符号	国标图形符号		
1	与门	&	&		
2	或门	≥1	≥1		+
3	非门	逻辑非入和出	1 1		
4	与非门		&		
5	或非门		≥1		+
6	与或非门		& ≥1		+
7	异或门	=1	=1		⊕

部分参考答案

第 1 章

1-1

(1) int a;

(2) int *a;

(3) int **a;

(4) int a[10];

(5) int *a[10];

(6) int (*a)[10];

(7) int (*a)(int);

(8) int (*a[10])(int);

1-2

①在函数体，一个被声明为静态的变量在这一函数被调用过程中维持其值不变。

②在模块内(但在函数体外)，一个被声明为静态的变量可以被模块内所用函数访问，但不能被模块外其他函数访问。它是一个本地的全局变量。

③在模块内，一个被声明为静态的函数只可被这一模块内的其他函数调用，即这个函数被限制在声明它的模块的本地范围内使用。

1-3

```
#define BIT3(0x1<<3)
static int a;
void set_bit3(void)
{
    a|= BIT3;
}
void clear_bit3(void)
{
    a&= ~BIT3;
}
```

1-4

```
int *ptr;
ptr= (int *)0x67A9;
*ptr= 0xAA55;
```

1-5

>6

原因：当表达式中存在有符号型数据和无符号型数据时，所有的操作数都自动转换为无符号类型。因此－20 变成了一个非常大的正整数（若整型数据为 4 个字节，读者可试着自行计算此时－20 转为无符号型数据后的结果），所以该表达式计算出的结果大于 6。

1-6

用 typedef 来声明好。

如下面两个例子：

(1) dPS p1，p2；

(2) tPS p3，p4；

第一个例子扩展为

struct s ＊p1，p2；

该代码定义 p1 为一个指向结构的指针，p2 为一个结构体变量，这不是题目的初衷。第二个例子则正确地定义了 p3 和 p4 两个指针。

1-7

因单目运算符＋＋高于双目运算符＋，所以题目中 c＝a＋＋＋b 相当于 c＝(a＋＋)＋b；因此，这段代码执行后变量为 a＝6，b＝7，c＝12。

此题考查读者对代码优先级的熟悉程序，也提示读者如何提高代码的可读性。

第 2 章

2-1

(1) 72 MHz

(2) 12、18、16、2

(3) 36 MHz、72 MHz

2-2

D　A　B

2-4

该芯片增强型，有 144 个引脚，闪存容量为 512 kB，采用 LQFP 封装形式，适用温度范围为－40～85 ℃（商业级）。

2-5

其闪存容量属小容量，内部资源说明略。

第 9 章

9-1

(1) 16 位可编程预分频器，1～65535

(2) 向上计数模式，向下计数，中央对齐

(3) 可编程预分频器，16

第 15 章

15-2

A　B

15-3

(1) 与,只能有一个

(2) 7,仲裁器

(3) DMA 控制器,优先权

第 16 章

16-1

在选择计时类晶振时,通常会选择 32.768 kHz 的晶振,原因在于 $32768=2^{15}$,而嵌入式芯片分频设置寄存器通常是 2 的次幂的形式,这样经过 15 次分频后,就很容易得到 1 Hz 的频率,实现精准定时。除了 32.768 kHz 外,还有例如 65.536 kHz 晶振也可以通过 2 的次幂的形式分频得到精准定时。

第 17 章

17-1

A　D　A　B

17-2

温度传感器,ADC_IN16

参考文献

[1] 谭浩强. C 程序设计[M]. 4 版. 北京:清华大学出版社,2012.
[2] 林锐,顾晓刚,谢义军. 高质量程序设计指南——C++/C 语言[M]. 北京:电子工业出版社,2002.
[3] 徐爱钧,徐阳. 单片机原理与应用——基于 Proteus 虚拟仿真技术[M]. 2 版. 北京:机械工业出版社,2015.
[4] 张友德,涂时亮,赵志英. 单片微型机原理、应用与实例(C51 版)[M]. 上海:复旦大学出版社,2010.
[5] 杨百军. 轻松玩转 STM32Cube[M]. 北京:电子工业出版社,2017.
[6] 武奇生,白璘,惠萌,等. 基于 ARM 的单片机应用及实践——STM32 案例式教学[M]. 北京:机械工业出版社,2014.
[7] 刘火良,杨森. STM32 库开发实战指南:基于 STM32F103[M]. 2 版. 北京:机械工业出版社,2017.
[8] 张洋,刘军,严汉宇,等. 精通 STM32F4(库函数版)[M]. 北京:北京航空航天大学出版社,2015.

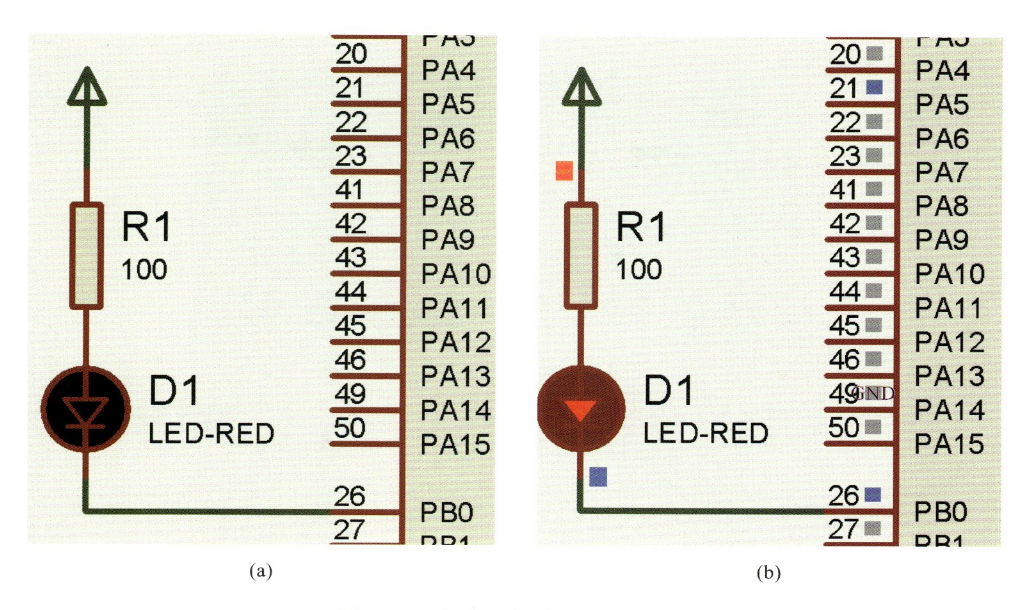

图 6-21　程序运行前后对比图(1)

(a) 运行前;(b) 运行后

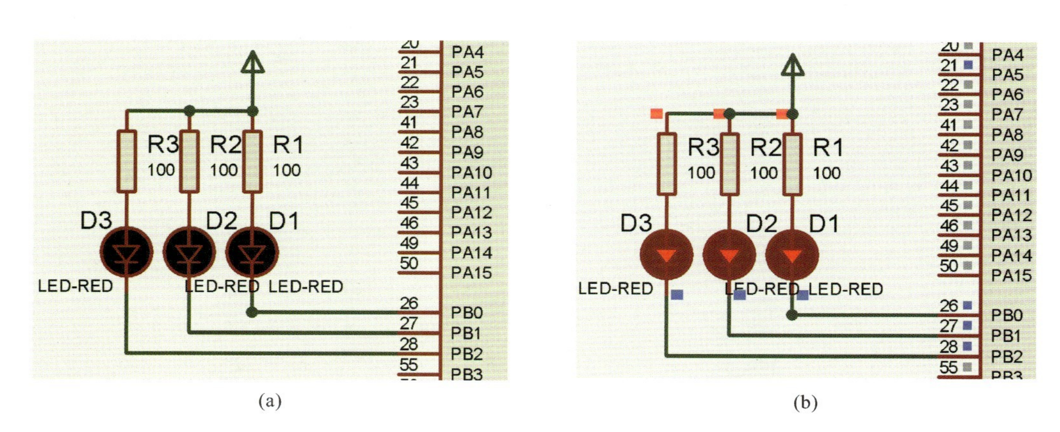

图 6-25　程序运行前后对比图(2)

(a) 运行前;(b) 运行后

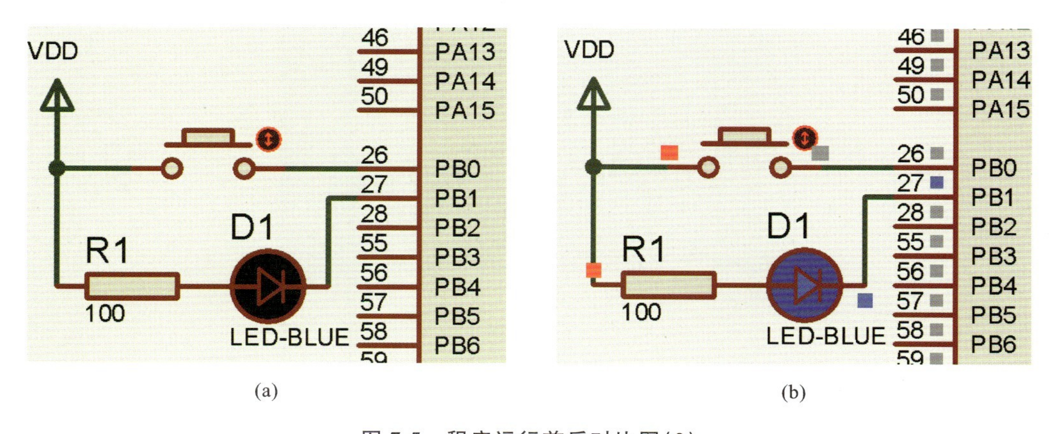

图 7-5　程序运行前后对比图(2)

(a)运行前;(b)运行后

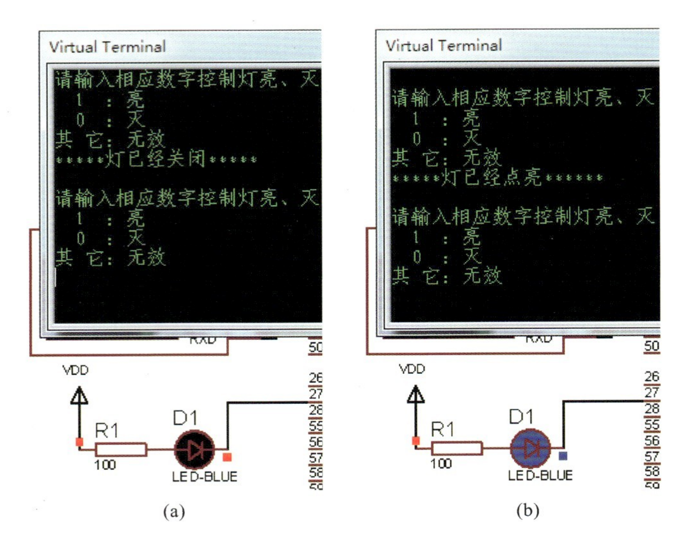

图 14-4 仿真结果(4)

(a) 关闭灯；(b) 点亮灯

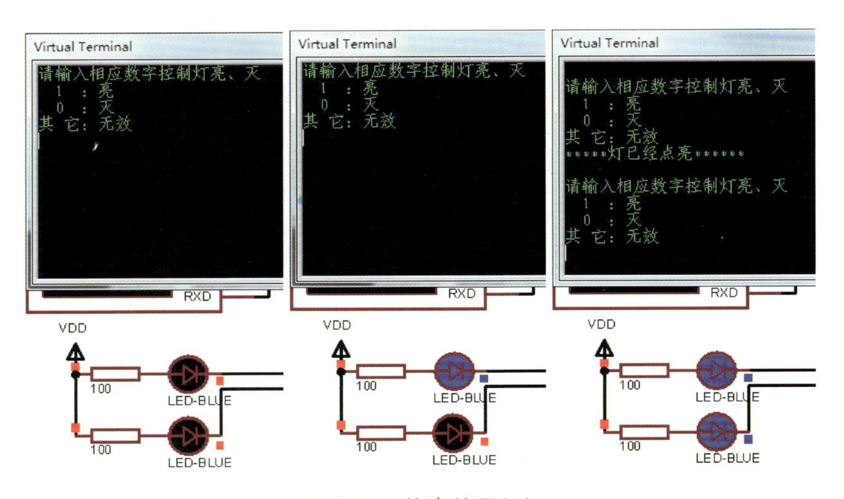

图 15-4 仿真结果(5)

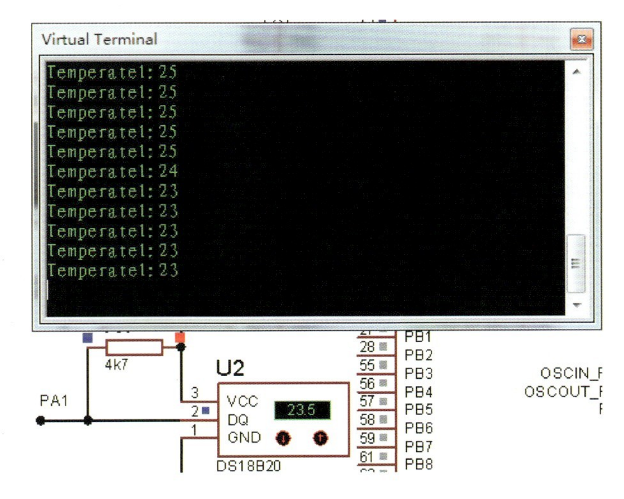

图 18-11 仿真结果(7)